はじめに

長引く梅雨、突然の猛暑、巨大台風の来襲と、去年（二〇一九年）は異常気象とも言える天候が続きました。各地で大きな被害が出て、自然の猛威を実感するにつけて、なるべく正確に天気を予想したいと望まれる方も多いのではないでしょうか。とくに、自然を相手に仕事をしている農家の方々は、広域な気象予想よりもさらに詳しい、自分の田畑ごとの気象予想ができればと望まれていることと思います。

そんな思いは、今も昔も変わらないようで、本書の冒頭で若梅健司さんは、次のような若梅さんの地域に伝わる諺を紹介しています。

「羽アリの飛び出しは、その日のうちに雨になる
アリの大群の移動は午後から雨」
「蛇が日中出てくると、翌日に雨となる
モグラが土を盛り、顔を出すと近日中に雨」
「井戸水が濁ると明日は雨」
「トウモロコシの根が地際はもちろん高い所からも多く出ていると台風が多い」

このような地域の自然の出来事が教えてくれる気象予想は、現代に至るまで役に立つことが多いと、若梅さんは語っています。本書では、これらの諺にあるような自然を観察し天気の変化を読み取る農家の技を集めました。

特に、桜やニセアカシアなどの指標植物の観察を通して作業の段取りに役立てる知恵は、コツをつかめば手軽に誰にでもできる気象予想の技術です（一八頁からの記事）。竹内孝功さんによれば、「天候不順が明らかになったあとでは、手の施しようがなかったりしますが、自然の草木をよく観察し、その傾向をつかんで心構えをしておけば、いざというときに早めの対応が可能」（二六頁）だそうです。

また、民間気象予測を学ぶ農家の集まりである農事気象学会では、故齊藤善三郎氏の理論を継承して、一年間の長期気象予測をしています（八〇頁からの記事）。これは、太陽や星の動き、中国の漢方気象学、過去の天気、農暦（旧暦）、五行（五気）、九星配置など、さまざまなデータを駆使して天気予測をする方法です。本書では、一五年近くにわたりこの天気予測法を追跡して、予測結果の確実性に迫りました。

さらに本書では、以上のような農家を中心にした民間気象予想の知恵を紹介するだけでなく、「観天望気」を基礎に据えた気象学の基礎・基本もお伝えします（四九頁からの記事）。そのうえで、インターネットの気象データを活用して気象予想をする技術も紹介しました（一〇六頁からの記事）。最後に、以上の知恵や技術を活用して「農家天気予報」に挑戦します（一一八頁からの記事）。

気象予想は、農家にとっては経営を左右する大事な技術です。しかし、それだけではなく、若梅さんの次の言葉が身にしみます。「農業は自然相手の仕事である。自然との付き合いを楽しみながら、農業をやろうではないかと私は思う」

二〇二〇年一月

一般社団法人 農山漁村文化協会

目次

4 長期予測のワザ

5 最新のツールを使いこなす

さくいん

1

「天気を読む」のは面白い

天気予報がない時代の天気予測

千葉●若梅健司

今でも十分に通用する昔の天気予測

天気予報のない時代とは、戦争前、戦中の頃であって、戦争の相手国に、こちらの天気を知らせたくないので、公的に報道されなかった時代のことである。当時はテレビはもちろん、ラジオもあまり普及していなかった。またあっても故障ばかりしていた。新聞は今の半分サイズ一枚、表裏で、軍の監視下での記事であまり信用できず、国民は便所紙にするためにとっていたくらいである。紙不足で、新聞紙をもんで使っていた。便所紙泥棒が横行した。そんな時代であった。

戦後平和となっても、気象学は遅れていて、あまり当たることはなかった。当然自分たちで知恵をしぼって予測をした。いろいろな予測の仕方が各地域で生まれていた。そんなことを想い浮かべて、当時のことを書いてみたい。今になっても十分通用するものが大半だが、なかには相反することもあるのでお許しのほどを願う。

雨降りの予測

まずは雨予測である。

朝雨と女の腕まくりは恐るるに足らず。午後には上がる

三時過ぎの雨は地雨となり翌日に持ち越す

千葉県ではこれはよく当たる。午前一〇時頃に降りだした雨は午後にはやむが、午後三時以降に降りだした雨は翌日まで降り続くことが多い。女の腕まくりとは、女性が怒

る様《さま》だが、今どきの女性はどうかわからない。

羽アリの飛び出しは、その日のうちに雨になる
アリの大群の移動は午後から雨

これもよく当たる。野良より屋敷周りで見ることが多い。午前中に小さな羽アリが飛び始めたり、地面に一直線になってアリが移動し始めたときは、たいてい雨が降る。移動中のアリを観察していると、必ず数匹反対方向へ行くアリがいる。あれはどういう行動なんだろう？

蛇が日中出てくると、翌日に雨となる
モグラが土を盛り、顔を出すと近日中に雨
カエルが鳴くから雨、「カエルが鳴くから雨ずらだ」との唄がある

これらは他の地域でも聞きそうなものだが、雨にかかわる予測はまだまだある。

井戸水が濁ると明日は雨

当地方は、地下水が浅いので、今は各家で井戸を掘り、自家水道が多い。ただ海岸線に近いので鉄分が多く、鉄分の少ない井戸を掘り当てるのが名人芸だとされていた。地域にはそんな名人が一人か二人いた。鉄分が多いと、洗濯物が白くならず、鉄渋で茶色っぽくなる。だから洗濯物を見れば、その家の水質がわかる。

私の家も元の井戸は悪かった。当時、妻がよく雨の前日になると、自家水道でお茶碗を洗っていて「お父さん明日は雨だね」と言った。茶碗にお茶の飲み残りがついていると、お茶のタンニンと、井戸水の鉄分が化合して紫色となるのだ。だから前日の炊事の後片付けのときに明日の天気予測ができるのである。これはよく当たる。しかし不思議と、雨降りの当日にはこの現象は起こらない。必ず前日に起きる。その辺の原理は私には理解できない。一時的な気圧の関係があるのかもしれない。今はその妻もこの世にいないので、聞いてみることもできない。

長期予測と台風予測

今も長期予測は当たらない

昨今の天気予報はよく当たる。テレビなどでは、いつから雨でいつから晴れる、と時間ごとに報道される。地方ごとや市町村単位の予報もスイッチひとつでわかる。「文明の力」でよい時代となった。しかし長期予測はほとんど当たらない。夏が暑いと言ったら冷夏だと思え、冬が寒いと言ったら暖冬と思え、だ。それくらい反対の状況になっている。平成二十八年の夏は曇雨天続き、台風が何回もあった。

昔から「五風十雨《ごふうじゅうう》」といって、五日ごとに風が吹き、一〇日ごとに雨が降れば、気候が穏やかで豊作の兆しとされるが、平成二十八年は「十雨」より雨が多かったように思われる。早く長期予測が当たるようにしてもらいたい。

台風予測あれこれ

昔の台風予測についてもいろいろある。

ハチが巣を低い所に作ると台風が多い。高い所に作ると台風が少ない

これもよく当たる。夏場、庭の植木の低いところを切っていて、アシナガバチの巣に気づかず、顔中刺された苦い思い出がある。その年はとても台風が多かった。

トウモロコシの根が地際はもちろん高い所からも多く出ていると台風が多い

品種にもよるが、地際の一節目だけでなく二節目からも根（気根）がたくさん出ているときは台風が多い。

これらは虫や植物の自己防衛手段であり、彼らは何かを感じているのだろう。気象予報士の方々に調べてもらいたい。

三毛猫のオスが台風を予測する

台風の話だが、私が子供の頃、祖母と縁側で十五夜のお月見をしていたら、「雲足が早いから、台風が来るのかな」と祖母が言った。そして夜半過ぎになったら急に空模様が変わり、風が吹き出してきて台風となり、大きな被害があったことを思い出す。地上は静かでも上空は気流が動き、月に雲がかかったり切れたりしていると、台風が来やすいようだ。今思い出しても不気味な夜であったことが記憶に焼き付いている。

また、これは天気に関係ない話だが、こんなことも思い出される。月と雲を夢中で見ているなか、近所の悪童どもが、だんごや栗などをごっそり盗んで行った。月見だんごを盗んで食べると幸せになれると、当地では言われている。よき時代であった。

台風にはアメリカの女優の名前がついたアイオン台風や、キャサリン台風などがあった。九十九里沿岸では、戦前戦中は、天気予報がないので独自に天気予測した。地元では有名な話だが、漁師は船に三毛猫のオスを乗船させて漁に出たという。三毛猫のオスは台風を予測すると言われていて、台風が来るときは船に乗らない。漁師が無理に乗せようとしても乗らないので、その日の漁は中止したという。すると必ず台風となると言っていた。そんな関係で三毛猫のオスは漁師の間では高く取り引きされていたと聞いている。

ブドウのジベ処理のタイミングはシャクヤクの花で

近年、天気予報の正確性が向上したとはいえ、私の友達には、自分独自で長期予測をしている者もいた。彼はブドウを栽培していて、農業試験場や果樹試験場が積算温度などから出す予測は使わず、自分の庭に咲くシャクヤクの開花具合を見て、一回目のジベ処理をしていた。また、もう一人はヤマブドウ（極早生）を植えていて、その開花の目安でふつうのブドウのジベ処理をしていた。どちらも技術的にトップクラス、よいブドウをとっていた人物だ。一人は大学まで出たインテリであって、彼とは若い時代からよきライバル、よき友であった。酒を呑み交わす友であった。

＊

九十九里では水平線（東の方向）に雲の帯が出ると風が出るという言葉もある。このように地域地域にことわざのような言い伝えがある。山岳地帯では春の残雪が動物の形になると、水稲の播種時期であると教えられているそうである。

農業は自然相手の仕事である。自然との付き合いを楽しみながら、農業をやろうではないかと私は思う。

（『現代農業』二〇一七年二月号）

リンゴ農家の天気談義

五感を研ぎ澄ませば、気象庁もスマホもいらない

青森県板柳町●福士忍顕さん／佐藤勉さん　編集部

遠くにうっすら見えるのが岩木山（写真右下）

空模様を眺める福士さん

旧暦を頼りに

二〇一五年二月六日。青森県、板柳駅からタクシーに乗り、福士忍顕《のぶあき》さんのうちに向かった。その道中でのこと。運転手のあいさつ。

「いや～、いい天気ですね、お客さん。本来ならば、この時期、雪がどんどん降ってもおかしくないはずなのに、今年は妙に暖かい。雪解けも早い。ひょっとすると、春まで晴天なのかな」

受け売りで、着いて早々、福士さんにもこの話をしてみると、「冗談じゃない！」と言われてしまった。

「確かに雪は早く積もって、早く解けているけど、まさか、このままいくわけがない。旧暦でいうと、今日は十二月十八日ですよ。まだこれから、降る降る降る！　旧正月

に一番多くなるでしょうね」

じつは福士さん、天気には人一倍敏感で、常々、自然を見つめ、畑に「相談」している。リンゴを減農薬で栽培するためである。

「農薬散布でいうと、県の基準が三六成分のところ、うちではその半分以下です。断言できます、混合剤（複数の成分が混ざりあった農薬）なんて必要ありません。ポイントさえ押さえておけば、単剤でもちゃんと防除できるんです。そのためにもまずは、気象を読んで、どんな病害虫が発生するか予測する、天気を見て、どれくらい農薬が効くか判断する、それと一番大事なのは、自分のカンを信じることです」

この日は、福士さんの減農薬仲間、佐藤勉さんもたまたま居合わせたので、お二人に農家ならではの「天気予報」を教えてもらった。

雪解けが早いと、霜と雹

――まず、雪と農業とはどういうふうにつながるのでしょうか。

福士「雪の多い年は豊作だ。と、このあたりでは言われています。イネもリンゴもね」

佐藤「それはなぜか。雪解け水だよ。作物には、水が一番大事だからね」

福士「本当に、雪が少なくて、いいことなどひとつもありません。まず春が早まるでしょ。すると、リンゴの生育が進む。蕾が風船状に膨らむ。気温の変化に最も弱い、そ

の時期に、遅霜が降りてしまうんです。一発アウトですよね」

佐藤「雹《ひょう》も怖いよな。春が早いと、地上は暖かく、空は寒い、という状態になる。すると、上昇した空気が雹になって返ってくるんだ。あれは六月だったかな。うちでもリンゴが落果しちゃって、全滅。だって、こんな大っきい塊が空から降ってくるんだよ。丸じゃねえ、角張った氷だ。それが一〇cmも積もってさ、解けねーんだよ、なかなか」

福士「私もそのときのことはよく覚えています。草刈りをしてて、頭にポツラポツラ刺さるものがあるので、慌てて小屋に逃げ込んだ。そしたら、屋根に穴が……」

佐藤「懐かしいな。うちのやつと結婚した翌年だから、四〇年も昔か。あのときも確か春が早かった」

雪解けが遅いと、モニリア病

――続いて、雪と防除の関係はいかがでしょうか。

福士「雪解けが早いと、害虫もすぐに動きだします。だから、殺虫剤を前倒ししよう、となるわけです。ただし、病気は逆ですよ」

佐藤「雪解けが遅いと出やすいんだよな。地面がいつまでもジメジメしてるから」

福士「特にモニリア病です。春先、地面にキノコが生えて、そこから広がりますからね」

佐藤「まず葉が萎れる。花が折れてしまう。たとえ結実しても『実腐れ』状態」

福士「あー怖い怖い。感染力が強いんで、少しでも出たらギブアップです」

佐藤「前に、農協理事の選挙の年に大発生したよな」

福士「だから、気をつけるようになりました。農薬を頭に叩き込み、発芽期に防除しています。

それからもうひとつ、モニリア病と並んで、やっかいなのが黒星病。こちらは開花直前と落花直後に、絶対はずさず薬剤散布をしています。特にこの病気は、花の時期に肌寒いと大発生しますからね。そういうときは、治療効果のあるクスリを選んだりします」

日記は宝物

――気温の変化にも敏感なわけですね。

福士「去年より、着ている服が一枚多いとか、そういうことでも、病害虫診断に役立ちます。あとは日記でしょうね。枕元に置いて、毎日欠かさずつけています。じゃあ、一〇年前の今日のページを開いてみますか。ああ、ノコギリの刃を交換してますね。それから、青色申告」

佐藤「早いな！」

福士「重要なのは、この気温の欄で、ほら、暑いとか、寒いとか、暖かいとか、涼しいとか。中には、少し寒い、非常に寒い、生暖かい、比較的暖かい、過ごしやすい、なんてのもあります。私でないと理解できない体感です。これを見れば、あーって思いだしますもん。

では、文面のほうはどうかというと、たとえば、一〇年前の三月十九日、『一〇時五六分、テレビで暴風雪警報。マイナス二度。体感だともっと寒くなるだろう』。また、一昨年の同じ日、『七時半起床。猛吹雪だが、せん定、一七時半まで。前進あるのみだ』。これらの年は黒星病の防除にものすごく気を遣ったはずです」

佐藤「マメだなー」

福士「字を見ても、そのときの精神状態がわかるんです。きちっと細かく書いていれば、気持ちに余裕があって、体調万全、仕事も万全。ところが、タッタッタッと字が走っているようだと……」

福士さんと佐藤さん。ともに67歳。減農薬グループの仲間

日記は寝る前に毎日欠かさずつける

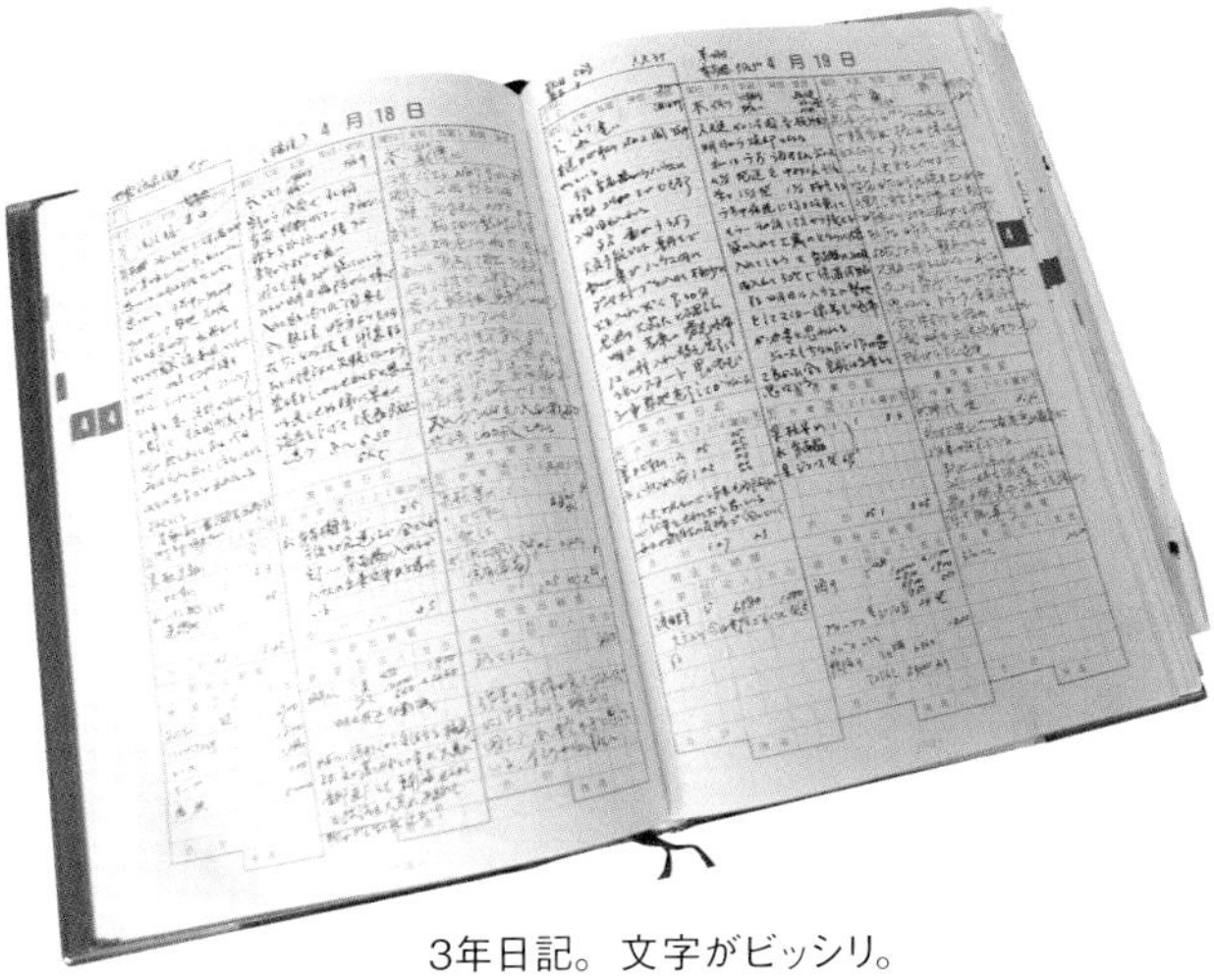

3年日記。文字がビッシリ。
これが何冊もある

佐藤「奥さんとのケンカだな」

福士「ともあれ、日記には、どんな病害虫が多かったのか、どんな農薬を使ったのか、喜びも悲しみもすべて詰まっています。毎回毎回、つまずいたら開く。日記は私の宝物です」

急な雨も、すぐわかる

——貴重な資料ですね！　では、農薬散布の場面で気をつけていることはありますか。

佐藤「朝、起きたら、まず岩木山を見るよな」

福士「そうそう、山が曇っていれば、雨がポチポチ来るな、と予想できます。そんなときは、ムリせず、農薬散布を控えます」

佐藤「これなら、気象庁もいらない」

福士「ただ、春の場合はそれでよくても、秋となると、また話は別ですよ」

佐藤「春は西風が多いけど、秋は北風。だから、五所川原のほうを見る」

福士「天気いいなーと思っていても、五所川原の空が曇ってきたら、いきなり雨ですからね。コンバインを止めて、イネ刈り中止です。昔からの言い伝えですが、ホントによく当たる」

佐藤「今の人は、すぐにスマホだけど、そんなものいらないよな。やっぱりこの目で雲を見ないと」

カラスの巣で台風予測

——長期的な予測もなにかありますか。

福士「カラスの巣づくりですかね。このへんの人たちは、春になると、あいさつ代わりに『たけーな』『ひきーな』って話しています。これはつまり、台風を意識した会話なんですね。巣が低い位置にあると、『気をつけろ、今年は風が来る』となるわけです。その場合、私は樹の下のほうにリンゴを成らせることにします。もちろん、落果しにくいからです。また、できれば、中果枝や長果枝を使って、果実をぶら下げます。短果枝に成らせると、キズ果が増えてしまいますからね（枝のすぐ近くに着果するので、風で果実が揺れた際、こすれて傷ついてしまう）。

そうだ。前町長が調べてくれたんですが、奇数号の台風には要注意ですよ。いっぽう、偶数号は、この一〇〇年間、いまだかつて青森に被害を及ぼしたことがないそうです。どんなに北上しても、これが不思議と逸れるんです。去年もそう。私は台風の軌道を知っていたので、まったく心配しませんでした」

（『現代農業』二〇一五年四月号）

2

作業に使える指標植物

見るものすべてで、ブドウの生育を読む

徳島●宮田昌孝

ニセアカシアの花。ブドウのジベ処理の目安とする（大西暢夫撮影）

ニセアカシアが咲いたらジベ処理

わが家の西にある山、通称「西山」には、ニセアカシアの樹が無数に生えていて、毎年、花を咲かせます。露地栽培のデラウエアが中心であった頃は、そのニセアカシアの花が咲き始めてから、ジベ処理（タネなしにするためのジベレリン処理）を始めていました。ニセアカシアは山の裾のほうから開花し、頂上へ向かって咲き進んでいきます。一五〇mほどある山で一〇日くらいかかります。桜前線ならぬ、ニセアカシア前線です。気温によって開花の進み具合が違うので、毎朝、西山を眺め、観察していました。

ニセアカシアの花が満開になると、早朝の澄んだ空気の中に心地よい香りが漂ってきます。「今日も頑張ってジベ処理するぞ」と、花の香りに応えたものです。香りが強い三日くらいが、最適日となります。

その後、ブドウの品種は巨峰やシャインマスカットが

筆者。巨峰は見事なできばえ。B品なし（小倉かよ撮影）

桜

桜の開花（大西撮影）

桜でブドウの花を予測

桜の開花は3月下旬。ブドウの開花は5月下旬。桜が大きくきれいな花をたくさん咲かせたら、それは「前年の蓄え（養分）が十分」だということ。ブドウも同様で、まず問題ない。桜の花が物足りなかったら、ブドウの花も心配。春先から肥料や水の管理を慎重に行ない、ブドウの花を充実させる。

花が満開のブドウ

中心になりました。私は生育ステージを読み、各作業の適期を知るために、ブドウの生育調査をしています。展葉開始日から毎朝六時に、新梢の伸長、花穂の伸長を計測します。ジベ処理後もその反応を見るために計測を続けます。

今日、高品質ブランド化の時代にこそ、指標植物の利用は大切だと思います。季節の移り変わりは自然界の動物や植物が教えてくれます。

桜の「花見」で、ブドウを思う

梅は厳しい寒さにも負けず、花を咲かせます。その開花始めが早いか遅いか、満開期がいつになるか。続いて開花するアンズ、スモモ、モモ、桜、ボタン、ショウブ、バラ、ツツジなどにも影響します。

気象庁の出す桜の開花予測や開花宣言、桜前線の北上がブドウの生育の進み具合を知るうえで、とても参考になります。生育の進み具合がわかれば、適期に適正な管理をすることができます。

私は神社仏閣や公園など、各地の桜を見てまわり、着花数や花の大きさ、色つや、全体の見栄えなどから、ブドウの花の状態を予測し、良花になるよう管理しています。また、桜の開花が早ければ、ブドウの開花も早いと判断し、ジベ処理適期の把握に役立てています。

平成二十五年、春、桜前線が北上し、青森県の弘前城で開花宣言が出たその日に満開宣言が出され、ニュースになっていました。この年、わが家の巨峰も開花始めからわずか三日で全開したのを今でも覚えています。

アガパンサスで作業の段取り

私にとって、自然界の見るものすべてが指標になります。そのつもりで、いつも野山の樹木や草花を観察します。

アガパンサスは私の好きな花のひとつで、草丈の高さや茂り具合がブドウの「落ち葉よけ」（落ち葉の飛散防止）になると思って、畑のまわりに植えました。それが指標植物にもなり、アガパンサスの花が満開になる頃までに、袋かけを終えたり、新梢の伸長が止まるように管理したり、環状剥皮の目安にしています。

花を楽しみ、指標植物として利用し、落ち葉の飛散防止にもなり、「一石三鳥」で役立っています。

アガパンサスで適期に作業

アガパンサスの開花は6月下旬。ブドウが色づき始める頃で、環状剥皮（着色促進）の時期としてはちょうどいい。また、それまでに新梢の生長を止めておき、養分を実に集中させる。

畑のまわり（ハウスの横）に植えたアガパンサス（小倉撮影）

言い伝えも参考に

最後に、私の住む地区で古くから伝わる天気予報を紹介します。

▼夕焼けに鎌を研げ

明日はいい天気になるので、宵のうちに仕事の段取りをつけておく。イネを刈るための鎌を研いでおく。

▼朝焼けに蓑を持て

明日は雨が降るので、雨具を用意し、そのつもりで作業する。

▼土佐雲入れると大降りになる

西の空、高知県方面へ黒い雲が速い速度で飛ぶように動くのは、大雨の前触れ。排水対策をしておく。

▼五風十雨がちょうどよい

五日に一度、葉に積もったホコリを吹き飛ばしてくれるくらいの風が吹くとよい。一〇日に一度は雨で葉が洗われるのがよい。

（『現代農業』二〇一五年四月号）

花を予測し、ミカンの連年結果

和歌山●橋詰 孝

自然の恵みのおかげでミカンづくりができるのですが、時には台風で果実が傷ついたり、落とされたりします。また、時には台風の雨に助けられたりもします。

なにもしなくても四月になれば新芽が出て、五月には花が咲き、時期がくれば色づき始めます。しかし、ミカンをつくる以上、四季の気象変動を的確に把握し対処することが栽培者たるものの使命だと思います。

二〇一四年の天候を振り返って

たとえば、昨年（二〇一四年）の天候が今年のミカン樹にどのように影響するか考えてみたいと思います。まず二〇一四年は、一～二月の雨量が多かったため、発芽（春芽）がたくさん見られ、花が少なくなりました。そのため、春肥の調節やアミノ酸の葉面散布など、確実に実止まりさせる作業が必要になりました。

その後は空梅雨気味で七月後半にかん水を始めたほどでしたが、八月から九月上旬まで二〇日程度は雨と曇天で、これまで経験したことのない夏となりました。秋になると、なんとか晴天が続き、安堵したのを覚えています。

ただ、九～十月は花芽を形成する大事な時期です。私はここで、リン酸、カリ、マグネシウムを葉面散布するなど、できるだけの対処をしたつもりですが、思った以上にミカンが肥大し（花芽形成ではなく、果実肥大に養分がとられ）、そのうえ、今年の一月は昨年以上に雨が多かったので、花芽が来るか心配しています。今後、花が見えるまでの温度や天候に注意し、対処しないと大凶作になりかねないと思います。

おいしいミカンをつくるには、連年結果させ、園地ごとに樹のバラツキをなくすことだと思います。また、異常気象に打ち勝つためにはやはり樹勢を保つことが最善だと思います。

筆者。カンキツ類3.5haの経営

花も新芽も確保したい

そこで、私なりに基準にしているのが川の水量です。

大きな川だとわかりづらいでしょうが、わが家の前を流れる加茂川は、長さが数kmで、晴天が二〜三週間続くと干上がります。それを夏期のかん水開始時期の目安としています。それから、冬期の水量で春芽の出具合を予測しています。春芽を発生させるには、この時期のかん水が最も効果的です。

指標の一例

観察するもの	判　断
小川	水量を見る。1〜2月、水が豊富だと（雨量が多いと）、花が少なく、春芽が多くなる。干上がっていたら、花が多く、春芽が少なくなる。もちろん、夏場のかん水の目安にも
スギ ヒノキ	花粉の量と、ミカンの花の量は比例する
桜	春肥のタイミングをはかる。桜は一時的な高温で咲き、その後の低温でいっこうに散らないことも。そんなときはミカンの樹も動きが鈍い（桜の開花時に施肥してもムダになる）。だから、春肥は桜の花が散ってから

花が多くなりそうな場合は、冬〜春のかん水で春芽の発生を促す。
春芽が多くなりそうな場合は、春先、リン酸やカリの葉面散布で「待った」をかける

また、花のつき方はスギやヒノキを見ればわかります。花粉の多いときはミカンの花も多く、花粉が少ないときはミカンの花も少ないと思っていいでしょう。ただし、日頃の管理や樹の状態によっても違うので、それを心がけて作業することが大事だと思います。

いい花を咲かせるには、春肥が不可欠です。特に、いつ与えるかがポイントで、私は桜の満開ではなく、花びらが散りだした頃を目安にしています。雨の具合も考慮しなければなりません。

この一年を左右する開花時期はカエルが教えてくれます。カエルが鳴き始めると、二〜三日後に花が咲き始めます。

開花後は、新葉の緑化が収量を大きく左右します。緑化に最適な気温は二七〜二八度なのですが、五月に三〇度を超える日があったり、六月に入って低温になる日もあります（気温は高すぎても低すぎてもダメ）。とにかく五月中には緑化を終えたいので、チッソの葉面散布などで対処しています。それで一日でも早く「一人前の葉」にします。

（『現代農業』二〇一五年四月号）

天候不順の年ほど、生物暦が頼りになる

長野●竹内孝功

桜の開花はタネ播きの指標

筆者。自給的な暮らしを実践しつつ、各地で自然菜園の講師を務める（黒澤義教撮影）

春作業の指標に、梅・桜・藤の開花

我々は地上に生きていますが、地表や地下に生きている動植物の多くは、自然の変化にとても敏感です。

春、梅の花の開花（平均気温六～七度）までは、多くの動植物は土の中で寝ています。こうした時期に堆肥などの有機物を土にすき込んでも、これを分解する土の生き物はまだ十分に働いてくれないものです。

桜（ソメイヨシノ）の花が咲くとようやく、平均気温が八～一〇度ほどになります。それでもまだ地温は安定しておらず、桜の満開（同一〇～一二度）を待って、春のダイコンのタネ播きをします。ダイコンは種子が吸水して発芽を始めた時点で低温感受性を備えます。播種直後の寒の戻りでも、トウ立ちしてしまうため、春作のタネ播きはとくにタイミングが難しいのです。

藤（ノダフジ）の花が満開になると（同一六度）、もう晩霜が降りないことを教えてくれます。夏野菜の苗は霜に弱いですから、地温が高くなってから植えたほうが活着

藤の花が満開になると、もう霜は降りない。夏野菜の定植時期（倉持正実撮影）

サルスベリの開花はハクサイのタネ播きの目安に

がよく、遅植えにします。藤の花が咲くまでに植える場合は、保温資材が必要と判断します。

夏播きのハクサイは、サルスベリの開花が目安

夏播きの秋野菜で播種のタイミングが難しいのはハクサイです。早く播きすぎると虫にやられやすいので、極力遅播きにしたいのですが、遅すぎると結球しません。なので、私はサルスベリの開花（同二五度）を目安に、結球までに時間のかかる晩生品種からタネ播きをしていきます。

もちろん、これらの植物にも品種や個体間での差があるので、決まった正解があるわけではありません。しかし、どれも身近にたくさんある植物です。畑の近くの木を一本決めて、毎年それらの開花を指標としながら作業をしていくと、だんだんと自分なりの生物暦ができていきます。

とくに、標高差のある中山間地では、畑の場所によって、草木の開花が異なり、当然農作業のタイミングも異なります。天候が不順なときほど生物暦を重宝しています。次頁の表を参考にして、自分の地域や畑に合った生物暦を作ってみてはいかがでしょうか？

藤の花は桜より信頼できる!?

ところで、以前はカマキリが卵を産みつけた位置が地上から高いか低いかで、その年の雪の積雪量を予想したものですが、最近の異常気象では、カマキリも予想しきれないのでしょうか、同じ畑でもさまざまな高さに卵を産んでいるのを見かけます。近年では、生物暦を指標としながらも、自然観察を続けてこれを深読みする必要が出てきたと

生物暦

植物の開花・落葉、生き物の初鳴き	平均気温（度）	適期作業
 梅の開花　ウグイスの初鳴き	6～7	春作準備
 アブラナ科の開花　桜の開花	8～10	春野菜のタネ播き ジャガイモの植え付け
 桜の満開	10～12	ダイコンのタネ播き
 ノダフジの開花　オオムギの出穂	15	遅霜なし 夏野菜の直播き
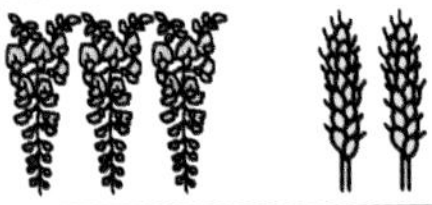 ノダフジの満開　コムギの出穂	16	夏野菜の定植
 アジサイの開花	21	夏野菜の収穫始め
 ヒグラシ・アブラゼミの初鳴き	26	夏ニンジンのタネ播き
 サルスベリの開花　ヤマハギの開花	25	ハクサイのタネ播き
 ススキの開花	24	秋冬野菜のタネ播き
 ヨメナの満開	18～20	ホウレンソウの 遅播き限界
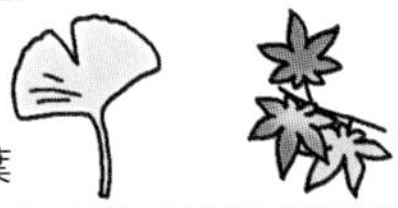 イチョウの黄葉　カエデの紅葉	11	秋冬野菜の収穫適期
 イチョウ・カエデの落葉	9	ホウレンソウの糖度増す

『自然農法の種子』自然農法国際研究センター（2007）を一部改変

感じます。

たとえば、桜の開花が例年よりも異常に早い年は、寒の戻りがあるのではないかと考え、逆にジャガイモの作付けを遅らせたり、土寄せの回数を多くします。桜は、多少暖かい日が続くと、開花してしまうので、その後に雪や強い霜が降りることがあるからです。それに対して藤の花はある程度暖かくなってから咲くためか、開花後に霜が降りることはまずありません。（だまされやすい）桜よりも信頼しており、地温が十分に温まった満開後に夏野菜の定植を行なっています。

スベリヒユで夏の干ばつを予想

また、畑に生える草で、その年の気象予報がある程度できます。ネギなどを育てていると根元にスベリヒユが生えてきます。これが地を這うように元気に生育している年は、暑くて乾燥した夏になりやすく、茎が立ち気味に生育している年は雨が多い傾向があります。野生の植物が乾燥や過湿から身を守る知恵なのでしょう。

肥料食いで嫌われる雑草のスベリヒユですが、ネギの赤サビ病は高温・乾燥・養分過剰の条件で発生しやすく、土寄せ後の根元に生えるスベリヒユが元気な年は、そのまま生やしておくと、干ばつからネギを守り、赤サビ病の発生も防いでくれるので重宝します。

＊

天候不順が明らかになったあとでは、手の施しようがなかったりしますが、自然の草木をよく観察し、その傾向をつかんで心構えをしておけば、いざというときに早めの対応が可能です。

まだまだわからないことばかりですが、自然観察を通じて、自然界の動植物の知恵を少しでも栽培に生かせたらと思いながら、野良仕事をしております。

（『現代農業』二〇一五年四月号）

スベリヒユ。これは、株の先端が少し立ち上がっていて平均的な感じの生育。一日の中でも変化するので、生育の勢いや、立ち上がり方、ほかの草や作物との比較など、畑全体を見比べながら自然観察していく

3

短期予測のワザ

夕方五分間空を見上げる

風を感じ、天気を読む

静岡●鈴木正人

筆者。夕方5分間空を見上げる

昔から農業は天候にかなり左右されてきたと思います。私は茶二四〇a、水田一二aの小さい経営ですが、農業をしているといつも気になるのが天気です。毎日、空を見て、風を感じて、また、自然界の生き物を観察しながら農業をしています。

雨が降る直前に肥料を振るには

冬の晴れた日の夕方、すじ状の雲が発生すると上空の強い風が下りてきて、次の日は風が強くなります。また、地平線に黒っぽいモコモコした雲（私は「かんじ雲」と呼んでいます）が発生した時は、翌朝の気温は零度を下回りたいへん寒くなります。

私の天気の予測法はいろいろありますが、一番に重視しているのは、ならい風（東の風）です。この風が吹くと上空に湿った空気がもたらされ、いくら空が晴れ渡っていても次第に天気が崩れてきます。また、夜、月に光の輪（月が帽子をかぶる）ができた時は、天気が崩れてくる予兆です。昼間、太陽がボヨーンとかすんで見える、太陽が雲の笠をかぶったようになる時も一緒です。

肥料（固形）をいつ振ろうかと考えている時には、このタイミングがいいと思います。畑に湿り気があればいいですが、乾いている場合は雨がほしいからです。欲をいうと、施肥は小潮（月齢七～九日、二二～二四日の半月の頃）前後がベストです。すると、次の大潮の頃から肥料の分解が始まり、化成肥料なら一四日後くらい、有機系の肥料なら二七～二八日後、つまりその次の大潮や、そのまた次の大潮の頃にお茶に効き始めると思います。人工的にまくかん水には限界があり、どうしても畑全体に均一に浸みさせることはできません。雨にはかないません。

しかし、夏場の小潮の時にあまりたくさんの雨があると、肥料のチッソ成分がお茶にガーッと効きやすくなり、二週間後の大潮の頃に病気が出たがります。そこをめがけての治療薬が必要になると思います。

雲ひとつない青空。遠くの山もいつも通り見えるから、お天気が続く
茶畑から家までの帰り道の坂で、遠くの山を観察

茶畑からの帰り道、少し先の天気を予測

こんなふうに潮や月の満ち欠けに合わせて管理するのが私の栽培の基本なのですが、仕事の都合や天気にも左右されて、なかなか思うようにいかず失敗することもあります。それを避けるために、何日か前に天気の崩れを感じ

月の満ち欠けと潮の関係

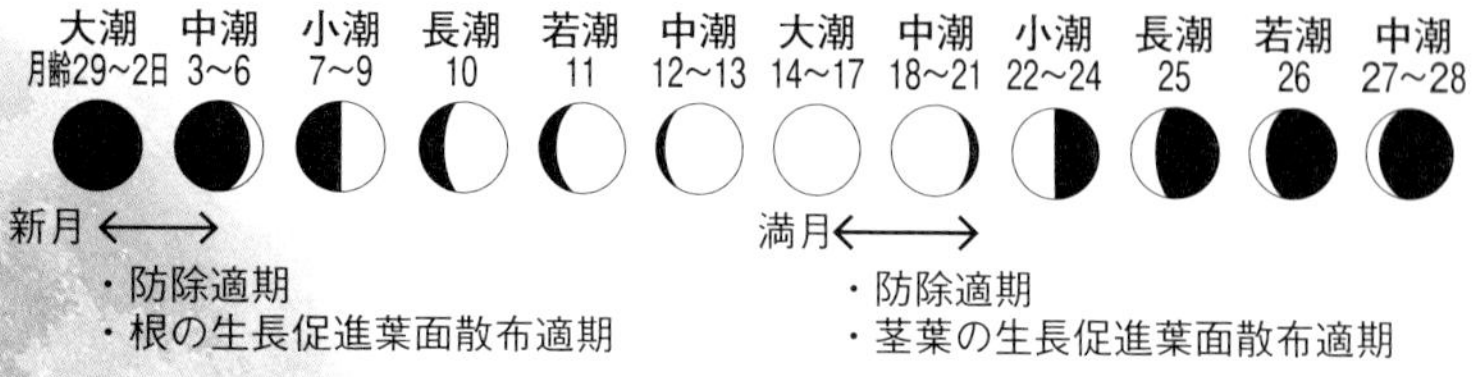

鈴木さん流、大潮を目安にしたお茶の管理

月の満ち欠けは、月が地球のまわりを29.53日で1周するのに合わせて起こる。新月から次の新月までが1サイクルで、月の満ち欠けに合わせて海の干満の差（潮）も変わる（上図）。

鈴木さんは、この月のリズムに合わせたお茶の防除を実践。虫の発生（孵化）時期と大潮が合致することを知り、満月の大潮でも新月の大潮でも、大潮の最後から3日くらいが防除適期だと確信するようになった。

また、葉の気孔が大潮に開くと知り、これに合わせて液肥を散布する。茎葉に効かせる時は満月の大潮、根に効かせる時は新月の大潮がいいそうだ。

たいわけです。例えば、大潮のタイミングでクスリや液肥を撒きたいが、その日が雨にぶつかりそうな時は前倒しで作業します。

▼天気が崩れる前兆

私が天気の崩れを最初に感じるのは、遠くの山が近くに見えるようになった時でしょうか。こうなると、三日後には天気が崩れます。茶畑から家までの帰り道に、遠くの海や山を見渡せる坂があります。ここで軽トラから降りて山を眺めたり、軽トラをゆっくり走らせながら空の様子をうかがいます。

飛行機雲が三〇分以上消えない時は二日後、朝焼け（日の出から一時間後くらいに空がオレンジ色に焼ける）の時は一～二日後には天候が崩れていく感じがします。夜、星がチカチカまばたきして見える時は、少し幅がありますが二～五日のうちに天気が崩れます。

また、いわし雲（魚のウロコのような形の雲）になった時は、翌日には曇りはじめ、その次の日は雨になります。南に入道雲がある時は、湿った空気同士が摩擦を起こすのか、その日の夕方には雷をともなって激しく雨が降るようになります。

▼好天が長く続くサイン

反対に好天が長く続く時は、夜、クレーターがわかるほど月がくっきりきれいに見えたり、星がたくさんよく見えたり、飛行機雲が発生しないことなどでわかります。

おそらく、どの場合でも上空の水蒸気が関係していると思います。水蒸気があれば、それが冷やされて雲ができて雨が降る。星がチカチカして見えたり、朝焼けになるのは、空気中のホコリが水蒸気をまとい光を乱反射させるからだと思います。反対に天気が続く時は空気が澄んでいる証拠でしょう。

風から天気を読む

▼天気図からわかる局所的な雨予測

天気図も参考にします。天気予報ではよく晴れるといっているのに、局所的に突然の雨になる時があります。こういう時に天気図をしっかり見ると、高気圧のまわりの等圧線の中に気圧の谷間になっている場所がありま す。緩やかに膨らんだ曲線ではなく少しくびれてS字になっている。こういう場所では低気圧が発生しています。それが私の地域の真上にかかると、突然、風の向きが変わったりします。

▼風から雨の降り方を知る

風を読むのはとても大事なことです。雨が降り出してから長雨になるのか、強く降るのか、いつ上がるのかを知るには風を読むしかありません。雨が降っている時、ならい風（冬に吹く強い東風）のままだと長雨、雲の流れ

いわし雲ができると、翌日は曇り、その次は雨になりやすい

筆者の天気図の見方

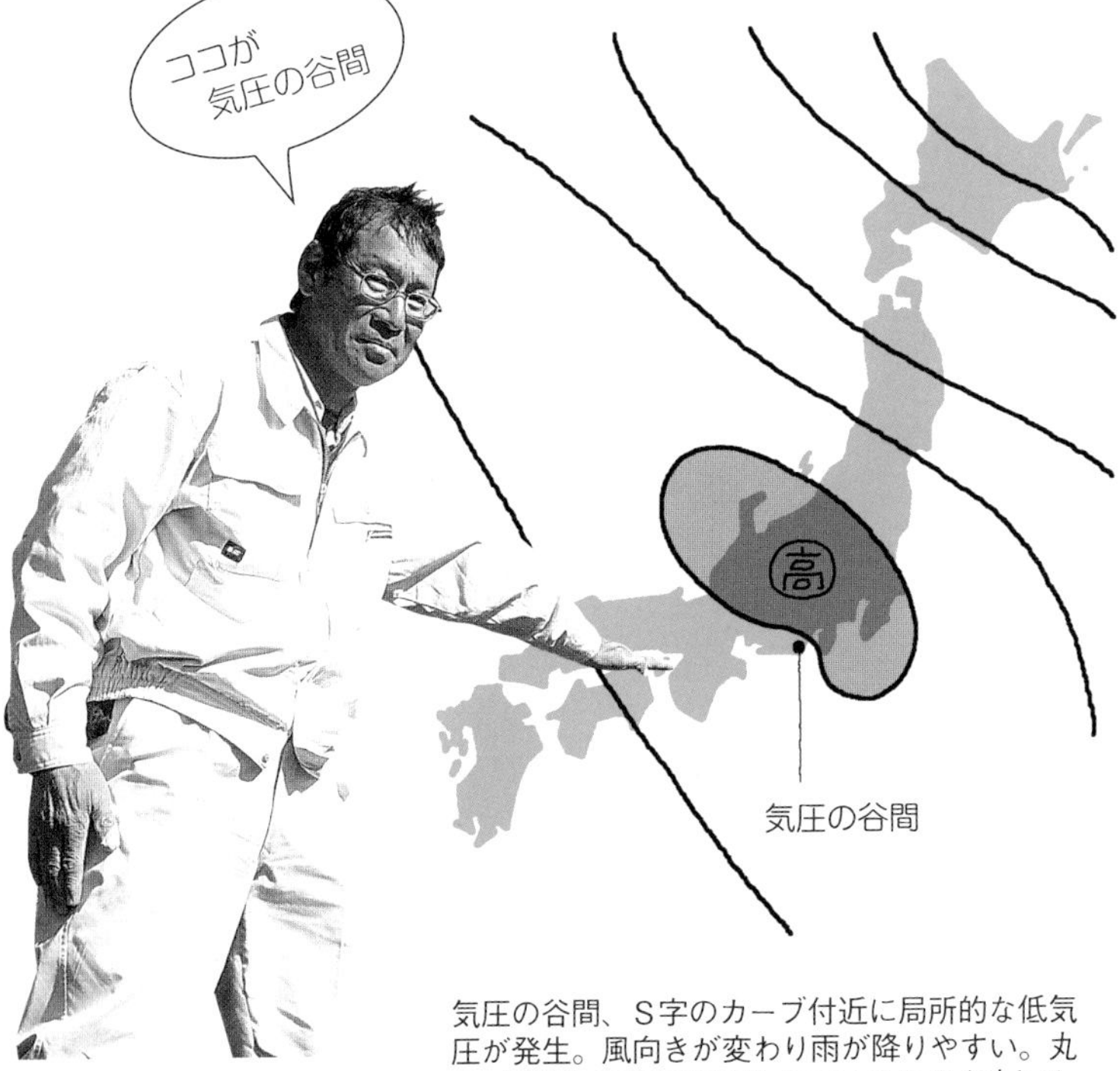

気圧の谷間、S字のカーブ付近に局所的な低気圧が発生。風向きが変わり雨が降りやすい。丸い（楕円）高気圧に覆われているとよく晴れる

今日は天気のいい日の目印、
西風が吹いてる！

が早いと暴風雨になりがちです。西風に変わってくると雨がだんだん上がってきます。

お茶刈りの時や、もう少しで肥料を振り終わる時も、風をしっかり見ます。灰色の雲が空を覆い、今にも雨が降りそうな時は、いつ雨が降ってくるのかとても気になります。ならい風が吹いていたのが、一瞬止まる時があります。そうなると一時間以内に雨が降り出します。そういう時は、休憩を取るより、風が吹いているうちに仕事を片付けてしまうことが優先です。

虫や動物に教わること

虫や動物も天気の変化を教えてくれます。いくつかあげてみましょう。

夏にアリが、庭や田んぼのクロ（アゼ）で盛んに行列を作っていたり、ツバメがお茶の樹のすぐ上を低空飛行したら天気が崩れる証拠（反対にツバメが木のてっぺんくらいの高さを飛ぶ時は天気が続きます）。アマガエルが庭の木の上で鳴く時も天候が崩れていきます。夏、セミが鳴きやむのも雨が降り始める兆候です。

私は、モズがけたたましく鳴く時に季節の変わり目を感じます。お盆からちょうど一〇日後くらいでしょうか。お茶の栽培での夏の終わりをモズが知らせてくれます。すると、その後の大潮の時は赤ダニが発生しやすいので、クスリの準備をします。ここでしっかり防除できると赤ダニは八〇％の確率で抑えられます。

私たちの身の回りには、さまざまなことを知らせてくれる自然があります。毎日、夕方仕事から上がる時にほんの五分間空を見上げて、風を感じ、周りの生き物の様子を観察すればいろいろな予測ができると思います。

朝だってかまいません。クモの巣に夜露がついていたら、その日は大変いい天気になる。クモの巣の張り方がとても速い時は虫の活動も盛んだから、天気が続く……。まず身近なもの、どこにでもあるものから——。

（『現代農業』二〇一五年四月号）

お、雨が降るぞ
ゲコッゲコッ
庭の木の上からアマガエルの鳴き声が聞こえる時は天気が崩れる

風から天気を読む。ここは14カ所ある筆者の茶畑のひとつ

私が使う

短期予測法

●編集部

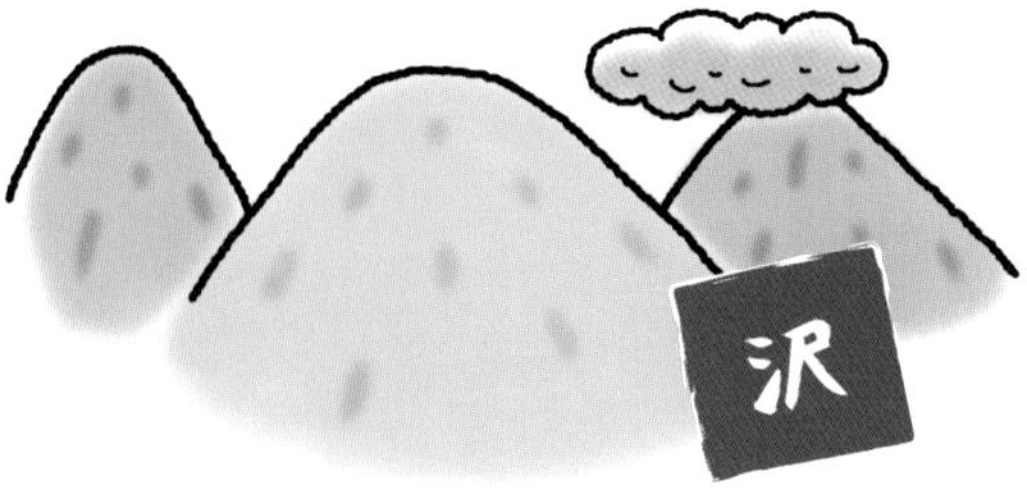

黒い雲が流れていたら、間もなく雨

雨が降るか

沢の空を見る

秋田県北秋田市●畠山まりかさん

リンゴ農家の畠山さん

近所のおじいちゃんから教えてもらった話です。

朝、曇り空で、「雨が降るかな、降らないかな、どっちだろう」と、迷った場合。ここらでは「沢」って呼ぶんですけど、南西にある、山と山のあいだを見ます。その上空で、黒い雲が流れていたら、間もなく雨です。そうでなければ大丈夫。リンゴにクスリをかけます。

一〇〇%ではありませんけどね、これで何度か助けられました。

風が吹くか

新幹線の音を聞く

福岡県直方市●内山隆之さん

新幹線の走る音が聞こえてきたら、強い北風が吹く

ブドウ農家の内山さん

わが家の北側、二km先には線路があります。新幹線が通っても、防音壁のおかげで、ぜんぜんうるさくありません。しかし、まれに、その音が聞こえてくることもあり、そんなときは「線路の上空は風が強い、もうすぐここにも北風が吹く」と判断します。そして、急遽、段取りの変更。たとえば、その日、竹を伐採する予定があっても、まず控えないといけません。風が強いと、危ないですから。

ブドウに農薬散布するときは、さすがに天気予報を参考にします。ただ、一日のうちでも、できれば風のない時間帯を選びたいものです。高い農薬、ムダにはしたくありませんよね。そこで、朝凪、夕凪をねらいます。竹のてっぺんを見て、ゆらゆら揺れるようなら、まだ様子見。ピタッと止まっていたら、急いで散布。そういうふうにしています。

（『現代農業』二〇一五年四月号）

遅霜をどう見分ける？

ケヤキの芽吹きで遅霜を判断

群馬県沼田市●小林勝利さん　編集部

春、新芽が一斉に出てきたケヤキ（倉持正実撮影）

芽吹きがバラバラなら遅霜が来る

オレも七五歳になった。おかげさまで夫婦ともども元気だから、雨除けの夏秋トマトはまだ二反歩ちょっとやってるよ。苗を萎れさせるやり方は以前と変わりなし。苗の時期に鍛えてやると、植えてから手がかからないからね。葉かきをしなくても病気が大発生することはないし、裂果も少ないし…。

ケヤキを見て遅霜を判断するやつ？

夕方に完全におじぎしてしまっているトマト苗を持つ小林勝利さん（赤松富仁撮影）

それは今も意識してる（笑）。オヤジから教わったことなんだ。オヤジはずっと養蚕をやってて、霜が来るとクワの葉がやけるから、そういうことをうんと勉強してた。天気予報なんてない時代でしょ。で、オレもよく話を聞かされたのさ。

ここは山間地で五月十五〜十六日が「別れ霜」っていわれてる。ケヤキの芽吹きが悪い年は、別れ霜の後にも遅霜が来るっていう見方。

ここらだとケヤキの芽が出始めるのは五月上旬からだけど、ふつうは樹全体の枝から一斉に新芽が出てきてワサワサしてくる。でも、芽吹きが悪い時は、一カ所の枝はワサワサしてても、芽が出ない枝もあったりして、バラバラに見えるんだな。そういう年は遅霜が来るから、トマトの定植も少し遅らせるってわけ。

遅霜に遭うと苗が全滅してしまう

ここ数年は温暖化なのか、そこまで芽吹きが悪いということはないな。でも五年くらい前かな。芽吹きが悪かった。だからトマトを五月二十日過ぎに植えた。近所の人から「小林さん、いつ植える？」って聞かれてて、「遅霜が来そうだから二十日過ぎにする」って伝えたら、後ですごく感謝された。例年通りに十四日くらいにトマトを植えて、遅霜でやられて何十万円もパーにしちゃった人がいたんだよな。こういうの、知ってる人は知ってるけど、ふつうは知らないからな。

ケヤキは長生きする能力がある!?

なんでケヤキかって？　ケヤキは寿命が長いでしょ。何百年も生きる。自分が生き残るために、いろいろな能力を持ってる。遅霜を感知したら、一気に芽を出さないようにしてるから寿命が長いんだって、オヤジが言ってた。

オヤジは七二歳で亡くなったの。オレはもうその歳を超えた。いつまで元気にトマトつくれるかわからないけど、今年も三〇〇〇本は植えるよ。

（『現代農業』二〇一五年四月号）

カエルさまさま、明日の寒波を知らせてくれる

長野●降旗恵子

朝八時にならないと太陽が昇らない生家から、四時には明るくなる北アルプスの麓に嫁いで来たのは三八年前。実家ではお遊び程度にしか農作業をしてこなかった私が、「三度のご飯より土いじりが好き」「一日中、山を眺め、鳥の鳴き声を聴きながら外にいてもいい」と思えるようになったの

は、この一月に亡くなったおじいちゃん、おばあちゃんや、近所のおじちゃん、おばちゃんたちのおかげ。いろんなことを教わった。

カエルが霜注意報

おばあちゃんから教わったことのひとつに、田の水のかけ方がある。

夕暮れに蛙鳴かぬは霜降りる
田んぼ水見てつぶくりかけよ

五月初旬、田に植えた幼苗は、遅霜や薄氷が張るほどの寒さに非常に弱い。霜にあうと、苗の「ひったち」(初期生育)が悪くなる。そこで、一番頼りになるのは、何といってもこれ！

「ぐぁっぐぁっぐぁっ」

そう、カエルの大合唱である。田に水が入ると、カエルは一斉に鳴きはじめる。しかし、季節外れの寒波が来て、氷が張るような寒さになる前日は、カエルはまったく鳴かないのだ。田はひっそりと静まり返ってしまう。

有線では四月半ばから、夕方、霜情報を流す。それ以上に私はカエルの声に耳を傾ける。夕方、大合唱がない時は、自転車で急いで田をまわり、「つぶくり」(苗の頭が被るくらい)水をかけていく。これで一安心。夜はゆっくり寝られる。

水を張らなかった田は一週間もすると、一面、赤茶色に変色する。霜にやられて、苗の頭が枯れるのだ。そして、なかなか「ひったって」こない。いっぽう、水を張った田ではなんら問題ない。これぞまさしくカエルさまさまなのだ。

イカルが雨を知らせる

もうひとつ、いつも私の耳に届くのはイカルという鳥の鳴き声。「ミノカサキー」(蓑傘着)と聞こえるのだ。

ミノカサキ斑鳩が鳴きて下り坂
空を見上げつ種蒔き急ぐ

おばちゃんがよく言っていた。「ミノカサキが鳴くから雨が降るよ。仕事の手を早めるように」と。

先人たちが言い伝え、そして教え残してくれた文化、遊び心をひとつでも多く伝承していきたいものだ。

一月に亡くなったおじいちゃんが背中を押してくれてる気がする。老人が一人死ぬと図書館が一つなくなるのと同じだという格言があるらしい(月刊『PHP』二〇一四年九月号)。私も死んだら空っぽだったと言われないようにしたいものだ。

卒哭の時が来るまで泣くがいい
介護看護を尽くした果てに

卒哭《そっこく》とは、仏教用語で百か日のこと。それが過ぎたら、また畑に通う。

(『現代農業』二〇一五年四月号)

逆転層にある茶園。雲海が広がる

防霜ファンいらず

逆転層を活かした、茶の適地適作

静岡●片平 豊

山の中腹で、凍霜害を逃れた

わが家で一番早く茶が摘採される畑は、標高六〇〇mほどある山の中腹（標高二八〇m）にあります。

就農して間もない昭和五十四年四月十八日と二十二日、静岡県全域が大凍霜害に見舞われました。現在でも「魔の十八日」と語り継がれています。この年は茶の生育が早く、ほとんどの畑があと一週間もすれば刈り取れる時期だったので、被害は甚大。村が茶の新芽のやけるにおいに包まれたのを今でも覚えています。わが家でも一番茶として摘採できたのは全体の四％、わずか四〇〇kgでした。

被害を受けなかったこの四〇〇kgが、ミカン園を改植したばかりの山腹

の畑だったのです。当時、私の村では山腹の暖かなところにはほとんどミカンが植えられ、茶は間作としてつくられていました。これを機にわが家はもちろん、村中でミカン園からの転換に拍車がかかります。冬になると、切り倒したミカンの樹が燃やされ、山から幾筋もの煙が上がっていました。ミカンの暴落もあり、山の中腹はあっという間に茶園に変わりました。

ただ、悲しいかな、現在は茶価の低迷と、急傾斜で重労働のため、放任園が増えています。

筆者。茶3.5haの経営

村は氷点下、山は暖か

この暖かな場所を私は「逆転層」（四一頁参照）と呼んでいます。

村は周囲を山に囲まれた川沿いにあるので、冬の朝ともなるとマイナス五度は当たり前、マイナス八度ぐらいまで冷え込みます。昼間、暖められた地表近くの空気は、放射冷却によって、どんどん上に逃げていきます。春先、大陸から寒気が入り、空気が乾燥し、空が真っ青に晴れていようものなら、日没とともに一時間に一度ずつ下がり続けることもあります。

春の彼岸頃からは、眠る前に温度計を見て、早朝、標高一八〇mの畑まで農道をのぼるのが私の日課となります。車の窓を開けると、空気が暖かくなるのを感じます。家の前が標高一二〇m、たとえばマイナス二度で霜が真っ白に降りていたとします（実際、四月中旬まではそれが当たり前）。のぼるにつれて霜が薄くなり、二八〇mまで行くと、温度計はプラス三度。まったく霜は降りていません。一安心し、富士山と日の出を見ながら、伸びる新芽を見るのが私の至福の時間です。

標高二五〇～三五〇mがベスト

こんなこともあり、私の村には標高二五〇m以上の畑に防霜ファンはありません。ただし、三五〇m以上になると、霜が降りることがあり、茶の摘採時期も遅れます。だから、早場所としては二五〇～三五〇mがベストだと思います。

私の村は朝霧に包まれることが多く、山にのぼるとかなりの頻度で雲海が見られます。山にいると、村は霧の下で見えません。村にいると、霧の中で「白い太陽」が顔を出し、山は見えません。この雲海の海面が逆転層とだいたい一致します。また、冬の朝方、家のそばで焚き火をすると、まっすぐ上がった煙が、ある高さで真横にたなびきます。この位置も逆転層と一致します。

霜の降り方は標高だけでなく、山の形でも変わります。標高三〇〇mであっても、それが小さな山の頂上だと、霜が降りやすいように感じます。地表の熱が三〇〇mでなくなってしまうのか、山が終わりなので熱が逃げやすいのか。専門家に聞いてみたいところです。

山ならではの茶づくりを

いい畑の条件は自分の目指している方向によって違ってきます。日本茶業の主流は、なんといっても鹿児島型農業です。まっ平らで、畑一枚が一haなんていうのも当たり前。乗用型の摘採機が「風の谷のナウシカ」に出てくる「王蟲《おーむ》」のように走り、一日でわが家の全茶園の何倍もの面積を刈り取り、加工し、生産コストを引き下げています。

私の住んでいる山間地では到底ムリな話です。そこで生計を立てるためには、そこに合った経営をすること、すなわち、よくいわれる「適地適作」です。

平坦地ではマネのできない茶をつくるため、私が最も大切に考えていることは、人ではなく、茶にとっての適地です。自然災害を受けにくく、樹勢がよく、かつ、おいしい茶、個性的な茶ができるところ。傾斜はないほうがいいに決まっていますが、私の中ではあまり考えないようにしています。傾斜をなくすことで、大切な土を壊してしまっては、なんにもなりません。先人が探し出した適地は大切にしなくてはいけません。

品種ごとに適地適作

わが家には小さな茶園が多数ありますが、それぞれの気象条件、立地条件で次の三つに分け、その場所に合った栽培形態をとっています。

▼霜害を受けにくい、山腹の急傾斜地（標高二五〇〜三五〇m）

早生品種を主としています。「やぶきた」（中生品種）中心の近隣の工場より、一週間ほど早く一番茶が始められます。みる芽（小さな芽）のうちに摘採するので、急傾斜での作業も軽減されます。

▼霜は降りるが、緩傾斜の畑。また、家のまわりの狭い平坦地

防霜と品質向上を兼ね、被覆棚を設置し、かぶせ茶と玉露を生産しています。家のまわりには自然仕立てにした樹もあり、手摘みで品評会出品茶などの高級茶をつくっています。

▼霜の常襲地である遅場所

主に晩生品種を植えることで、晩霜を回避しています（芽の出が遅いため、霜害が少ない）。また、やぶきた他の中生品種は、秋ではなく春（三月中旬）に整枝することで、芽が出るのを遅らせ、霜害を防いでいます。

コスト低減、品質向上

以上のように、立地条件に合わせて栽培することにより、多くのメリットが発生します。

・早場所の早生種から遅場所の晩生種まで、工場の稼働日数が近隣農家の倍ほど長い。それで、工場規模が少なくすんでいる。コスト低減
・摘採が集中しないので適期摘採ができる。刈り遅れがない。品質向上
・防霜ファンが全面積（三・五ha）の一〇％ですんでいる。コスト低減
・日照量が少なく、露ぎれの悪い畑には病気に強い品種を植え、被害を抑える。農薬コストの低減
・土質に合った品種を植えることで、反収を安定させている。品質向上

などなど、あげればきりがありません。

（『現代農業』二〇一五年四月号）

※気象用語の「逆転層」は、標高が高くなるほど、気温も上がる、その層を指す（地上も含む）。いっぽう、筆者は特に暖かくなる標高250～350mの範囲を「逆転層」と呼んでいる。

春の気象・天気図を読む

●編集部

放射冷却と逆転層が起こる理由

春、太陽はだんだん高い位置を通過し、ずいぶん暖かくなってくる。
しかし、日中の気温が同じでも、翌朝霜が降りるときと降りないときがある。
その違いは何だろう?

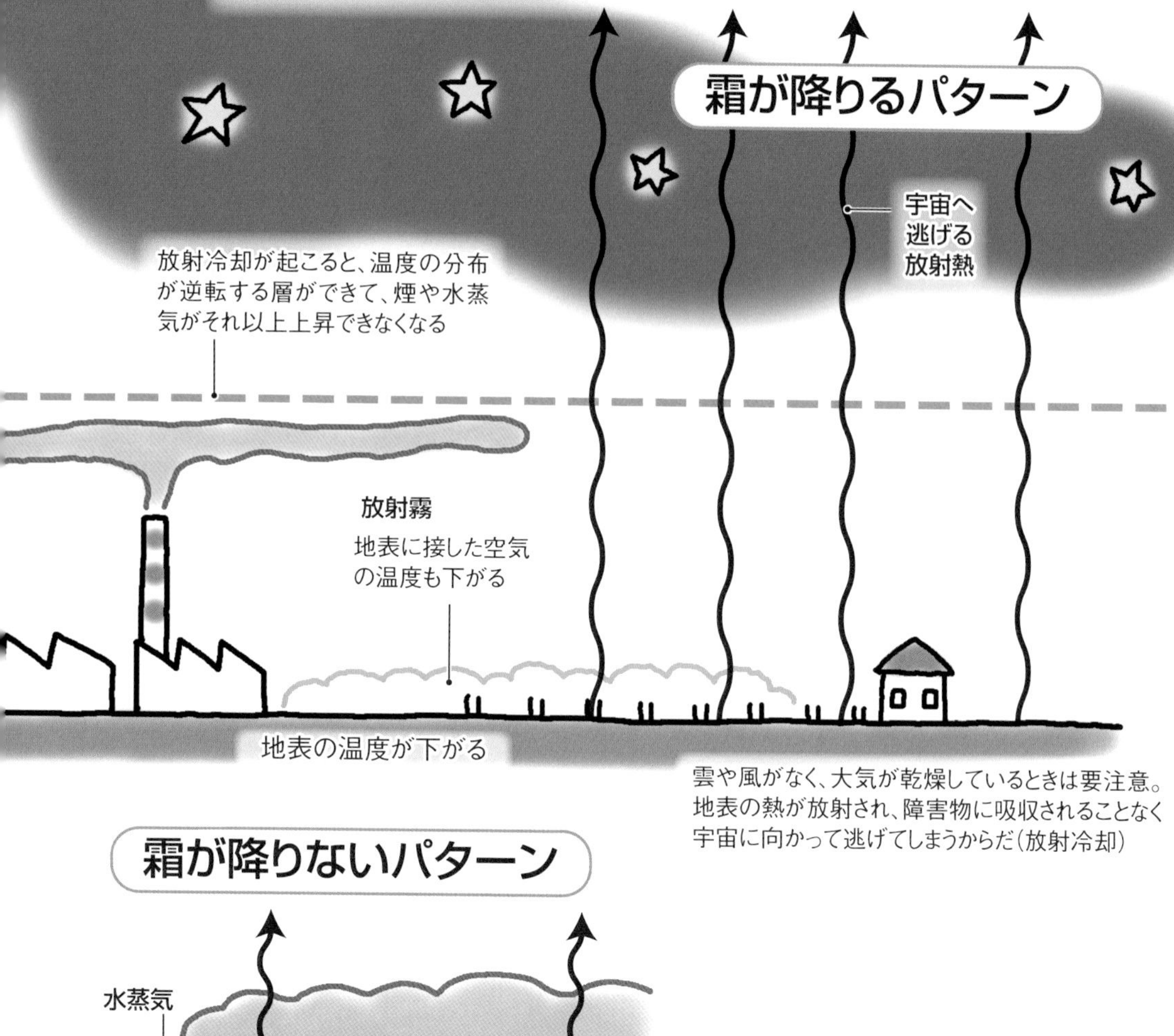
霜が降りるパターン
宇宙へ逃げる放射熱
放射冷却が起こると、温度の分布が逆転する層ができて、煙や水蒸気がそれ以上上昇できなくなる
放射霧
地表に接した空気の温度も下がる
地表の温度が下がる

雲や風がなく、大気が乾燥しているときは要注意。地表の熱が放射され、障害物に吸収されることなく宇宙に向かって逃げてしまうからだ(放射冷却)

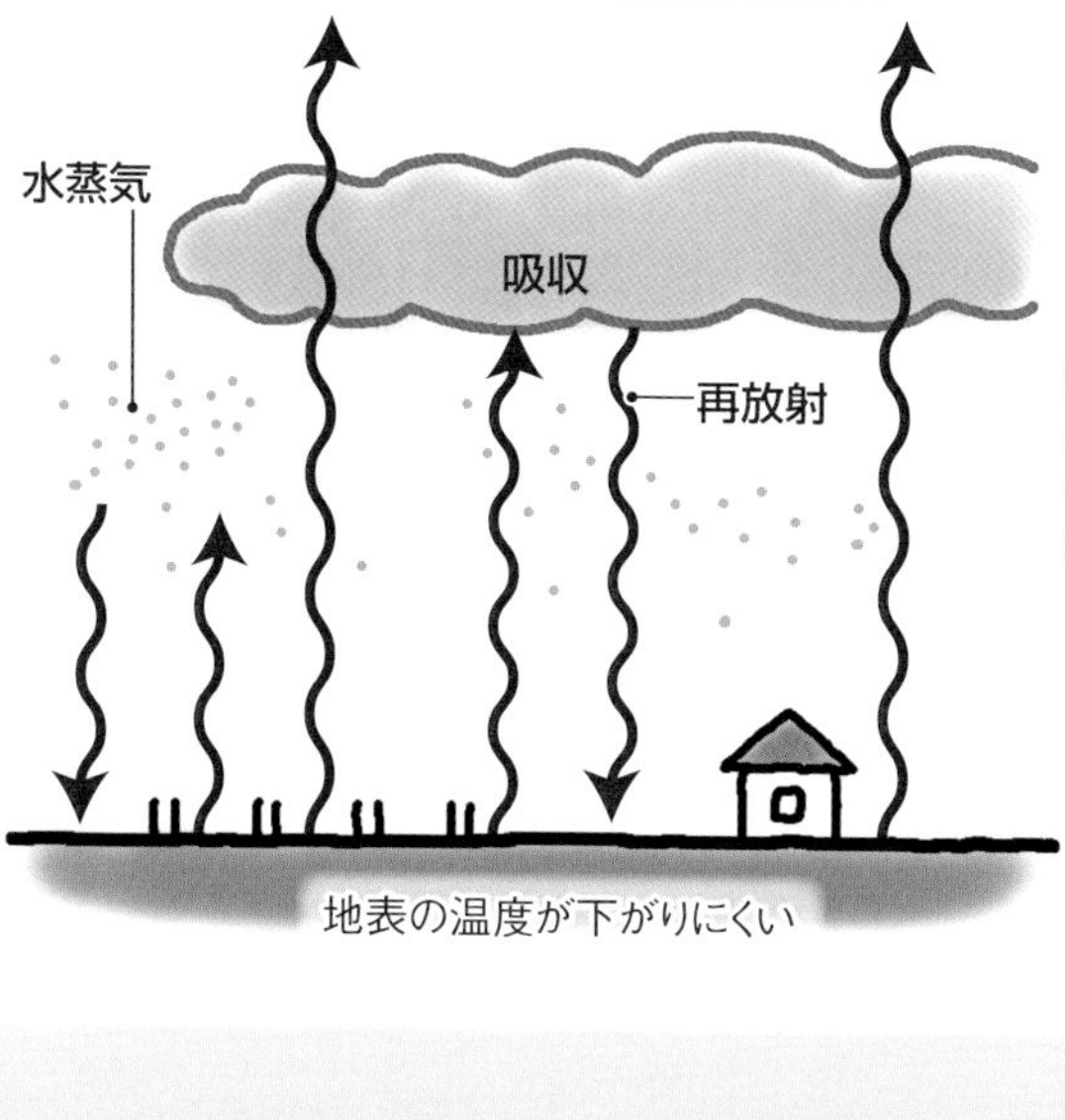
霜が降りないパターン
水蒸気
吸収
再放射
地表の温度が下がりにくい

雲があったり、空気中に水蒸気が多いと、それらに地表からの放射熱が吸収され、その後、地表面に向かって再放射される。よって、温度の下がり方はゆるくなる(温室効果)

参考:『図解　気象学入門』古川武彦、大木勇人(講談社)

放射冷却で霜が降り、
放射霧がかかった朝

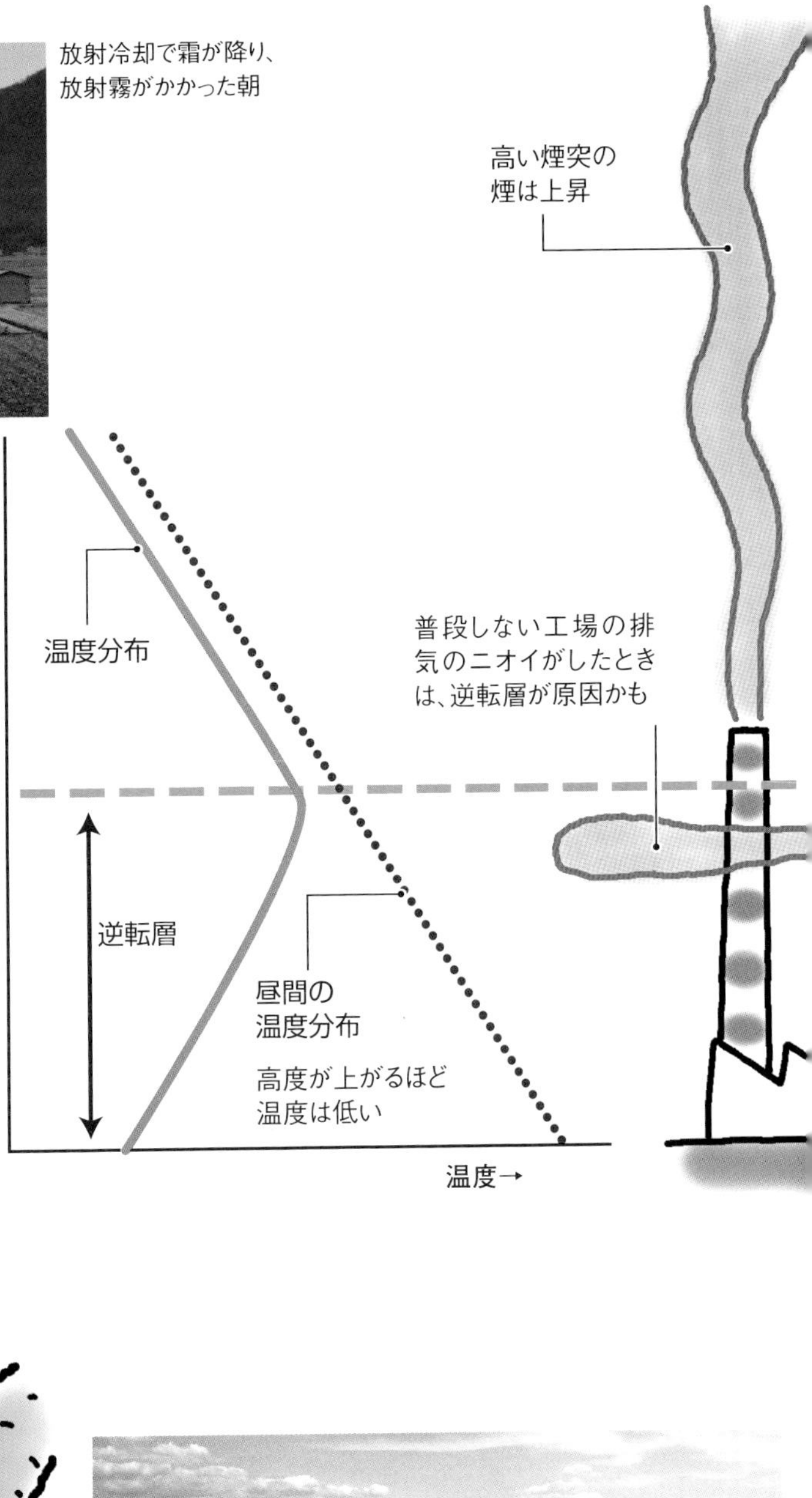
高い煙突の
煙は上昇
普段しない工場の排
気のニオイがしたとき
は、逆転層が原因かも
高度→
温度分布
逆転層
昼間の
温度分布
高度が上がるほど
温度は低い
温度→

霜害を防ぐには?

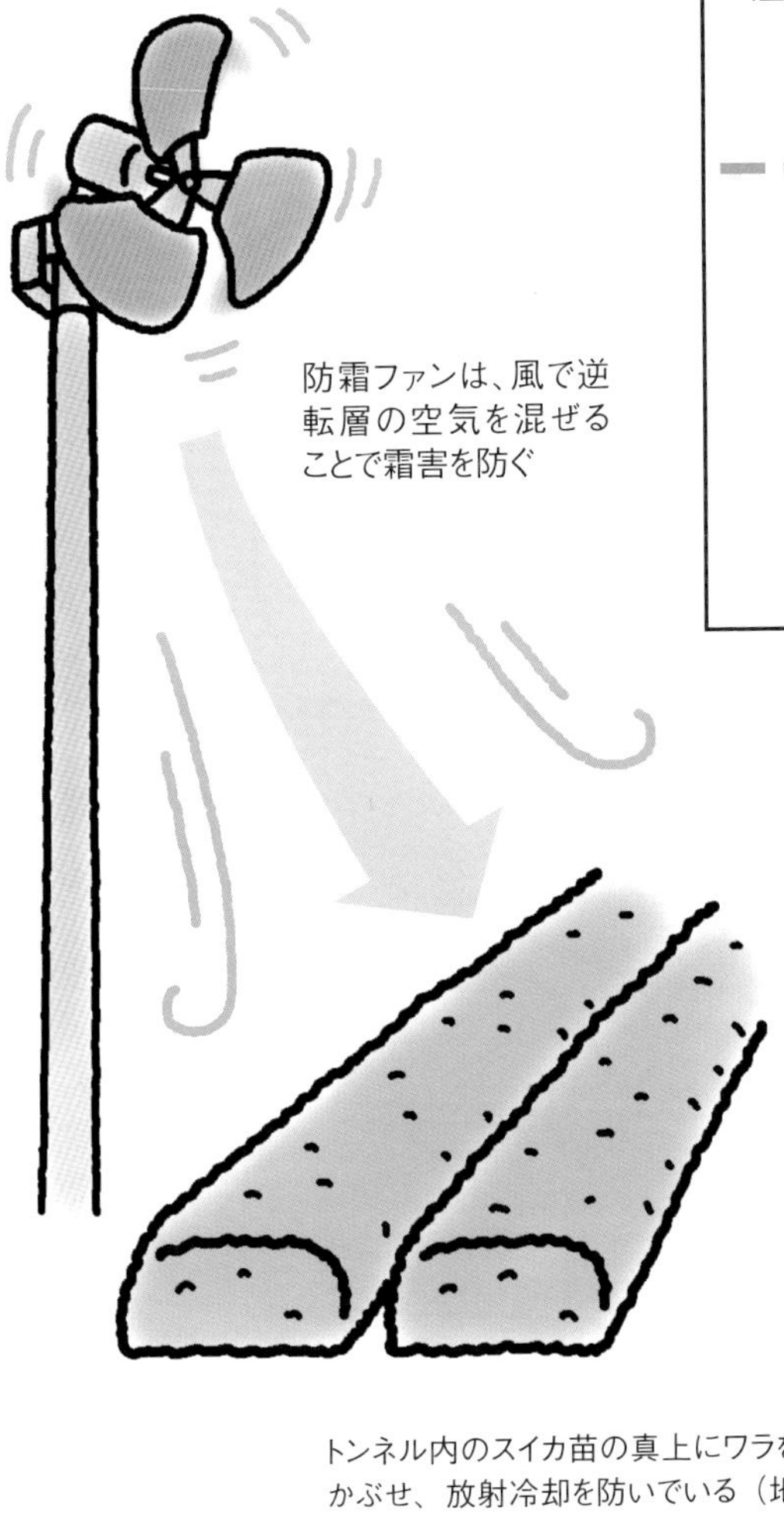
防霜ファンは、風で逆
転層の空気を混ぜる
ことで霜害を防ぐ

トンネル内のスイカ苗の真上にワラをかぶせ、放射冷却を防いでいる（地表からの放射熱がワラで吸収される）（赤松富仁撮影）

天気図から春の風を読む

春は風の強い時期でもある。天気図で風の吹き方を予想するには？

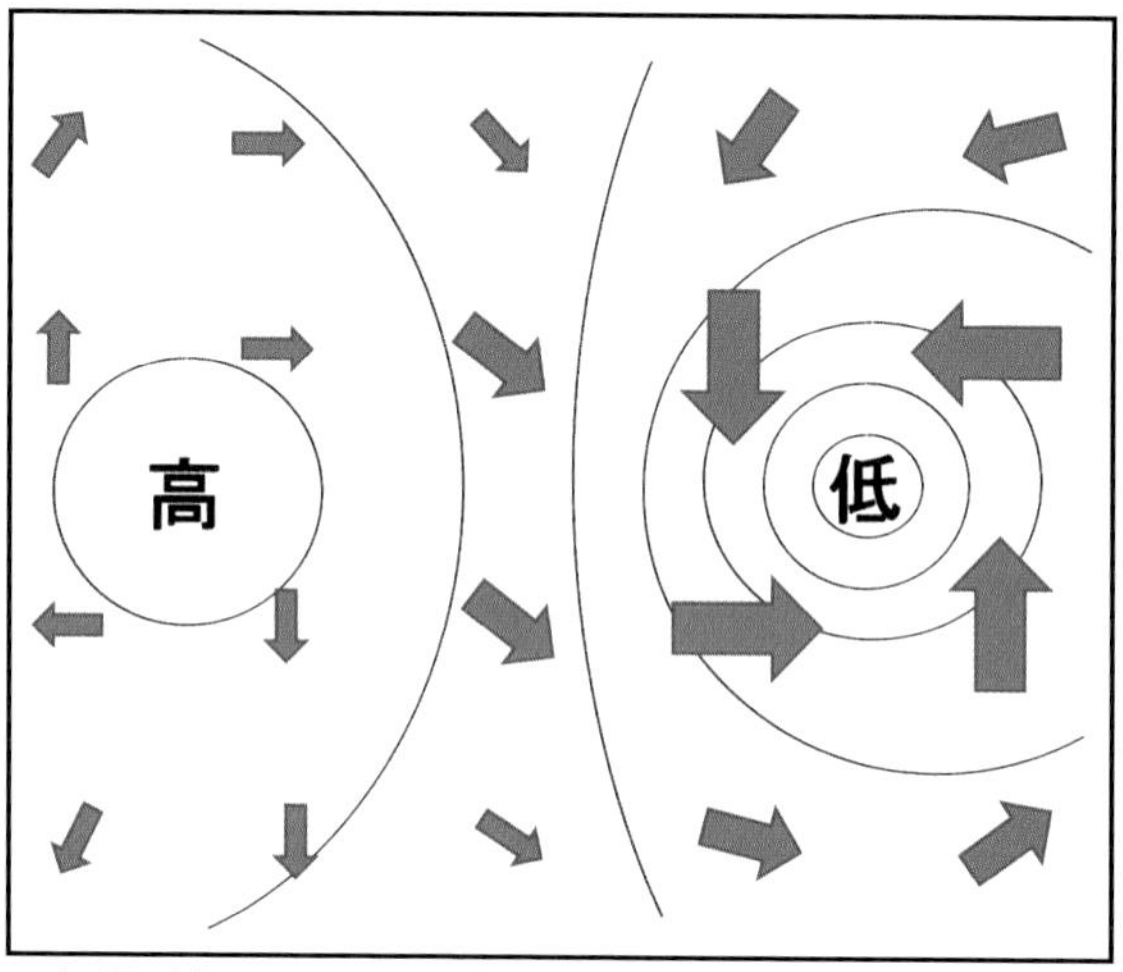

※矢印が大きいほど風が強い

等圧線と風の吹き方

風は気圧の高いほうから、低いほうへ向かって吹き、気圧差が大きいほど（等圧線が混んでいるほど）強く吹く。地球の自転などの影響で、等圧線に向かって真っすぐではなく、気圧の低い側（低気圧）を左斜め前方に見るように吹く

等圧線の間隔が天気図の南北の1目盛（左ページの図の赤い破線矢印）の場合、地上では秒速1～2mの風が吹くとされる。仮に、1目盛に等圧線が3本入っているなら、3～6mの風と予想される

風が微風で終わるパターン

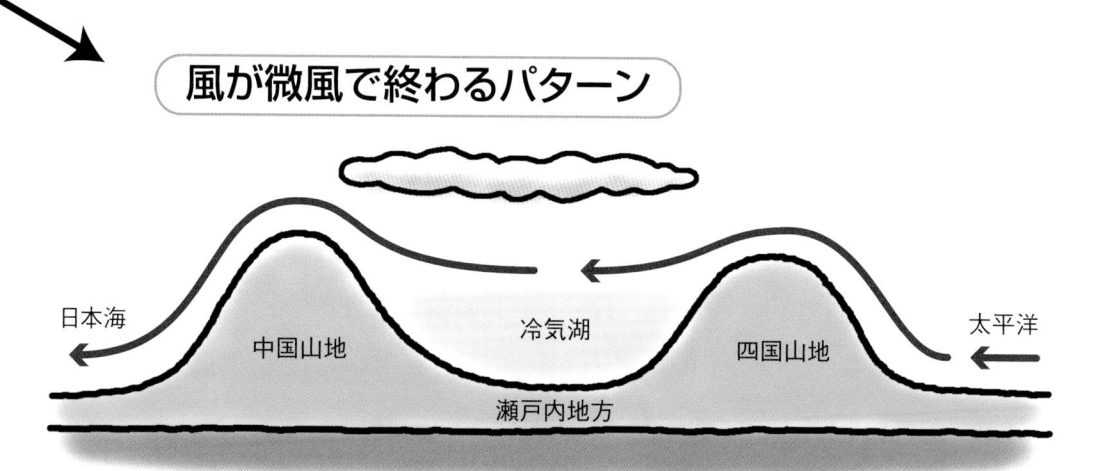

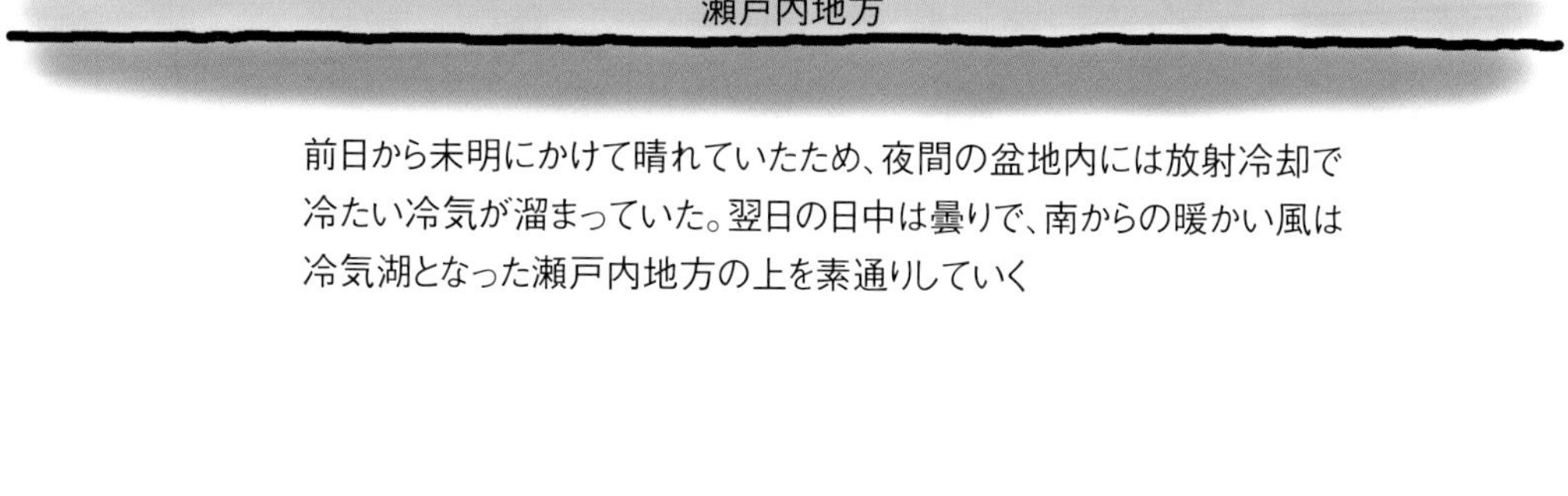

前日から未明にかけて晴れていたため、夜間の盆地内には放射冷却で冷たい冷気が溜まっていた。翌日の日中は曇りで、南からの暖かい風は冷気湖となった瀬戸内地方の上を素通りしていく

ある年の早春の実況天気図

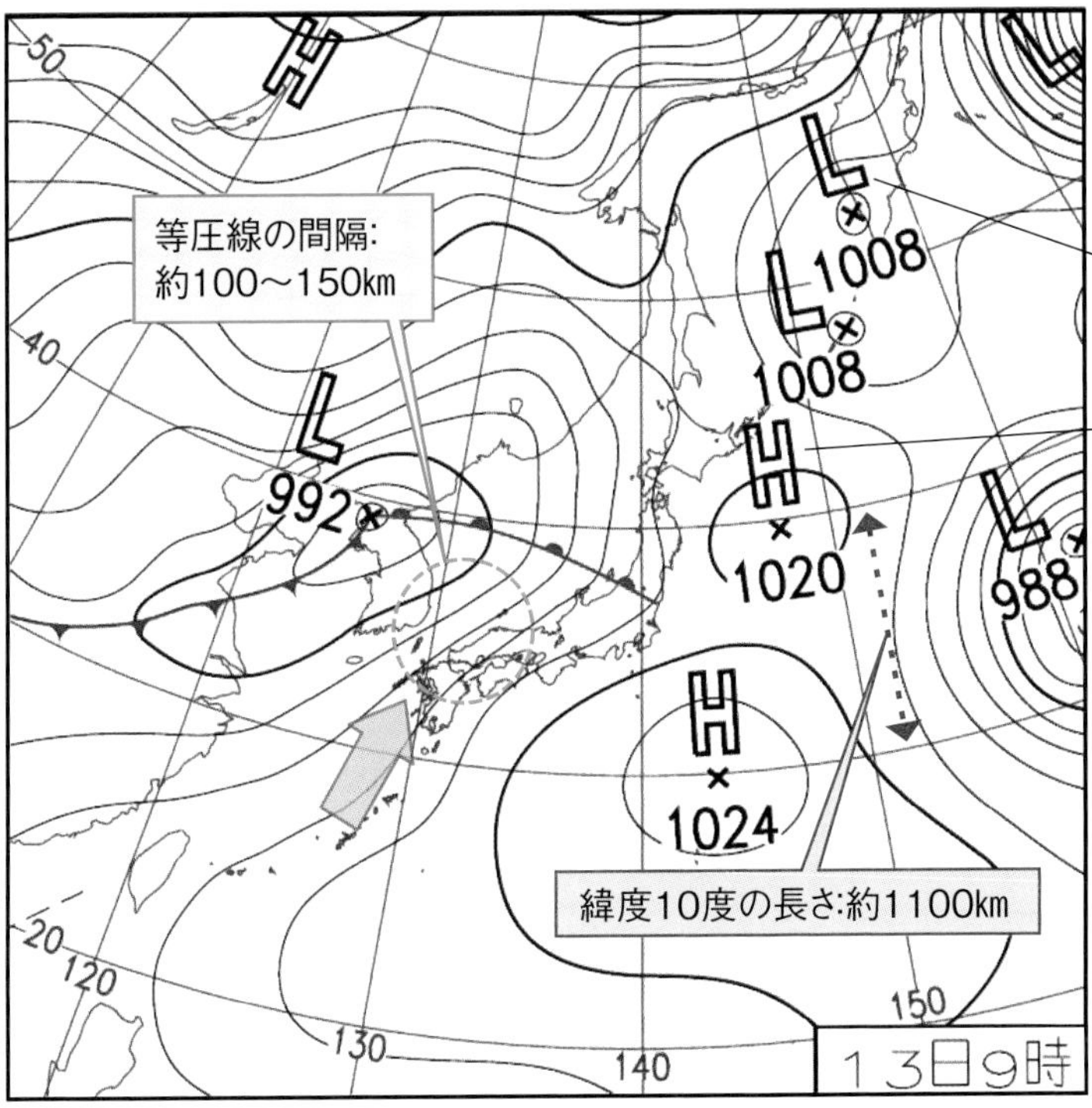

等圧線から判断すると、西日本一帯は秒速10m前後の南よりの強風が吹くと予想できる

ところが、提供者の廣畑泰治さん（岡山県在住）によると、この日は全国的に春の嵐が吹き荒れたが、岡山では微風で終わったそうだ。また、似たような天気図の日で、午前が微風で午後から急に強い風が吹き始めたこともあるという。その仕組みは……

午後から強い風が吹くパターン

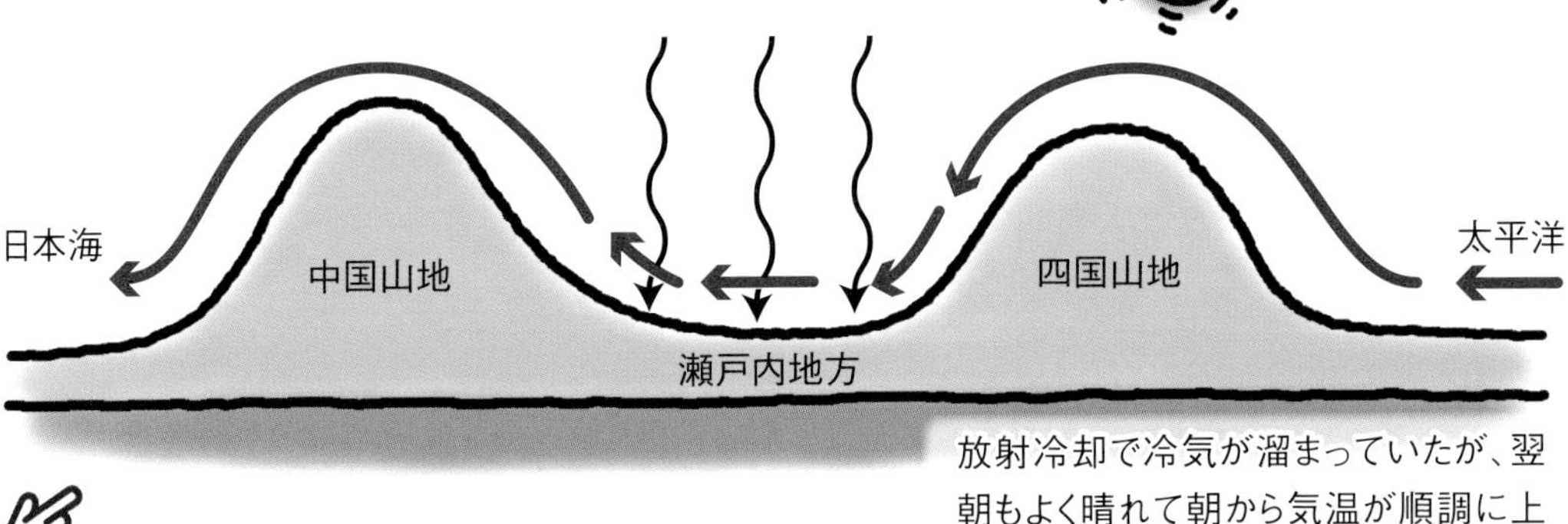

放射冷却で冷気が溜まっていたが、翌朝もよく晴れて朝から気温が順調に上昇。盆地内の空気が上空と同程度に軽くなる（冷気湖が解消される）と、風は地上付近まで下りて、いきなり突風が吹く

この場合、朝のうち風が弱いからと油断せず、上空の強い風の気配に注意を払っておくべきだろう。当たり外れに一喜一憂せず、「ずれ幅」を見込んで「読み」、「備える」ことこそ、カシコイ天気図の見方といえそう

『現代農業』2015年4月号

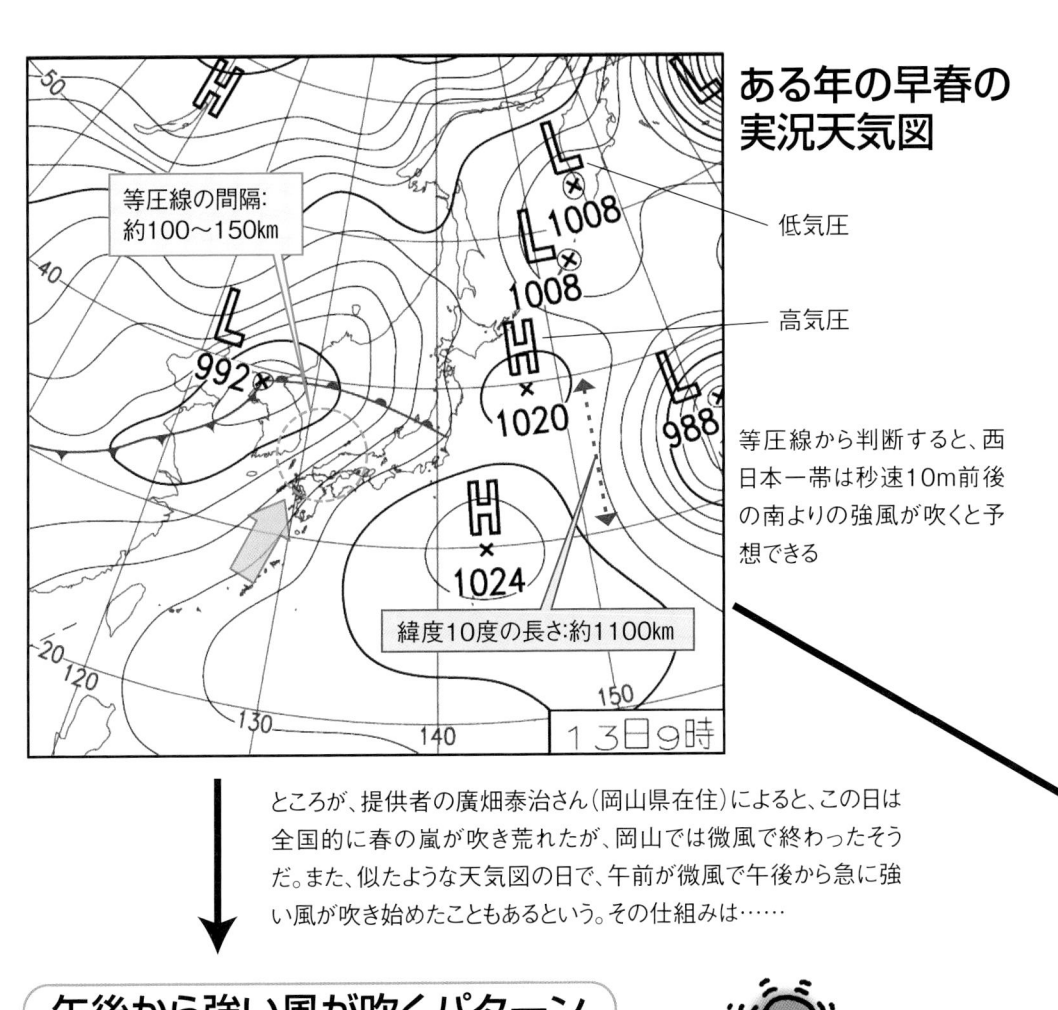

雲から天気を読む

岡山●廣幡泰治

かんじ雲の謎を解く

冬の夕方、静岡県御前崎付近から西の空を見たとき、「かんじ雲」と呼ばれる雲が出ていると翌朝は冷えて風が強くなる――。編集部からそんな話を聞き、調べてみたところ、なるほどなあと思いました。

下の写真は、二月一日の夕方に現れた「かんじ雲」とのこと。当日の衛星雲画像をチェックしてみたところ、御前崎から見えていた雲は、伊勢湾から海上に吹き出した寒気による筋状の雲とわかりました。

この雲は積雲（モコモコとした雲）の列でできていて、冬季に日本海で見られる筋状の雲と同じ性格のものです。北陸付近で雪を降らせた大陸からの強い寒気は、日本列島の鞍部となっている関ヶ原付近を抜けて伊勢湾から太平洋に吹き出しますが、遠州灘の海面から水蒸気を得て、再び筋状の雲を発生させます。この雲の頂上までの高さは通常の雲よりもずっと低く、たかだか数百～一〇〇〇m程度なので、五〇km以上離れた御前崎付近から見ると、水平線に張り付いているように見えるはずです。

このような筋状の雲が発生するのは、温帯低気圧（以下、低気圧）が日本付近を通過した後に冬型の気圧配置が強まり、日本海側は雪、太平洋側は晴れという典型的な冬型の天気パターンとなったときです。この雲は、冬型が継続する二～三日の間は同じ位置で吹き出し続け、低気圧の雲と違って東へ移動してくるようなことはありません。

冬型が強まると、日本

2015年2月1日17時頃、静岡県の御前崎付近から見た西方の水平線

の上空には非常に強い寒気が入りますし、太平洋側の陸上は快晴になりますから、夜は放射冷却がきき、翌朝は冷え込みが厳しくなります。その冷気が日本海からの冷たい風とともに静岡県西部地方に吹きつけます。この風は「関東のからっ風」と同じように冷たく乾燥しているため、この地域では「遠州のからっ風」と呼ばれているようです。

天気の崩れと雲の変化

雲を利用した観天望気は適中率が高く、低気圧の位置によって変化する雲にまつわる言い伝えは、世界中で通用するものが多いようです。四八頁の写真の雲はそのほんの一例です。低気圧の接近にともなって、巻雲（巻層雲）→高層雲→乱層雲などというように変化して天気が崩れていきます。

天気は西から東へ変わっていくので、西の空に見える「かんじ雲」は、低気圧の接近と勘違いしてしまいそうですが、低気圧の接近による雲であれば、もうすでに巻雲や高層雲などが空一面に発生しているはず。それを知れば、判断に迷うことはないでしょう。

雲以外からも天気を読んできた

「かんじ雲」のような地域特有の気象現象は日本全国で知られています。私の住む地域（岡山県北東部）で吹く三大局地風の一つ「広戸風」（中国山地から吹き降ろす強い北風）では、前兆現象として中国山地の上に「風枕」という笠雲が発生すると伝えられています。ただ、風枕が見える頃には広戸風がすでに発生していることも多く、予測にうまく使えないことがあります。そこで地元の人たちは、雲だけに頼るのではなく、こんな現象を予測に利用していたようです（広戸風は、台風など発達した低気圧の通過にともなって起こります）。

・台風の風は残るが雨は止む

・台風の風は弱まり、ときどき弱い南風が吹くよ

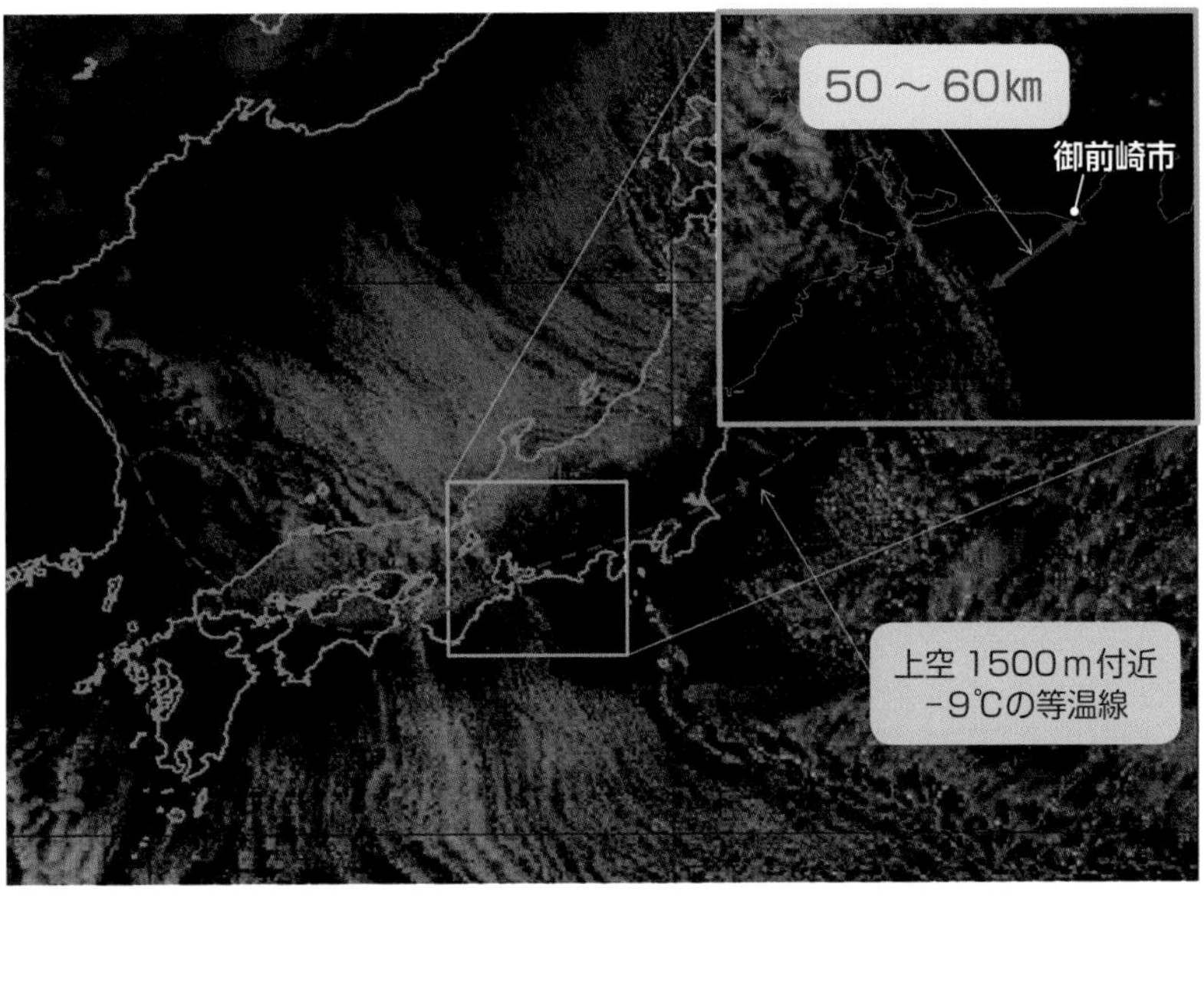

当日の衛星雲画像と1500m上空の寒気（気象庁気象衛星データをもとに画像を作成）

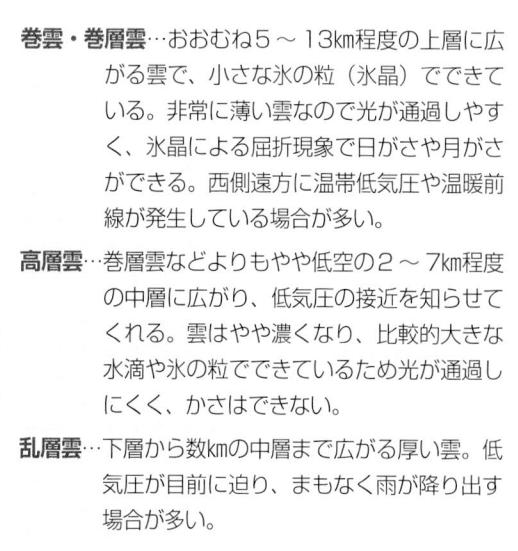

温帯低気圧の接近とともに変化する雲

巻雲：低気圧はまだ遠い
巻層雲：太陽の周りにかさ
高層雲：地面の影が見えにくくなる
乱層雲：低気圧が近くに迫る

（写真は村井昭夫氏提供）

巻雲・巻層雲…おおむね5～13km程度の上層に広がる雲で、小さな氷の粒（氷晶）でできている。非常に薄い雲なので光が通過しやすく、氷晶による屈折現象で日がさや月がさができる。西側遠方に温帯低気圧や温暖前線が発生している場合が多い。

高層雲…巻層雲などよりもやや低空の2～7km程度の中層に広がり、低気圧の接近を知らせてくれる。雲はやや濃くなり、比較的大きな水滴や氷の粒でできているため光が通過しにくく、かさはできない。

乱層雲…下層から数kmの中層まで広がる厚い雲。低気圧が目前に迫り、まもなく雨が降り出す場合が多い。

うになる（誘い風）

・頭上の雲が少なくなり、中国山地の上に風枕が現われる

・山がゴーゴーと鳴り始め、時々強い北風が吹き始める

ところで「かんじ雲」というユーモラスな語感のある名前の由来は？　気象予報士仲間にも問い合わせてみましたが、今のところ知っているという人は現われません。

（『現代農業』二〇一五年四月号）

なるほど観天望気

——雲を見る、空を読む

●古川武彦（元気象庁、気象コンパス主宰）

松林の向こうからせり上がってきた積乱雲

積乱雲がもたらす雨と突風

気象学と矛盾しない「経験則」

かつて人々は空を見上げ、その変化の前兆によって天気を読み、その知識（一種の法則）を引き継いできました。「観天望気《かんてんぼうき》」と呼ばれるそうした経験則は、じつは現代の気象学に照らしても矛盾はなく、有用なものが多くあります。「ツバメが低く飛べば雨」「太陽が日暈《ひがさ》をかぶると雨」といった天気にまつわることわざ（天気俚諺《てんきりげん》）は多く、耳にしたことがあるはずです。

中でも有名なのは「夕焼け、明日は晴れ」でしょうか。晴れていると、空に細かいチリ（砂や粘土など）が舞い上がっています。すると、西に傾いた太陽の光線のうち、短い波長の青や紫の光がチリに吸収・散乱されて、長い波長の赤や黄色だけが遠くまで届き、空を赤く染め上げます（図1）。つまり夕焼け空というのは、西の彼方が晴れている証拠。天気は主に西から東に移り変わるので、明日は自分の地域が晴れることがわかるというわけです。

ちなみに、天気が西から変わるのは上空に偏西風が吹いているからで、こちらも現代の気象学で説明できます。

ただし、このような観天望気が当たるのは、せいぜい明日の天気まで。突然の豪雨や長雨などの異常気象が頻発する昨今、農家は、かつての経験則をさらに発展させる必要があると思います。いわば「現代的観天望気」です。

これは①空を眺めて、自分の眼と体で得る感覚、②テレビなどで見られる天気図（物理法則に従って作成される。実況・予想天気図がある）、③インターネットなどで得られる気象情報の三者を照合し、天気の変化を総合的に予測する手法です。いわゆる「ピンポイント予報」に比べて、より確かで細かな予測が立てられ、農家が異常気象に備える助けになると確信しています。

ここでは「観天望気」の有力な手がかりとなる、雲を入り口に話を進めます。雲はほとんどすべての気象現象に現われ、介在し、雨や雪などの降水をもたらします。そして、最先端の技術をもってしても、個々の雲を直接観測・予測することは至難の業なのです。

積乱雲

夏の空にそびえる雲の王様

さて、一口に雲といっても、実際にはさまざまな種類があります。まず、夏場の空によく見られる「積乱雲」を紹介しましょう。別名、入道雲です。

写真を見てみましょう。四九頁は発達中の積乱雲です。強い上昇気流によって、モクモクと盛り上がっているのが遠くからでもよくわかります。積乱雲はそびえ立つように発達するのが特徴で、その頂上はしばしば一万mを超え、赤道付近で発生するものは高さ一五kmにも達します。

下の写真は成熟期にある積乱雲で、まさに「雲の王様」といえそうです。左奥のほうにも別の積乱雲が見えますね。いわゆる「にわか雨」のほとんどは、このような積乱雲から降ります。その下の写真は積乱雲の近くで撮影したものですが、中央奥のほう、雨がまるでカーテンのようになって降っているのがわかります。きっと、土砂降りのはずです。

成熟期にある積乱雲。頂上の高さは約1万m。
右上空に薄く見えるのは「巻雲」（茨城県霞ケ浦）

大気が不安定な時に現われる

積乱雲が上空まで発達するためには「浮力」が必要です。上昇しつつある空気の塊の温度が周囲よりも高ければ、周りより軽いので浮力が働き、さらに上空に昇れます。逆に、周囲の温度よりも低ければ、沈降しようとします。

つまり、上空に寒気が入っていると、積乱雲がより上空まで大きく発達します。寒気の広がりが大きく、その移動がゆっくりの場合は、積乱雲が連日、発生・発達しやすくなります。よく「雷三日」などというのは、上空に同じ環境が長続きするからです。

もう一つは、「寒冷前線」が通過する場合です。寒冷前線を伴った低気圧は一般に北東方向に移動しますが、その際に前方の暖かい空気の下に潜り込んで、強制的に持ち上げます。この

局地的に雨を降らせている積乱雲（茨城県北浦）

時の上昇気流が積乱雲を生みます（図2）。

寒冷前線の通過に伴ってにわか雨が降ったり雷が発生したりするのは、こうしたわけなのです。通常、このような積乱雲の継続時間は数時間です。

また、よく「山間部では雷に注意」などといわれるのは、日射によって暖められた山の斜面の空気が上昇したり、風が山にぶつかって空気が強制的に上昇したり、山間部ではやはり積乱雲が発生しやすいためです。

突風をもたらすこともある

積乱雲が発達して雨が降る時、水の粒子（雨粒や氷粒）が周りの空気を巻き込んで落下するため、局地的に下降気流が生まれます。下降気流が地面にぶつかると、その空気が急激に周囲に広がって、その先端部では突風となります（図3）。

これを気象学では「突風前線（ガストフロント）」と呼んでいます。雷雲などが近づくと、突然辺りがザワザワとして樹木が揺れたりしますよね。それはガストフロントが通過したからです。そんな風の気配を感じたら、もう間もなく雨が降るはず。ハウスは閉めてありますか？　雨や風に備えてください。

（『現代農業』二〇一八年九月号）

図１　夕焼けなら明日は晴れ

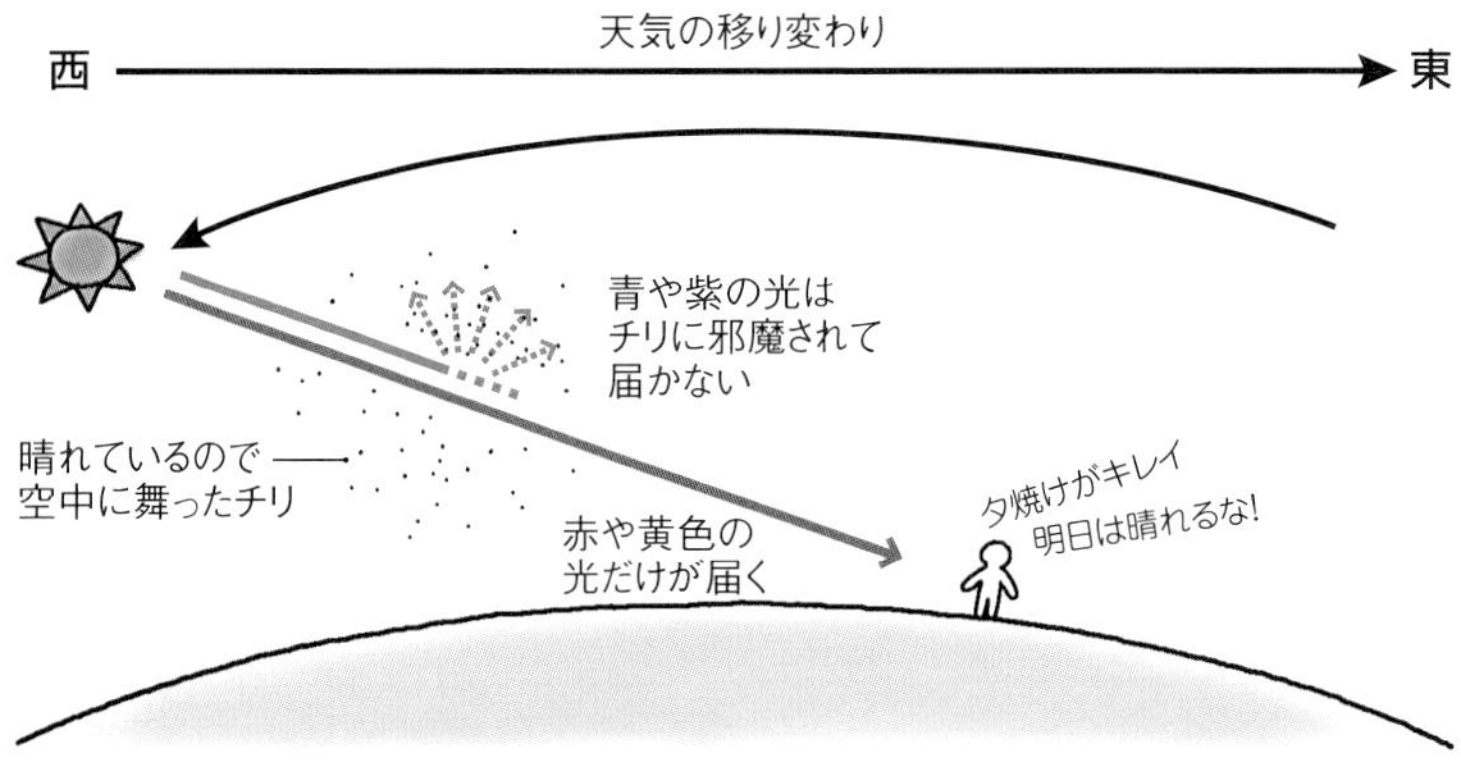

図２　寒冷前線の通過が積乱雲を発達させ、雨をもたらす

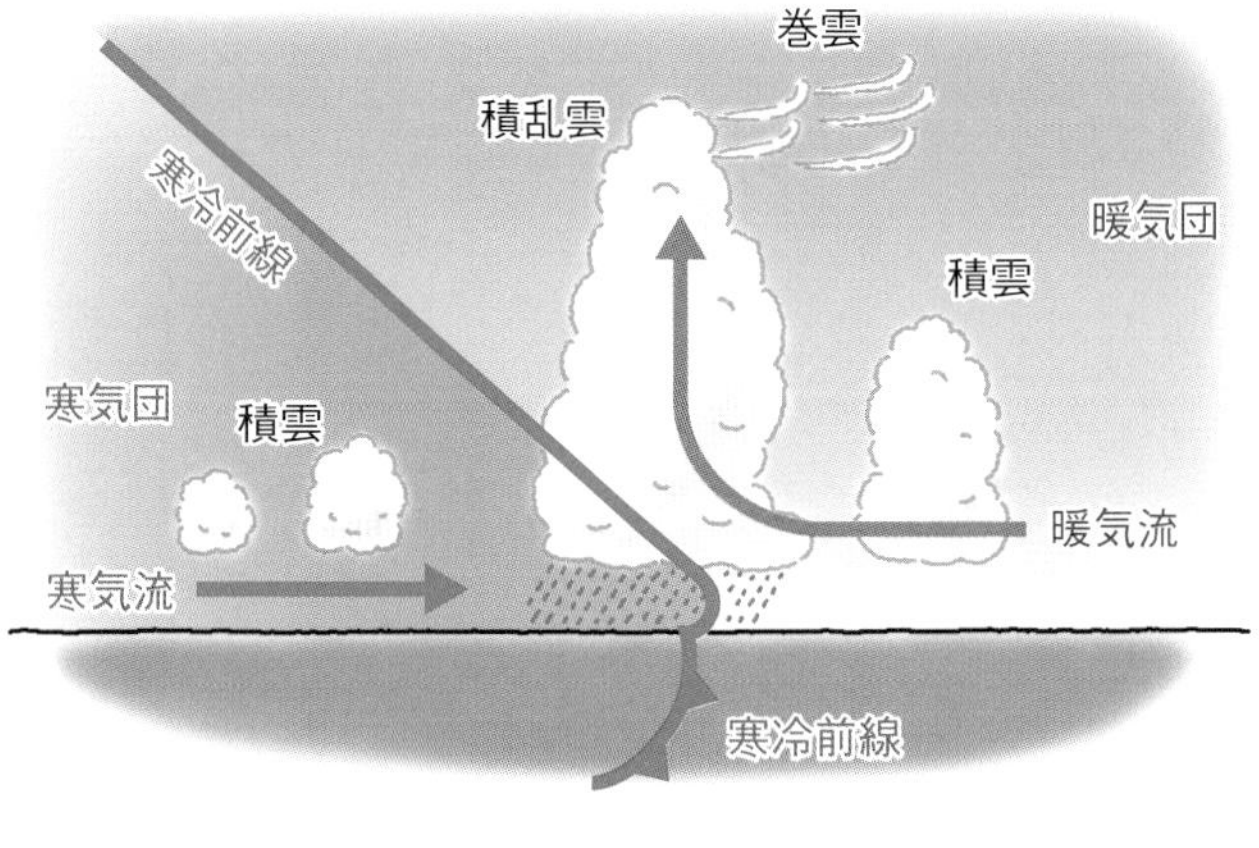

図３　突風をもたらす積乱雲

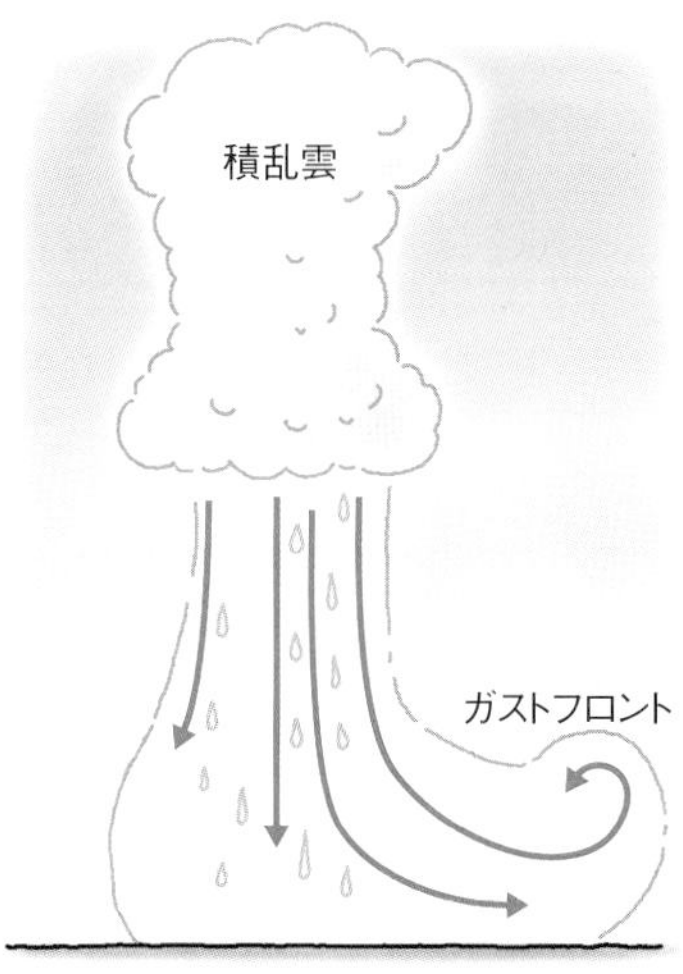

雲ができる仕組み

二〇一八年七月豪雨（西日本豪雨）

二〇一八年七月に西日本を襲った豪雨は、河川の氾濫や土砂崩壊などで、多数の犠牲者を出したほか、家屋の倒壊、さらに農地にも甚大な被害をもたらしました。

七月五日から八日にかけて、西日本付近に梅雨前線が停滞。そこに極めて多くの水蒸気が流れ込み続け、局地的に線状降水帯（次々と発達した積乱雲群）が形成されたのが豪雨の原因です。

図1はその時の天気図です。非常に発達したオホーツク海高気圧と日本の南東に張り出した太平洋高気圧とに挟まれて、梅雨前線が動けなくなっています。そこへ向かって次々と雲が流れ込み、積乱雲が発達、激しく雨をもたらしたわけです。

図1　2018年7月6日の天気図

（気象庁提供を一部改変）

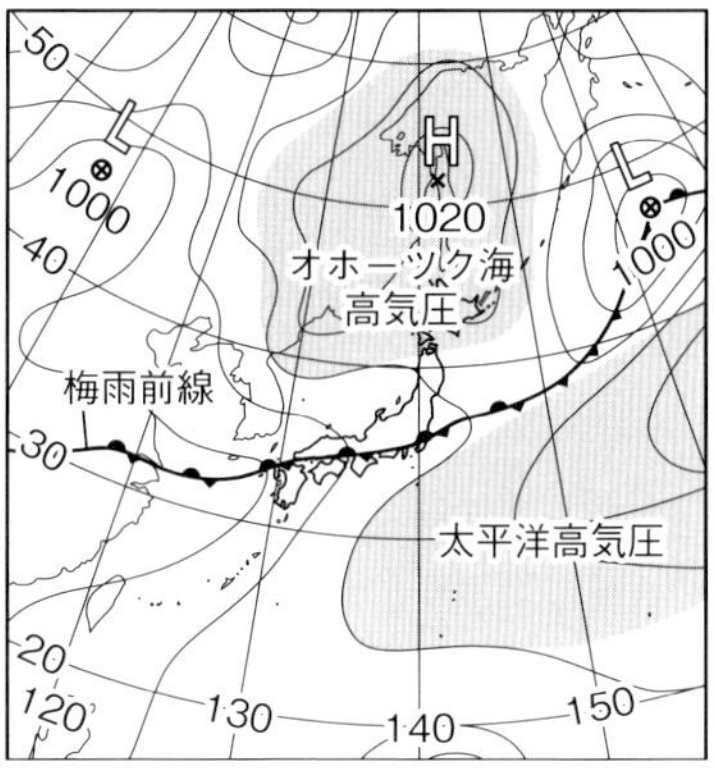

近年このような豪雨が頻発するのは、地球温暖化によって、「温度が高い空気ほど多くの水蒸気を含む」という原則が働き、大気中の水蒸気の絶対量が増えているからだと考えられます。

いったいどういうことなのか。そもそも雲がどのように生まれるかについて考えてみましょう。雲は「観天望気」の基本。少し詳しく紹介します。

雲が白く見えるのはなぜ？

右下の写真は晴れた日に撮影した雲です。このように、空に浮かぶ雲が白く輝いて見えるのはなぜでしょうか。

ご存じの方もいると思いますが、雲というのは小さな小さな水滴の集団です。水滴は半径〇・〇〇一～〇・〇一㎜の微細な粒子で、「雲粒《くもつぶ》」と呼ばれています。雲が白く見えるのは、この雲粒が太陽の光を反射しているからで、雲の下のほうが黒いのは、その陰になって光が遮られているからなのです。

空に浮かんではいますが、雲粒は液体です。それぞれがくっついて大きくなれば重くなり、やがて落ちてきます。それが雨粒で、半径は一～二㎜です。

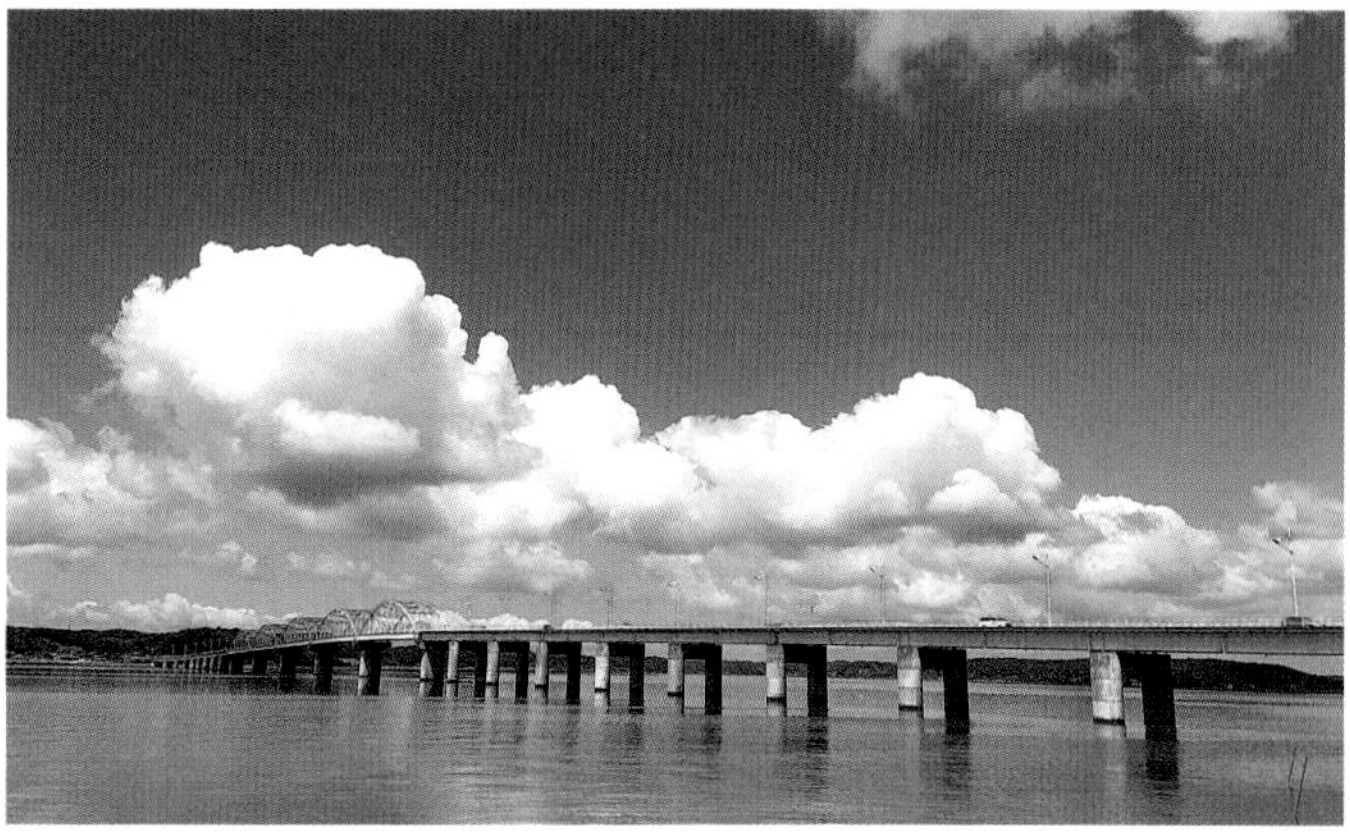

青空に浮かぶ積雲。白く輝いて見えるのは「雲粒」の反射

図２　雲ができる仕組み

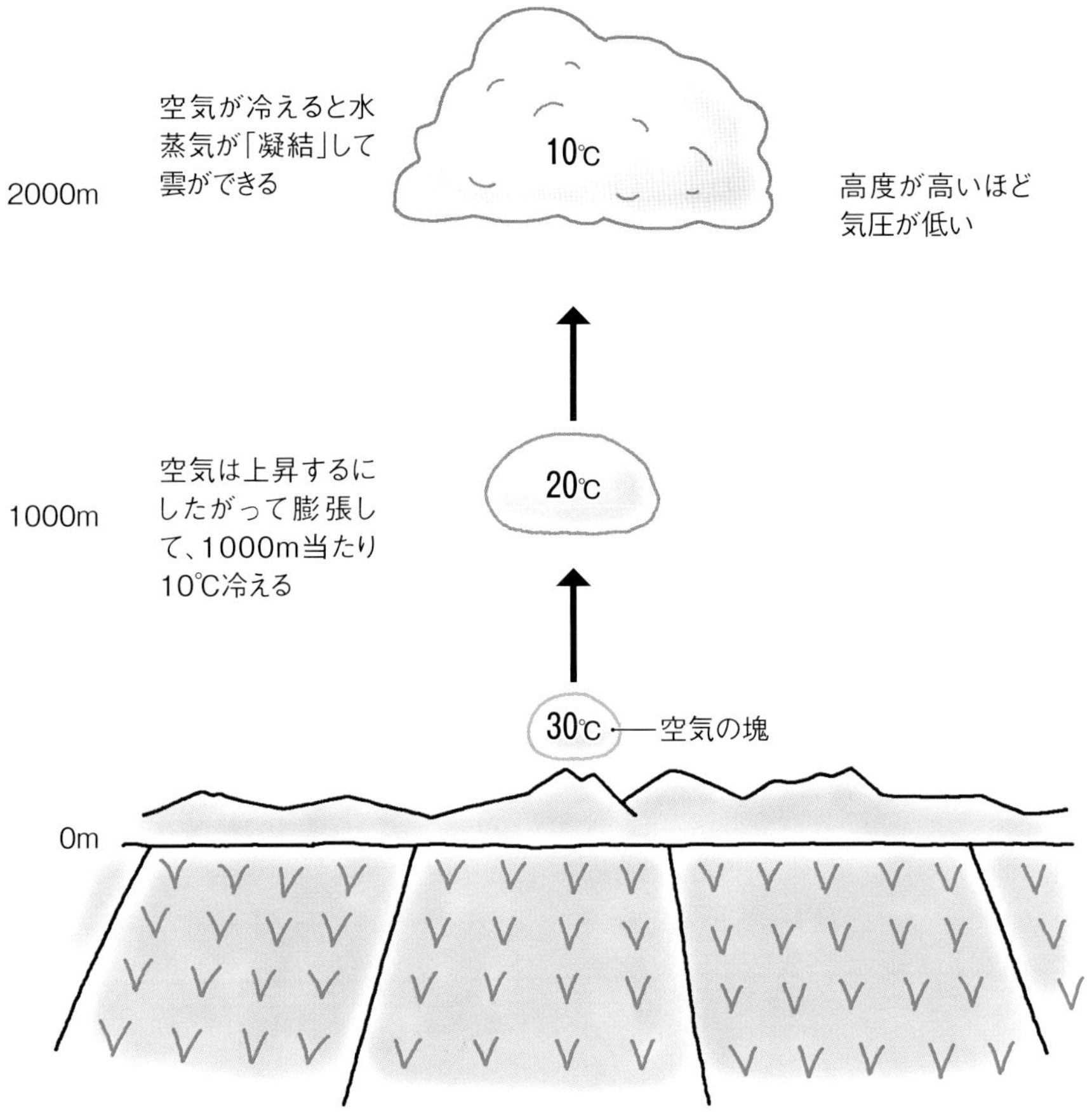
空気が冷えると水蒸気が「凝結」して雲ができる
2000m
10℃
高度が高いほど気圧が低い
1000m
空気は上昇するにしたがって膨張して、1000m当たり10℃冷える
20℃
30℃
空気の塊
0m

空気が冷えると雲が生まれる

ではなぜ空に水滴が浮かんでいるのか。空気はもともと五～六％程度の水蒸気を含んでいます。ある程度湿気がある空気ならば、水蒸気はチッソ（約七八％）、酸素（約二一％）に次ぐ三番目の気体というわけです。無色なので、当然、見えません。

空気が含むことのできる水蒸気の量は温度によって増減し、冒頭で述べた通り、「温度が高い空気ほど多くの水蒸気を含む」ことができます。そして、空気の温度が下がってくると、水蒸気は気体ではいられなくなり、液体の雲粒に変化するのです。雲粒になると見えるようになり、雲の誕生というわけです。

水蒸気が雲粒に変わることを「凝結」、その温度を「露点温度」といいます。ちなみに、凝結は空気中に漂うチリ（砂や粘土、煙や火山灰など）を核に水蒸気が集まって起こります。自然界には、指先ほどの空気中に数百～数千個のチリが存在し、気象学ではそれらを「凝結核」と呼んでいます。

凝結が起きる時、その空気中の湿度は一〇〇％（飽和状態）です。部屋や車内でクーラーを使い始めると、窓ガラスが曇ることがあります。これは部屋の温度が下がったため、空気中の水蒸気量が飽和状態となって、ガラス面に凝結したもの。「結露」ともいいますね。空に浮かんではいませんが、その水滴は立派な雲粒といえます。早朝、作物の葉につく朝露も雲粒が成長したものです。

空気が上昇すると膨張して冷える

雲は、水蒸気を含む空気が上空で冷えて生まれるわけですね。では、自然界では、どのように空気の温度低下が起きているのでしょうか。

ここで例えば、地表面で暖まったバスケットボールくらいの空気の塊が、ふわふわと上空に上がっていく様子を思い浮かべてみてください（図2）。上空ほど気圧が低いので、空気の塊は上がるにつれ膨らんできます。膨張した空気は冷えて、露点温度に達すると、水蒸気が雲粒に変わる。おおざっぱにいえば、そういう流れです。

気圧というのは、いってみれば、空気の圧力のことです。空気にも重さがあって、例えば人が呼吸によって、毎回吸ったり吐いたりする空気は約五〇〇ccで、約〇・五gあります。地上一六km分（大気の九〇％）の空気ともなると、わずか一cm²分で一kg。つまり掌《てのひら》ほどの面積であれば、およそ一〇kg以上の空気が乗っているわけです。しかし、私たちがその重さを感じることはありません。それは、掌の表と裏、横からも同じ力が働いているからなんです。それが気圧（正確には大気圧）です。

私たちは普段「空気の海の底」で生活しています。上空に行くほど気圧が下がるのは、海の水面近くほど水圧が低いのと同じですね。圧力が小さくなるので、空気の塊は膨らむわけです。高い山に登るとペットボトルがパンパンに膨らむことがありますね。それと同じことが起きるわけです。

刷毛で掃いたような巻雲と2本の飛行機雲。これらは氷粒でできる雲

膨らんだ空気が冷えるのは、上昇する際に周囲の空気を押しのけるのに熱エネルギーを消費するからです（「断熱膨張」という）。その理屈は少しややこしいので、今回はパスしましょう。

雲の底が平らな理由

五二頁の写真を改めて見ていただくと、雲の底が平らなことがわかると思います。これは、上昇気流で上がった空気中の水蒸気が、ちょうどこの高さから水滴に変わり始めるからです。

ちなみに、空気の塊がさらに上昇すると、水滴が凍って氷粒となります。上の写真の雲は、刷毛で掃いたような形をした「巻雲《けんうん》」です。この雲ができるのは高度七〇〇〇〜八〇〇〇m以上で、温度はマイナス五〇度程度になります。ですから、この雲はすべて氷粒でできているわけです。写真中の二本の飛行機雲も同じ。高度約一万mを飛ぶため、できた雲は氷粒の集まりです。

（『現代農業』二〇一八年十一月号）

雲の種類と名前

雲の名は

秋の空に広がるのは、左の写真のような「うろこ雲」です。さば雲、いわし雲などと呼ばれたりもしますが、正式には「巻積雲《けんせきうん》」といいます。「入道雲」の正式名は「積乱雲」。「わた雲」は「積雲」でしたね。雲は空の顔。それぞれに、正式な名前があるのです。

うろこのように広がる「巻積雲」

しかし、雲の姿は千差万別。ひとつとして同じ雲はありません。いったい、どうやって名付けているのでしょうか。

じつは、雲の名前は国際的に定められています。世界気象機関（WMO）が発行する「国際雲図帳」で、雲は一〇の種に分類されて「一〇種雲形《じっしゅうんけい》」と呼ばれています。雲は大まかな形ごとに、一〇の名前が付いているのです。

上層雲、中層雲、下層雲

図1を見てください。一〇種の雲はまず、現れる高さによって「上層雲」「中層雲」「下層雲」に分かれています。高度約五〇〇〇～一万三〇〇〇mの雲は上層雲、約二〇〇〇m以下は下層雲、その間が中層雲というわけです。積乱雲の底（雲底《うんてい》）は下層に、頂上（雲頂《うんちょう》）は上層に達しています。とても大きな雲だということがわかりますね。

注目してほしいのは、「巻雲《けんうん》」以外の雲の名前には、「積」または「層」の文字が必ず入っていることです。盛り上がった形の雲には「積」、平らで層状の雲には「層」の字がついています。これはそれぞれ、雲のでき方の違いによるものです。

一方で、地形の影響などで発生する特殊な雲は、これらの中には含まれません。例えば富士山に上空の気流がぶつかって上昇、迂回する際に現われる「かさ雲」は、地形性の雲なので一〇種雲形にはありません。飛行機雲も別ですね。また、雲の塊の配列や透明度によって「変種」、部分的な特徴によって「副変種」として細分化されている雲もあります。

一〇種雲形は、天気予報に利用される「気象通報」に使われているため、天気図にも記号で表示されています。一〇種雲形がわかると、「観天望気」がより深く、楽しくなること間違いなし。ここでは、秋によく現われる巻積雲（うろこ雲）など、上層雲の特徴や仕組みを紹介しましょう。

太陽に暈《かさ》がかかれば巻層雲

上層雲は「巻層雲」「巻積雲」「巻雲」の三種。高度は一般的に七〇〇〇

図１　10種雲形

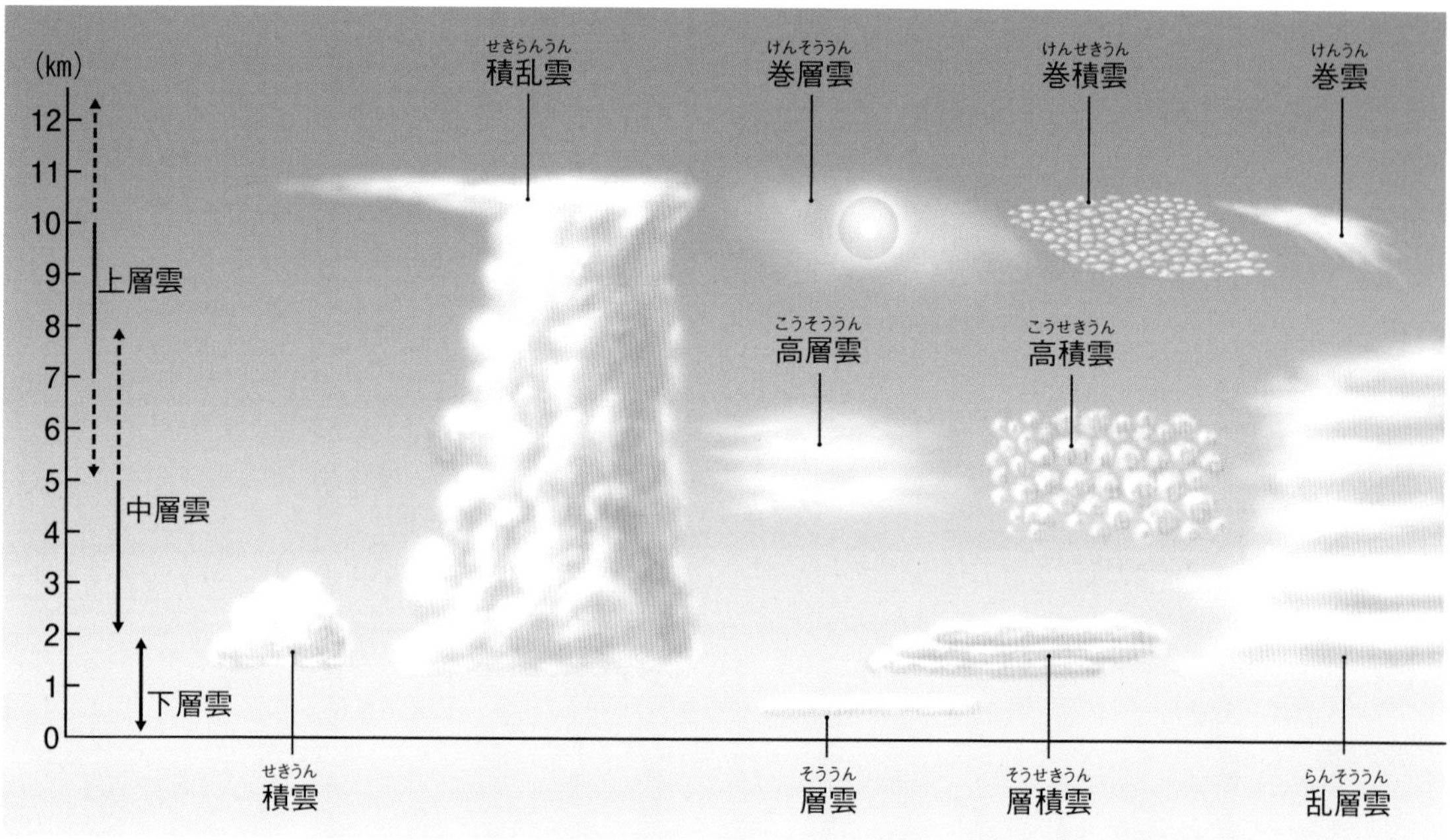

m以上で、周囲の気温がマイナス五〇度程度と低いため「氷粒」でできています。だから上層雲はいずれも透明感があり、厚さが薄いのが特徴です。

では、巻層雲と巻積雲、巻雲はそれぞれどう違うのか。まず、巻層雲は薄いベールのような雲で、別名は「うす雲」。太陽の光をほとんど遮らず、空が白っぽく見える薄曇りとなります。太陽の周りにハロー（暈）と呼ばれる大きな輪っかが現われるのが特徴です。これは、氷粒の結晶がプリズムの働きをするからで、月夜にも同じ理屈で暈が現われることがあります。

うろこのような巻積雲

巻積雲は、多くがこの巻層雲から生まれます。魚のうろこのように規則正しく並ぶのが大きな特徴ですが、なぜこんな形になるのか不思議ですよね。じつは皆さん、毎朝の食卓で、似たような現象を見ているはずです。

巻層雲は層状の雲ですが、その上面と下面からは常に熱が放射されて、両面とも徐々に冷えていきます。ただし、下面には地表からの熱放射が当たるため、上面のほうがより冷たくなります。冷えた上面の雲は重くなって沈みますが、その際に亀の甲のように細かく割れて沈み、対流が起きます（図2）。雲は湿った空気が上昇して冷えることで生まれます。反対に、重くなって沈む空気は暖まり、雲粒《くもつぶ》が蒸散して雲は消えます。うろこのように見えるのは、層状だった雲が網目状に消えているからです。

気象学ではこの対流を、発見者の名をとって「ベナール対流」、また個々の小さな塊を「ベナール細胞」と呼びます。ベナール対流は食卓のお椀の中でも起きています。熱い味噌汁をお椀に注いで表面をじっと眺めると、いくつかの塊に分かれた味噌が沸き上がり、その淵が沈み込むのが見えるはずです。

空でも、同じことが起きているのです。対流し続けるため、巻積雲は変化しやすく、長続きしません。一つひとつの塊は短期間に消滅しがちで、私たちが目にしているうろこ雲は、繰り返される誕生と消滅の一場面なのです。一〇種雲形のうち、「積」がつくのは対流活動が起きている雲、「層」がつく雲は周囲の空気の流れが水平的であることを意味するわけですね。

掃いた跡のような巻雲

巻雲は別名「筋雲」。まるで空を刷毛《け》で掃《は》いた跡のような雲で、絹の白布にも見えるため「絹雲」とも呼ばれます。

低気圧が近づく前触れ!?

さて、農家にとって大事なのは、こうした雲が、何を意味するかですね。

これらの上層雲は、西から低気圧が接近している時に頻繁に見られます。図3は温暖前線に伴う雲を表わしています。空に巻雲が見えたら、いずれ巻層雲、巻積雲が現われ、その後に続く乱層雲が雨をもたらします。「月や太陽が暈をかぶると雨が降る」ということわざの理屈が、よくわかりますね。

上層雲から低気圧の中心までの距離は約一〇〇〇km。その時速は一般に四〇〜五〇km程度なので、九州付近に低気圧が現われると、関東付近に巻雲やうろこ雲が見られ、翌日には低気圧がやってくることが予想できます。

(『現代農業』二〇一八年十二月号)

図2　巻積雲（うろこ雲）のでき方

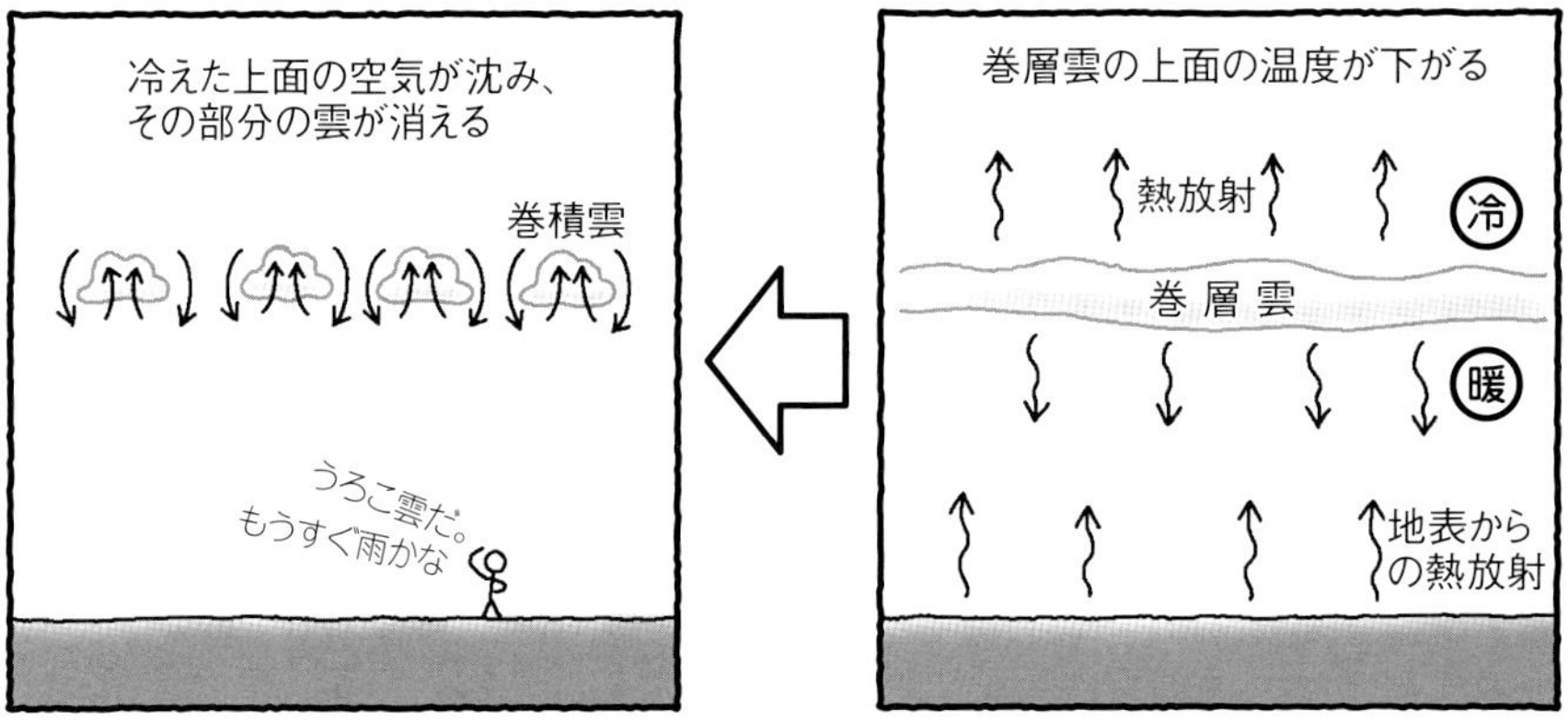

図3　温暖前線と上層雲

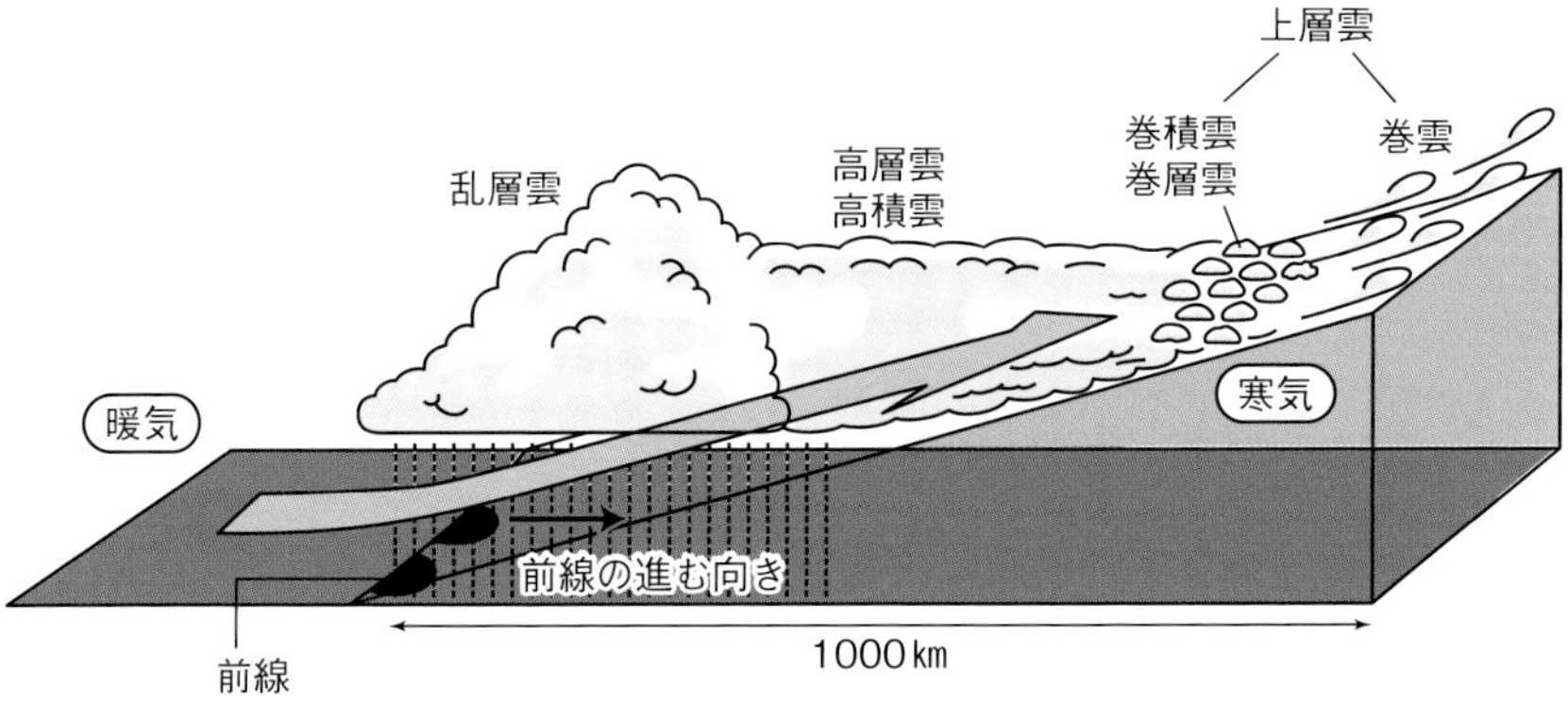

冬の天気と下層雲

冬の雲は低い!?

晩秋、夕暮れ時の空をあかね色に彩るのは「層積雲」です。また、冬空を薄ねずみ色の布で覆うような雲は「層雲」。なんだか雲が近く感じませんか？

前回紹介した「上層雲」（高度約五〇〇〇～一万三〇〇〇m）に対して、これらの雲は地上約二〇〇〇m以下にある「下層雲」に分類されます（一〇種雲形）。冬になると、特に太平洋側では雲の位置が低くなりやすいといわれますが、なぜなのか。下層雲ができる仕組みからご紹介します。

大気が安定しやすい

雲は湿った空気が上昇し、膨張して冷えて、水蒸気が微細な水滴（雲粒）となったものでしたね。こうして高く盛り上がるようにできた雲（積乱雲や発達した積雲）は「対流雲」と呼ばれます。空気の塊が水蒸気を多く含むほど、地表と上空の寒暖差が大きく上昇気流が強いほど（つまり、大気が不安定なほど）、背の高い雲が生まれます。天気予報で「上空に寒気が入るので大気が不安定となり、雷が発生するかもしれません」などというのが、この状況です。

一方、下層雲が生まれたり持続したりするのはその逆。「大気が安定している」状況で、雲が上空まで発達できません。冬に低い雲がよく見られるのは、そうした理由からなのです（図1）。

煙が垂直に昇らない理由

もちろん、条件さえ揃えば、春や夏も下層雲は現われますが、冬場は地上数百mというかなり低い位置に霞《もや》が現われることもあります。

晩秋や冬の夕方、田んぼでイナワラを燃やした煙が垂直に昇っていき、途中で急に水平にたなびくのを見たことがありませんか？　それは、その層を境に気温の逆転現象が起きている証拠です。通常、大気の温度は上空にいくほど低くなります。しかしよく晴れて風が少ない日は、日没時、放射冷却によってまず地表付近の空気が冷えて、上空にはまだ昼間の温度が保たれています。気温の逆転が起きるのです。

このような現象は地面から数百m付近の低層で発生し、「接地逆転（層）」と呼ばれます。煙が上がれないように、逆転層があると雲が大きくなれません（図2）。

冬は地表面が冷えやすいため、気温の逆転現象が起きやすく、モヤができ

あかね色に染まる層積雲

やすいというわけですね。

地表近くに広がる層雲

さて、低い空に現われるのは「層雲」や「層積雲」です。

層雲は上昇気流が弱い時に現われやすく、一番低い雲です（湿った気流が山にぶつかって高い位置にできる場合もある）。別名「霧雲」。層雲がもたらすのが「霧雨」です。知っての通り非常に細かい雨粒なので、もっと高い雲から落下しても、途中で蒸発して消えてしまいます。低い層雲から降る雨だから、地上部まで届くのです。

霧も雲の仲間

層雲が地上付近に発生すると「霧」と呼ばれます。霧は雲（層雲）の仲間なのです。

さっき振り返ったように、雲ははるか上空で空気が冷えて生まれますが、霧は冷たい地表に接した空気が冷えて生まれます。放射冷却によって現われるので「放射霧」とも呼ばれます。山間地でよく見られますね。

一方、東北の沿岸部や北海道のオホーツク海沿岸部で見られるのは「移流霧」といって、海で生まれます。冷たい海水で空気の温度が下がって霧が発生し、風に乗ってやってくるわけです。

あかね色に映える層積雲

前述した層積雲も下層雲です。層雲と積雲の性質を併せ持つ雲で、別名「うね雲」。時にはウネのように並んで見えますが、変化しやすく、一般にあまり持続しません。夕方や朝方に、しばしばあかね色に映え、厚みがあるため、雲の底（雲底）が少し黒っぽく見えるのも特徴です。

乱層雲と積雲

一方、同じ下層雲でも「乱層雲」は半分「中層雲」、場合によっては上層にも届きます。低気圧が近づいている時などに見られる本格的な「雨雲」です。

「積雲」も下部は二〇〇〇m以下ですが、上部は三〇〇〇m程度に達するこ

図１　下層雲ができるのは大気が安定している時

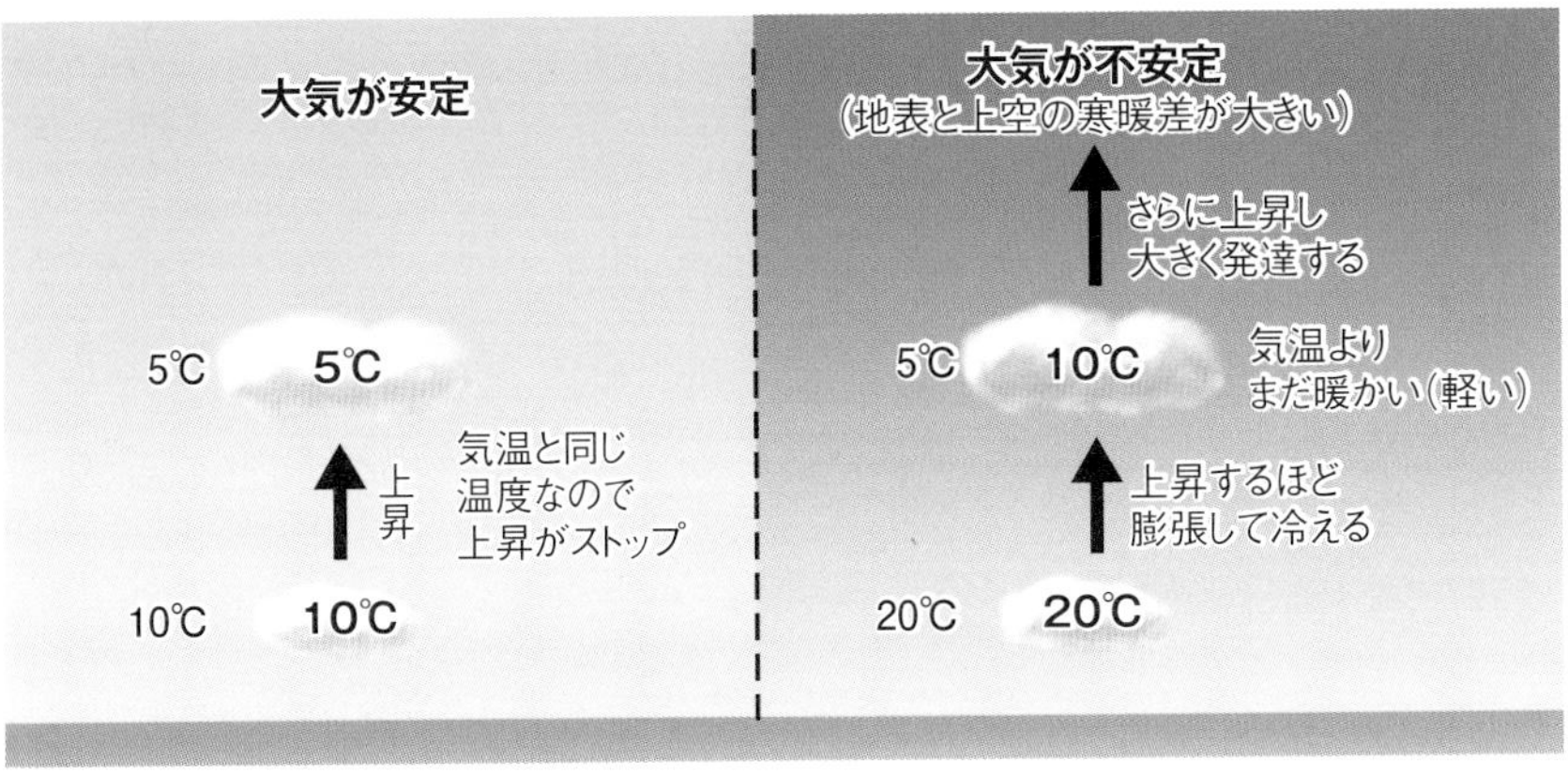
大気が安定
5℃
5℃
上昇
気温と同じ
温度なので
上昇がストップ
10℃
10℃
大気が不安定
（地表と上空の寒暖差が大きい）
さらに上昇し
大きく発達する
5℃
10℃
気温より
まだ暖かい（軽い）
上昇するほど
膨張して冷える
20℃
20℃

図２　冬に起きやすい逆転層

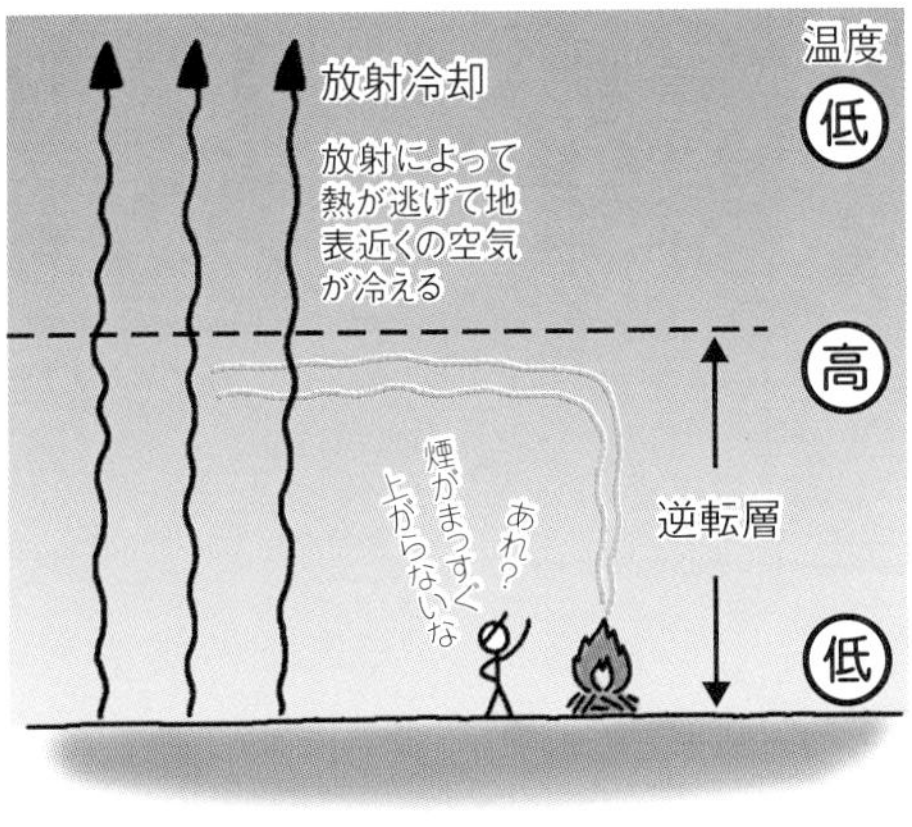
温度
放射冷却
放射によって
熱が逃げて地
表近くの空気
が冷える
低
高
逆転層
低
あれ？
煙がまっすぐ
上がらないな

とがあるため、半分中層雲ともいえます。高く大きく発達したものは「雄大積雲」。晴れた日にポカポカと空に浮かぶ雲は「好晴積雲」と呼ばれます。対流雲で、盛り上がった形も特徴です。

高気圧の空によく見られる「好晴積雲」

下層雲と観天望気

ここからは「観天望気」の視点で下層雲を眺めてみましょう。空が積雲のみで広く覆われている場合、それは大気が安定している証拠で、雲が上空に高く発達しにくい環境にあることを示しています。「移動性高気圧」の前面や中心付近でよく見られる空の様子で、低気圧の移動がゆっくりで、東西方向に大きく広がっているほど、晴天が続くといえます。「小春日和」ですね。

図３　高気圧と低気圧

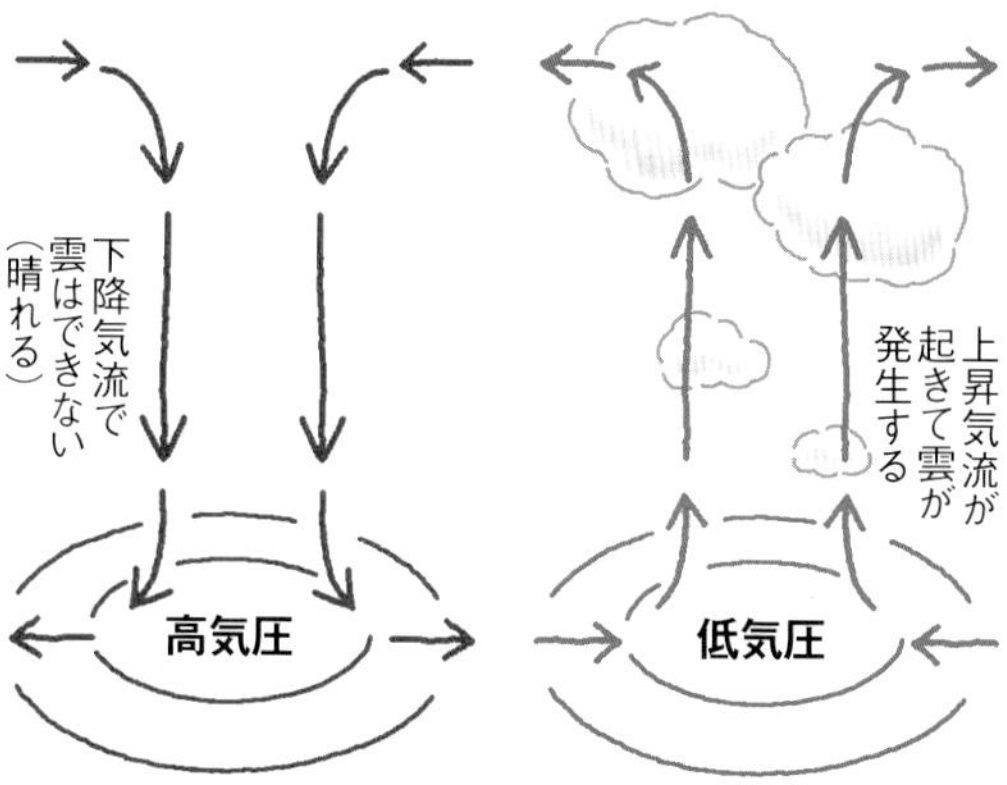

小春日和は、冬の終わり、本格的な春が訪れる少し前のポカポカ陽気のことと思われがちですが、冬の季語です。晩秋から冬の間の、春のような温かさが続く状態で、そんな時に現われるのが積雲などの「下層雲」なのです。

高気圧の圏内で天気がいい（晴れる）のは、その中心付近から空気が周囲に吹き出しているからです。上空から冷たく乾いた空気が下りてきますが、下層は気圧が高いために圧縮されて、暖まります（断熱圧縮）。これは、自転車に空気を入れる際に、ポンプの下のほうが少し温かくなるのと同じ現象です。すると空気はますます乾燥して、凝結が起きにくく、雲粒は生まれにくくなるわけです（図３）。

西に高気圧、東に低気圧がある「西高東低」は冬によく見られる気圧配置です。一方、高気圧が東に移動すると、低気圧の前線が現われ、天気は崩れ始めます。その時に現われるのが乱層雲。本格的な雨を降らせます。

層雲や層積雲は、霧雨などを降らせますが、強い雨を伴うことはありません。

ちなみに「朝霧」は、夜間の放射冷却で起きます。ということは、空に雲がないわけですから、少なくともその日いっぱいは晴天が望めるはずです。

（『現代農業』二〇一九年一月号）

雪をもたらす大陸からの風

平成三十年豪雪による被害

二〇一八年の一月下旬から二月上旬にかけて、日本列島は各地で大雪に見舞われました。

一月二十二日から二十三日にかけて、まずは本州南岸を通る低気圧によって、普段は雪の少ない関東甲信や東北太平洋側の平野部でも降雪。日最深積雪が東京都千代田区で二三cm、宮城県仙台市で一九cmとなるなど、広範囲で大雪となりました。

2018年2月6日の福井市内。「平成30年豪雪」によって積雪1m47cmを記録、交通網がマヒした（福井地方気象台提供）

その後、低気圧は発達しながら北東に進み、日本付近は強い冬型の気圧配置となり、上空には強い寒気が流れ込みました。福島県只見町では積雪一m九八cm、新潟県津南町で一m五七cmとなるなど、北日本から西日本にかけて日本海側を中心に大雪。とくに北陸地方では、昭和五十六年の豪雪以来という記録的な積雪量となりました。

また、最大風速が山形県酒田市で二八・二m、新潟県佐渡市で二四・三mとなるなど、日本海側を中心に暴風雪となり、北陸地方や北日本の日本海側では大しけとなりました。さらに北海道伊達市で氷点下二四・九度、さいたま市で氷点下九・八度など、観測史上一位の低温も記録しました。

各地でハウスが潰れたり、低温によって作物の生育が止まったり、農業にも大きな被害が出ました。ここでは、列島に雪をもたらす冬型の天気について、ご紹介しましょう。

冷たく乾いたシベリアの風

まずは最近（二〇一八年十二月三十日）の天気図を見てみましょう（図1）。日本列島の西側、シベリア大陸（シベリア地方）には中心が一〇六〇hPa（ヘクトパスカル）に発達した強力な「高気圧」、東の太平洋上には九七〇hPaの低気圧が見られます。日本の西側で気圧が高く東側で低い、文字通りの「西高東低」です。

図１　冬型（西高東低）の天気図（気象庁）

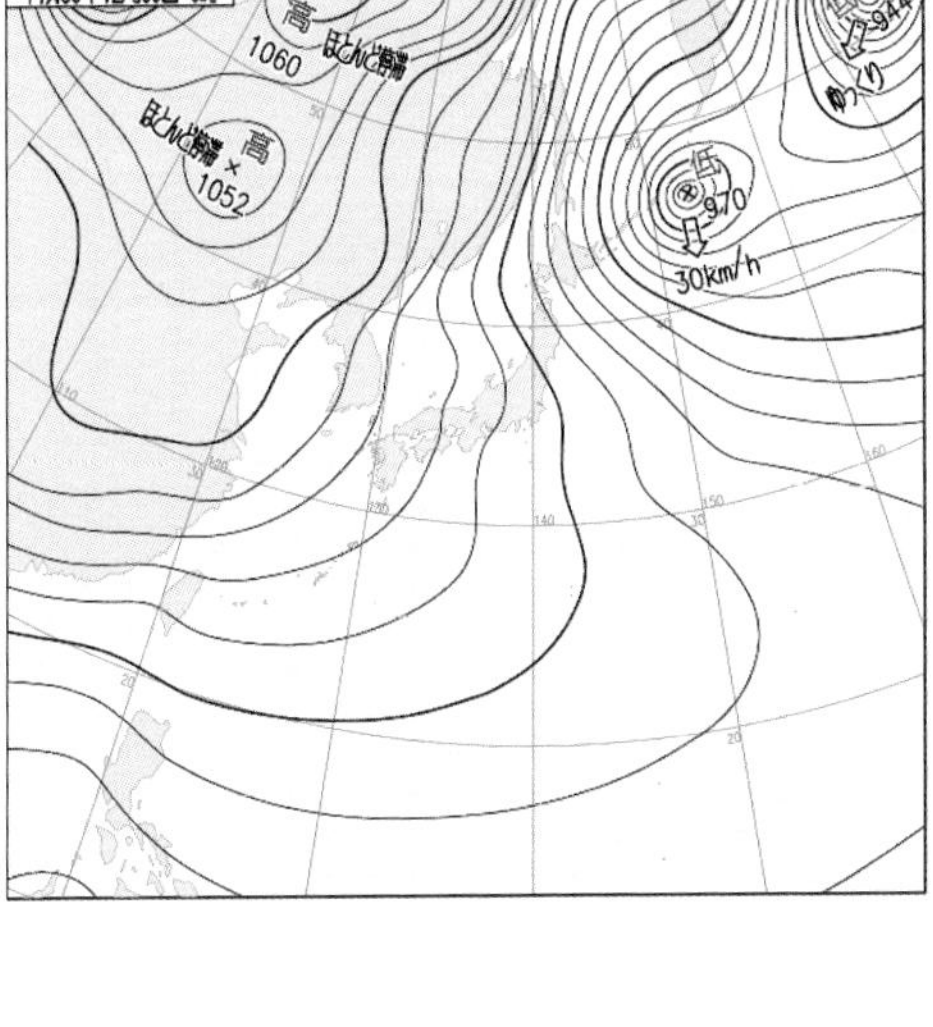

等圧線（気圧の等しい点を結んだ線）は南北に走る縦縞模様。この時、高気圧の東側、つまり日本列島には、北西寄りの風が吹いています。気象学では、「風は等圧線を斜めに横切って、気圧の低いほうに吹き込む」「等圧線が混んでいるほど風は強い」という原則（「地衡風《ちこうふう》」の関係）があります。これを知っていれば、どんな風が吹くか、天気図から直感的にわかるわけです。

このシベリア高気圧がもたらす季節風（モンスーン）こそが、時に日本列島に大雪をもたらす原因です。

ところで筆者はかつて、モンゴルのウランバートルで真冬を過ごしたことがあります。氷点下四〇度近く。雪はまるでザラメの砂糖のようで、空気は非常に乾燥していました。ロシアのシベリア地方はモンゴルよりもさらに北方。真冬は氷点下五〇度に達する酷寒の地です。空気中の水分はすべて雪となって落ちるので、非常に乾燥しています。

冷たくて重い乾いた空気は、地表近くに滞留し、付近の気圧が高まってきます。そうして発生した高気圧がやがて発達し、北西風となって、日本列島にやってくるわけです。

冷たく乾いたシベリアの風がそのまま日本列島に来るのであれば、雪をもたらすことはないはず。それが、どうして日本海沿岸や山岳地方に豪雪を降らせるのでしょうか。

日本海で水蒸気をたっぷり含む

その原因は日本海にあります。日本海には、はるか南方からの暖流「黒潮」が九州の西で分流した「対馬海流」が流れ込んできます。おかげで海面水温は冬季でも十数度程度。日本海を「湯たんぽ」と呼ぶ学者もいるほどです。

大陸からの季節風は、日本海を渡る間に徐々に暖まり、海面から蒸発する多量の水蒸気を含んで湿ってきます（気団変質）。水蒸気をたっぷり含んだ空気が上昇、膨張して冷やされて、雲が生まれやすくなるのです。

日本海上で発生した雪雲はそのまま季節風に運ばれて、日本海沿岸域に雪を降らせます。風が山脈にぶつかると空気の塊が上昇して膨張、さらに冷えるため、含まれていた水蒸気が凝結して山沿いに雪を降らせます。

このように、水蒸気は雪となって日本海側でほとんど落ちるので、山を越えた太平洋側では冬場、空気が乾燥して晴れることが多いわけです（図２）。

次頁の写真は気象衛星ひまわりの画像です。筋状に伸びる雲（ロール状対流雲）の様子を、よく見てください。

まず、風が大陸から日本海に入ったばかりの辺りでは、雲は発生していません。日本海上で次第に雲ができ、徐々に大きく発達し（雲の背が高くなり）、雪雲となっています。そして日本海沿岸に雪を降らせて、山脈を越えた太平洋側では雲が消えています。日本海で蓄えた水蒸気を、日本海側で使い果たしているのでしょう。

ちなみに雪は、気温が0度以下の大気中で水蒸気が結晶化したものです。雪のまま落ちてくるか、融けて雨になるかは、雲から地上までの間の温度と湿度によって決まります。地上の気温が二度以下で、大気中の湿度が低いと雪になることが多くなります。

「南岸低気圧」と太平洋側の降雪

一方、平成三十年豪雪では、太平洋沿岸部にも思わぬ雪が降りました。降雪をもたらした役者は「南岸低気圧」

図２　北西の季節風と日本の天気

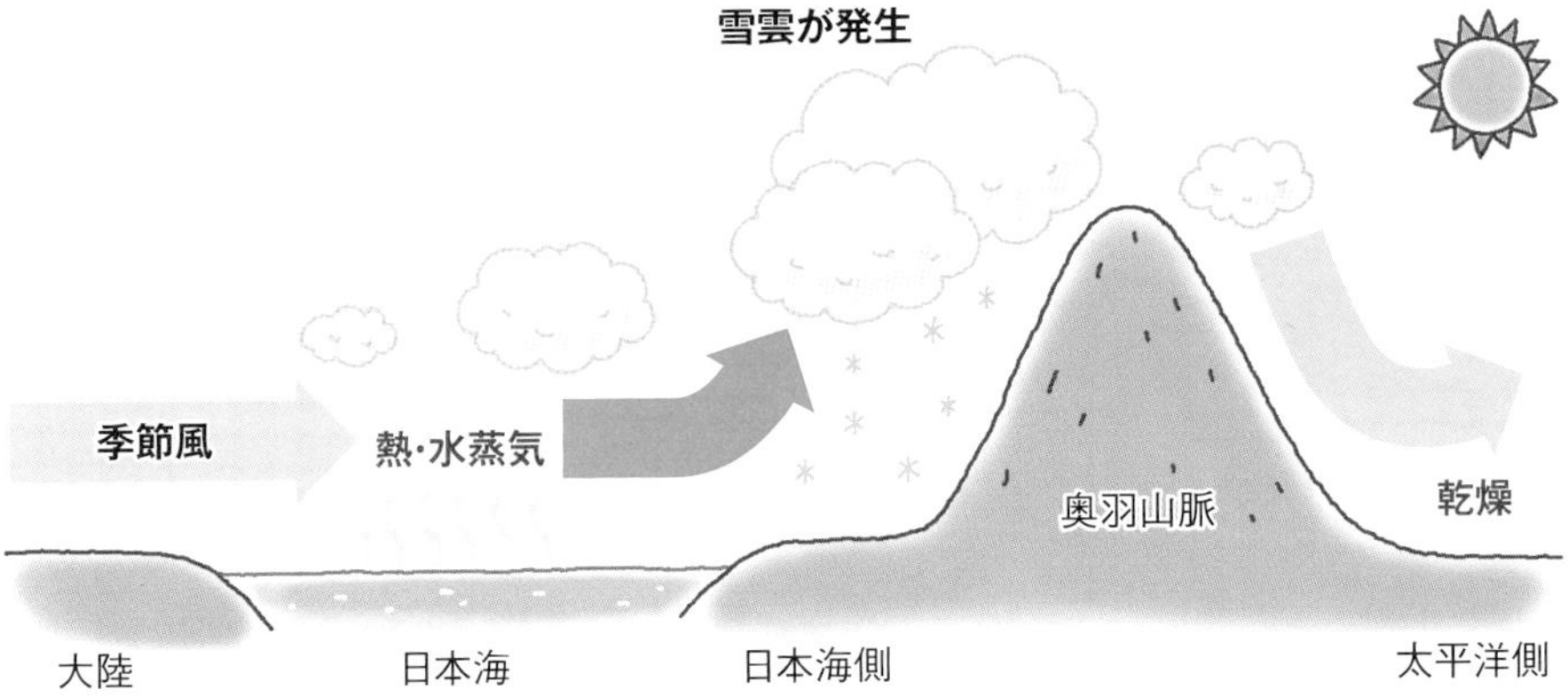

図３　南岸低気圧通過中の天気図（気象庁）

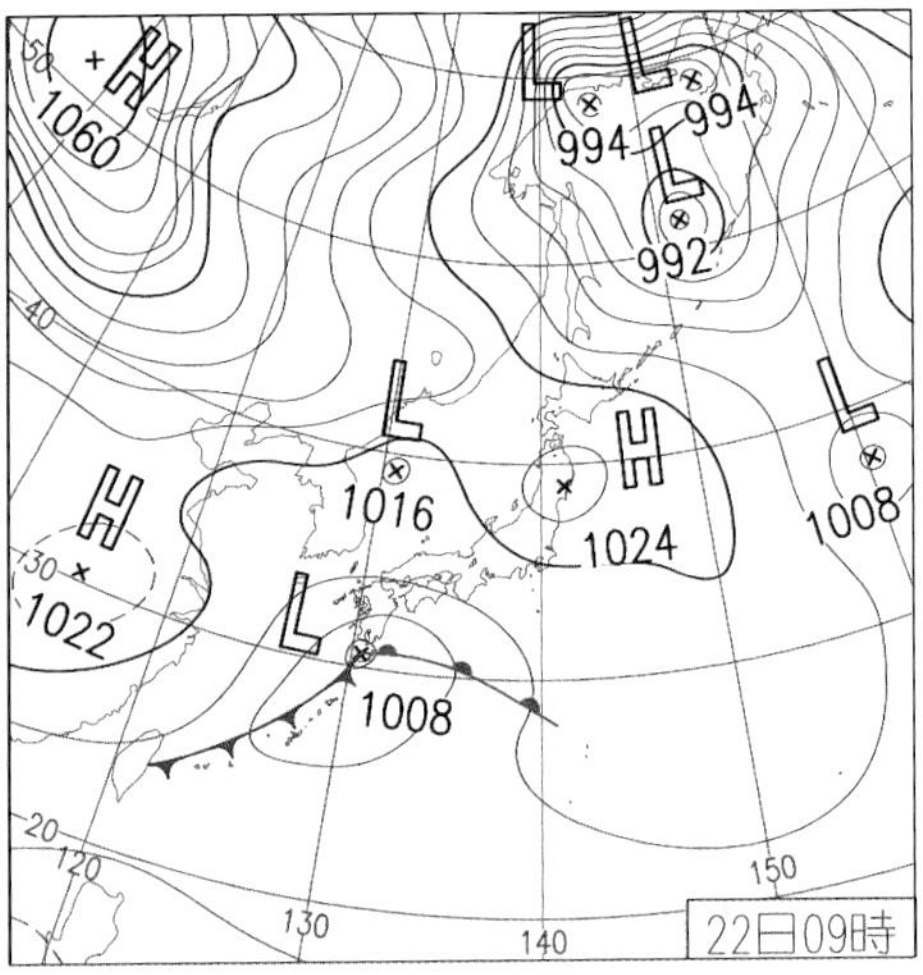

2018年1月22日の天気図。台湾付近で発生した低気圧（台湾坊主）はこの後、列島南岸を北上し、関東地方に大雪をもたらした

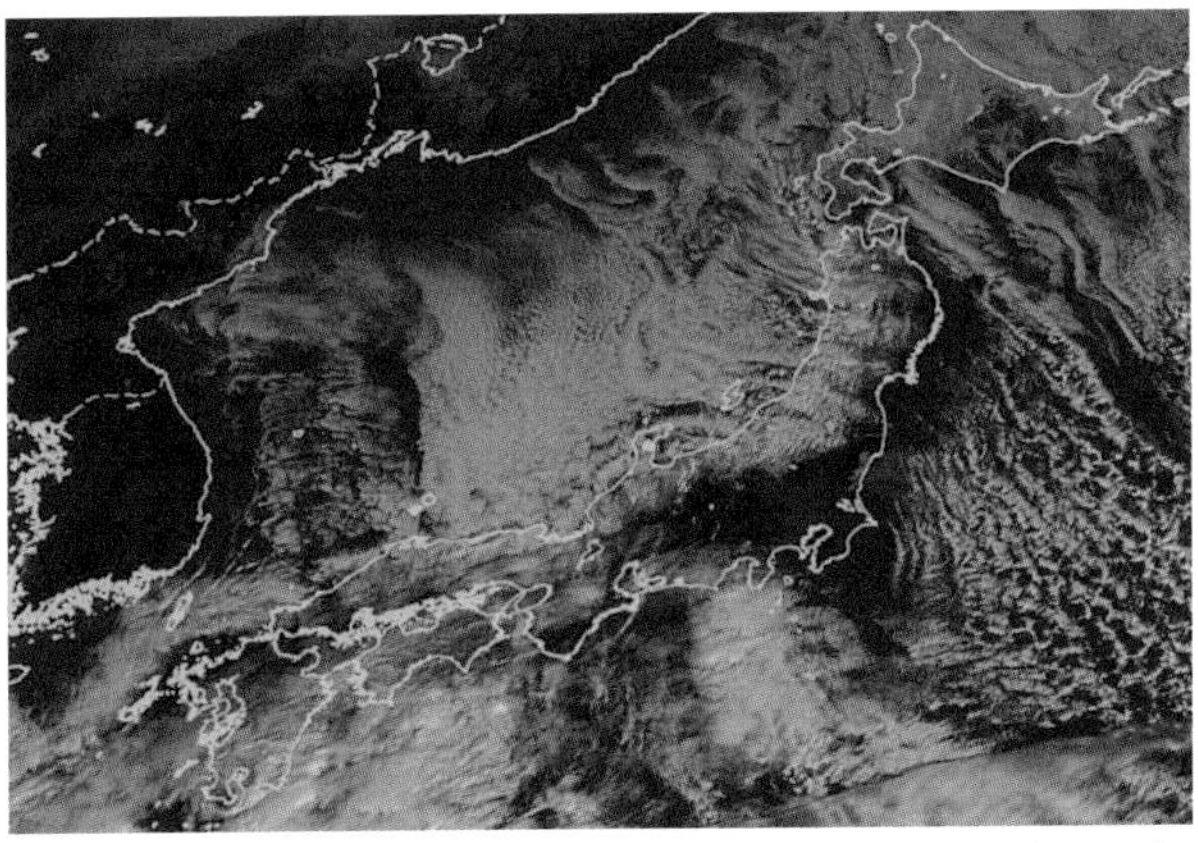

2018年12月31日の衛星写真（情報通信研究機構〈NICT〉提供）

と呼ばれる低気圧です（図3）。

この低気圧は冬から春先にかけて本州のすぐ南を通過します。寒気を運ぶことが多く、関東平野部に雪を降らせることがあります。

南岸低気圧は台湾付近で発生し、等圧線が描く形がお坊さんの頭に似ていることから、気象関係者の間では昔から「台湾坊主」と呼ばれています。台湾坊主が現われると、ほぼ一日後には九州地方、二日後には関東地方が雨になるとの経験則があります。テレビでも注意して見てみてください。

二〇一八年十一月に発生したエルニーニョの影響もあって、気象庁の「三カ月予報」では暖冬になりそうですが、こんな時は日本海側や太平洋側でたびたび大雪に見舞われています。今冬もその可能性が十分にあるので注意が必要です。週間予報や「一カ月予報」に注目して、農作業にあたってください。

（『現代農業』二〇一九年三月号）

春の嵐と爆弾低気圧

親鸞聖人が詠んだ春の嵐

春も間近。花便りが届き始め、農家にとっては播種や苗の定植などで忙しいシーズンの到来です。

明日ありと　思う心の仇桜
　夜半に嵐の　吹かぬものかは

これは親鸞聖人が詠んだ、ともすれば陥りやすい人の心を戒めた和歌ですが、同時に、春の天気の変わりやすさも表わしています。この「夜半の嵐」は、春の低気圧の襲来のこと。強風や雨、時には雪解けの熱風をもたらし、

図１　2012年４月４日の地上天気図（気象庁）

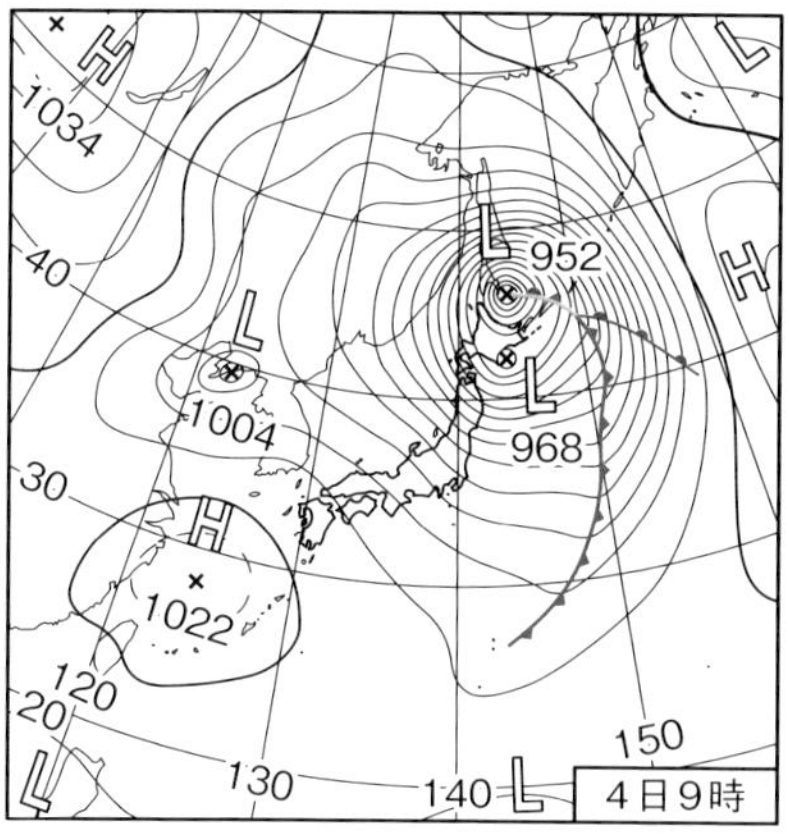

最近は「爆弾低気圧」とも呼ばれています。

爆弾低気圧とは急激に発達する低気圧の呼び名で、一九八〇年代に米国の気象学者が、北半球の高緯度地方で発生・発達する低気圧を調べて、二四時間で二四hPa以上発達するものを爆弾低気圧（Bomb cyclone）と定義しました（なお、気象庁では現在「急速に発達した低気圧」と表現しています）。

爆弾低気圧とまでいかなくても、低気圧が急速に発達した時は強い風が吹きます。「春一番」は、立春から春分の間に初めて吹く、暖かい南寄り（南のほうから）の強い風です。

二〇一二年四月の爆弾低気圧

爆弾低気圧の典型例を、天気図で振り返ってみます。二〇一二年四月三日～五日、日本海で急速に発達した低気圧の影響で、西～北日本の広範囲で記録的な暴風が吹き荒れ、七六地点で最大風速の観測史上一位を更新しました。負傷者や死者が出た他、ハウスを飛ばされた農家も多く、記憶に残っているのではないでしょうか。

まず、前日の四月二日は全国的に晴れました。低気圧の接近で日中は移動性高気圧に覆われ、空は青空、春の陽光でした。しかし、西から雲が広がり、夜には九州で雨が降り始めました。

翌三日は低気圧が日本海に入って急速に発達、夜九時の中心気圧は台風並みの九六四hPa。本州付近は暴風や高潮など大荒れとなり、和歌山県友ヶ島で最大風速三二・二m／sを記録。鹿児

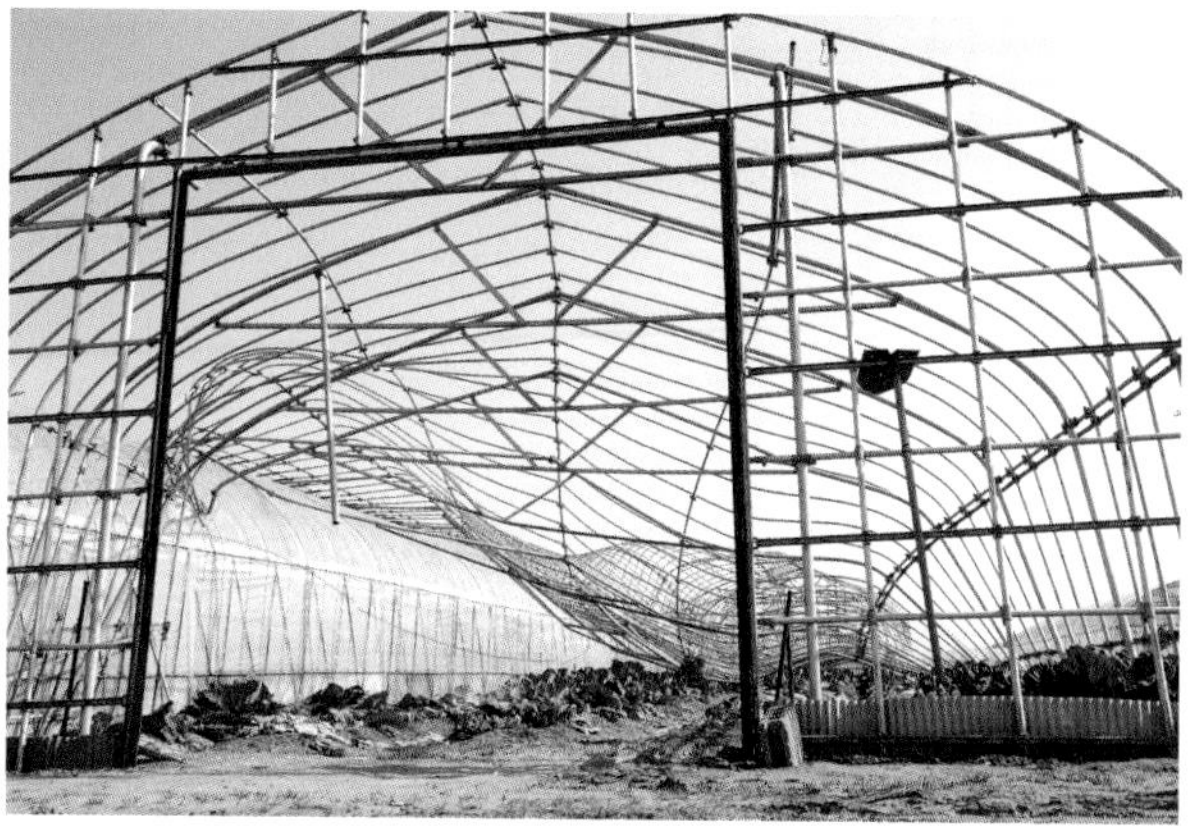

2012年の爆弾低気圧でパイプがひしゃげたハウス

図２　温帯低気圧の断面図

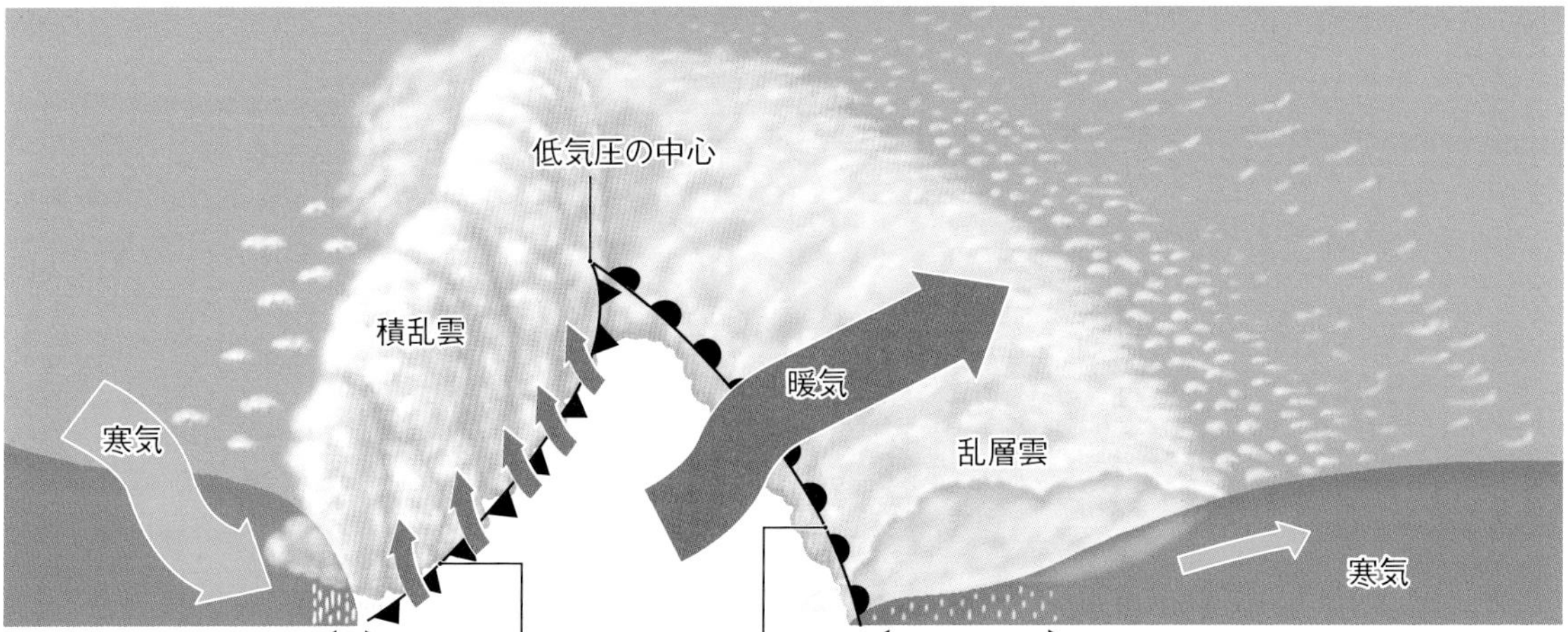

低気圧は反時計まわりに回る空気のうず。上空の冷えた空気（寒気）が暖気とぶつかる「寒冷前線」では、高い雲（積乱雲）ができて狭い範囲で激しい雨が降る。一方、東側に押された暖気は寒気を押しながら上昇し、「温暖前線」には広い範囲で乱層雲ができ、おだやかな雨が降る

島県徳之島の天城で五七・五㎜／hの雨となるなど、各地で被害が続出します。

四日、低気圧は日本海を進みながらさらに発達して、新潟県佐渡市両津で最大瞬間風速四三・五m／sを記録するなど、北陸や北日本では大荒れの天気となりました（図1）。一方、この日、三重県津市、埼玉県熊谷市で桜が開花し、愛媛県松山市、和歌山市では満開となりました。

そして五日は西日本～北日本の日本海側で雨や雪が降り、太平洋側ではおおむね晴れて気温が上昇、最高気温は四月下旬並みとなりました。

このように、春の嵐をもたらす低気圧は、日本海を進み、空模様を刻々と変化させるのが特徴です。

温帯低気圧の発達の仕組み

台風は赤道付近で生まれて発達する「熱帯低気圧」です。一方、ここで紹介する春の低気圧は、温帯で発生することから「温帯低気圧」と呼ばれ、発達する仕組みも違います。

まず、熱帯低気圧は暖かい空気と水蒸気によって発達するものでしたね。一方の温帯低気圧は、暖かい空気（暖気）と冷たい空気（寒気）が接したところで空気のうずができて生まれます。

低気圧の西側では、上空から冷たい北寄りの空気がベルト（帯）のように地表に吹き降りています。その先端部が「寒冷前線」。低気圧の東側では暖かい南風がベルトとなって上昇、これが「温暖前線」です。温帯低気圧は、下りと上りの自然のベルトを二つ持っているといえます。爆弾低気圧は、この空気（ベルト）の動きが非常に大きい温帯低気圧なのです（図2）。

例えば、手に持った小石を離すと地面に落ちますね。落ちるにつれてスピードを増し、足にぶつかればケガしかねません。石が重いほど、また位置が高いほど痛みも大きくなります。

じつは、空気の下降に際しても同じことがいえます。上空の空気が冷たいほど重く、下降スピードが増して、地上付近の風が強まる、というわけです。テレビなどで「上空に寒気が入り

図3　フェーン現象の仕組み

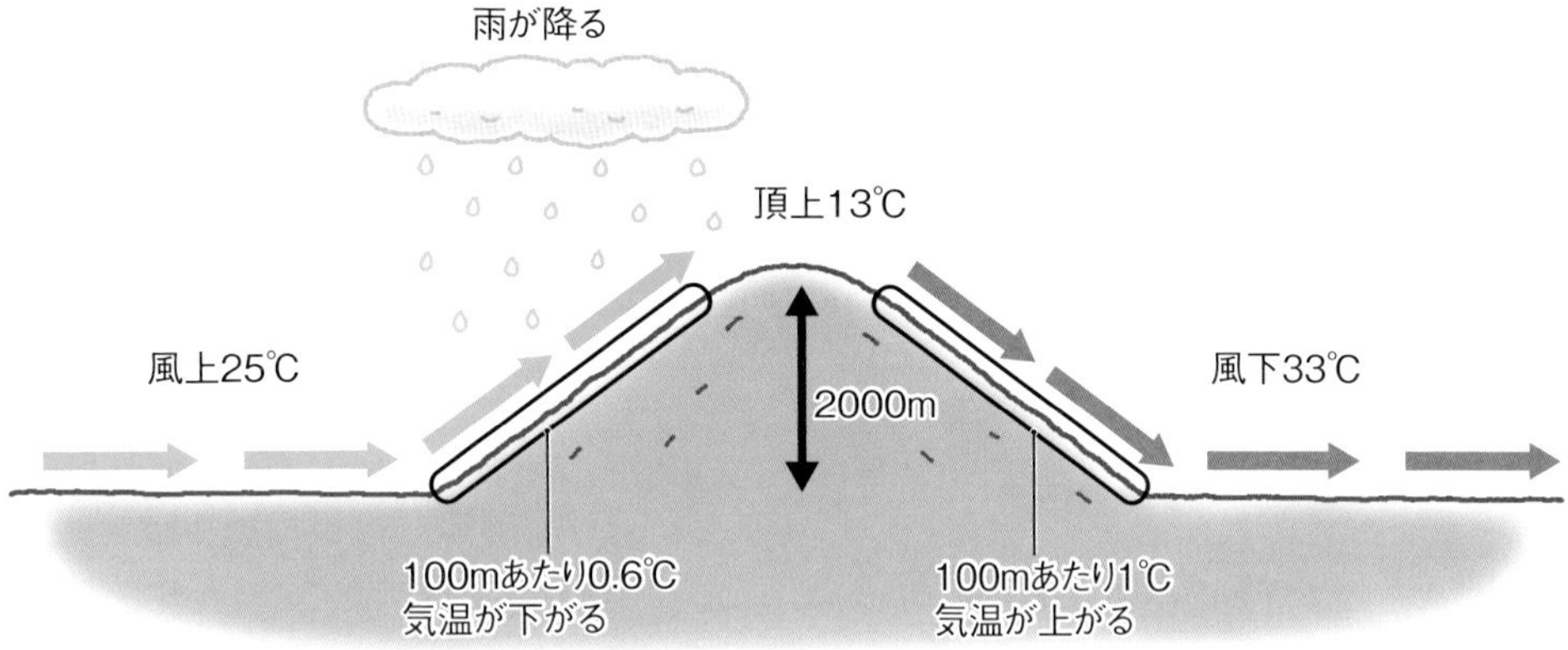

込むので低気圧が発達」などと報じるのは、上空の寒気が冷たいほど、また下層の南風が暖かいほど、低気圧が発達することを意味しています。

山脈を吹き降りるフェーン現象

春の嵐をもたらす低気圧と関連して「フェーン現象」についても紹介しましょう。季節を問わず各地で見られる現象ですが、日本では春先に多く、強風や季節外れの高温をもたらすことがあります。強いフェーン現象が起きると、強風で農作物が倒れたり、季節によっては熱波でイネに白穂が出たりします。急激な温度上昇によって鶏の死亡事故などが起きることもあります。

とくに北陸地方の日本海沿岸で発生するものが有名です。例えば日本海を低気圧が進む時に、太平洋側からその低気圧に向かって湿潤な風が立山連峰を越え、富山湾に吹き降りる時に現われます。

その仕組みは図3の通り。湿った気流が山の斜面に当たると、その斜面に沿って風が山を越え、途中で雨を降らせます。その後、水分を失い乾燥した下降気流となって、山麓付近に強風と高温をもたらすわけです。北陸地方に雪が降る仕組みと基本的には同じですが、その温度変化に注目してください。

図では、水蒸気を含んだ南風が立山連峰を越えつつあります。飽和状態の空気の塊は一〇〇m上昇すると温度が〇・五〜〇・六度下がります。山の標高を二〇〇〇mとすると、頂上に達した空気の温度は一三度。仮にすべての水蒸気が雨となって降ったと考えると、頂上から下る乾いた空気は、今度は圧縮されて一〇〇m下降するたびに一度上がります（湿った空気と乾いた空気とでは、温度の変化率が違う）。富山湾に吹き降りる時には三三度と、山の風上側よりも八度も昇温します。これがフェーン現象です。

ドライフェーン現象

ついでですから「ドライフェーン現象」にも触れておきましょう。フェーン現象と違って、山の風上側でまったく雨が降らない現象です。

例えば、関東地方で西寄りの風が山越えする時、西の秩父山系などでドライフェーン現象が発生して、気温がかなり上昇することが知られています。

（『現代農業』二〇一九年四月号）

春到来、遅霜に備える

晴れて無風の夜は要注意

五月晴れ、鯉のぼりが紺碧の大空を泳ぐ。五月は一年でもっとも安定した天候に恵まれますが、農家にとっては油断できない季節です。季節外れの霜が降る可能性があるからです。「遅霜」（晩霜）は茶の若葉を傷め、サクランボやリンゴの花を枯死させ、早植えした野菜苗に被害を及ぼすこともあります。「八十八夜（二〇一九年は五月二日）の別れ霜」ともいわれますが、決してそうではありません。図1の日本地図に、各地でもっとも遅く霜が確認された日付（最晩霜）を記しました。これを見ると、四月下旬以降の霜も珍しくないことがわかります。なお、これらはあくまで都市部での記録ですから、山間地では、より遅くまで警戒が必要です。

雲一つない夜空。4月以降も、こんな日は霜が降りやすい（依田賢吾撮影）

遅霜が降るのは、空が移動性高気圧に覆われて、夜間も晴れ、しかも無風あるいは弱い風の朝です。農家にとっては怖い自然現象ですが、その仕組みをよく理解すれば、対策も可能です。

赤外線放射で地球が冷える

霜が降りそうな日、テレビやラジオでは「放射冷却（現象）」という言葉が頻繁に聞かれます。どんな現象なのか、ここではまずそのことから紹介したいと思います。

すべての物体は（気体、液体、固体を問わず）、その表面から電磁波を放出しています。これが「放射」です。電磁波といっても、X線や紫外線、赤外線、そしてテレビや携帯電話に使われる電波までさまざまで、そのうち目に見えるのが「可視光線」で、目に見えなくても手をかざして暖かく感じるのが「赤外線」です。

例えば、地球が太陽によって暖められているのはご存じの通りですが、それは太陽光に含まれる熱エネルギーによるものです。太陽とは比べ物になりませんが、同様に地球も、地面から雲から海から、あらゆる物体から赤外線を放射しています。

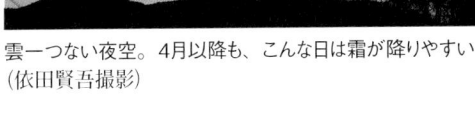

一方で、物体が電磁波を放射するためにはエネルギーが必要で、熱エネルギーが失われればその物体の温度は下がります。これが放射冷却です。

つまり、霜というのは、放射冷却によって地表面や葉面が0度以下に冷え、空気中の水蒸気が氷の結晶となって付着する現象なんです。ちなみに、このように水蒸気が液体（水滴）を経ずに、氷の結晶に直接なる現象を「昇華」と呼びます。上空で昇華が起きて結晶が生まれ、集まって地上に降るのが雪です。

晴れた夜に冷える理由

では、雲がない日に放射冷却が起きやすいのはなぜでしょうか。

昼間、太陽放射で暖まった地面は、日が沈むと赤外放射の量が勝って冷え始めます。この時、曇っていると、地表面からの赤外放射で雲が暖まり、その雲から再び地表面に向かって赤外放射があります。

一方、空に雲がなければ放射熱が宇宙へ逃げて、地面はどんどん冷えていきます。だから、晴れて雲がない夜ほどよく冷えて、霜が降りやすいのです。

図１　日本各地の最晩霜記録（各気象台より聞き取り）

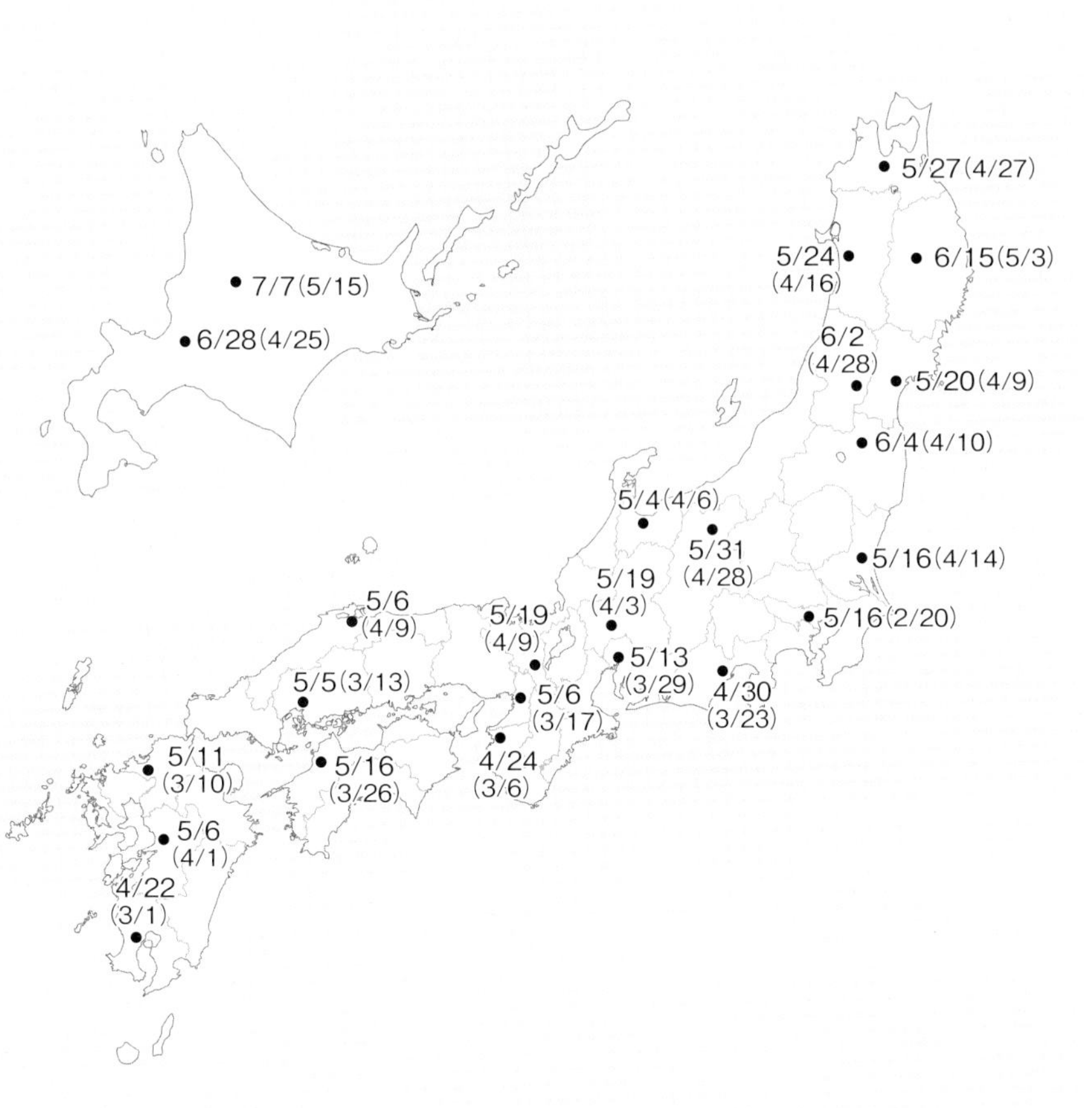

※(　)内は「平年値」(1981～2010年の観測値の平均値)

図２　放射冷却の概念図

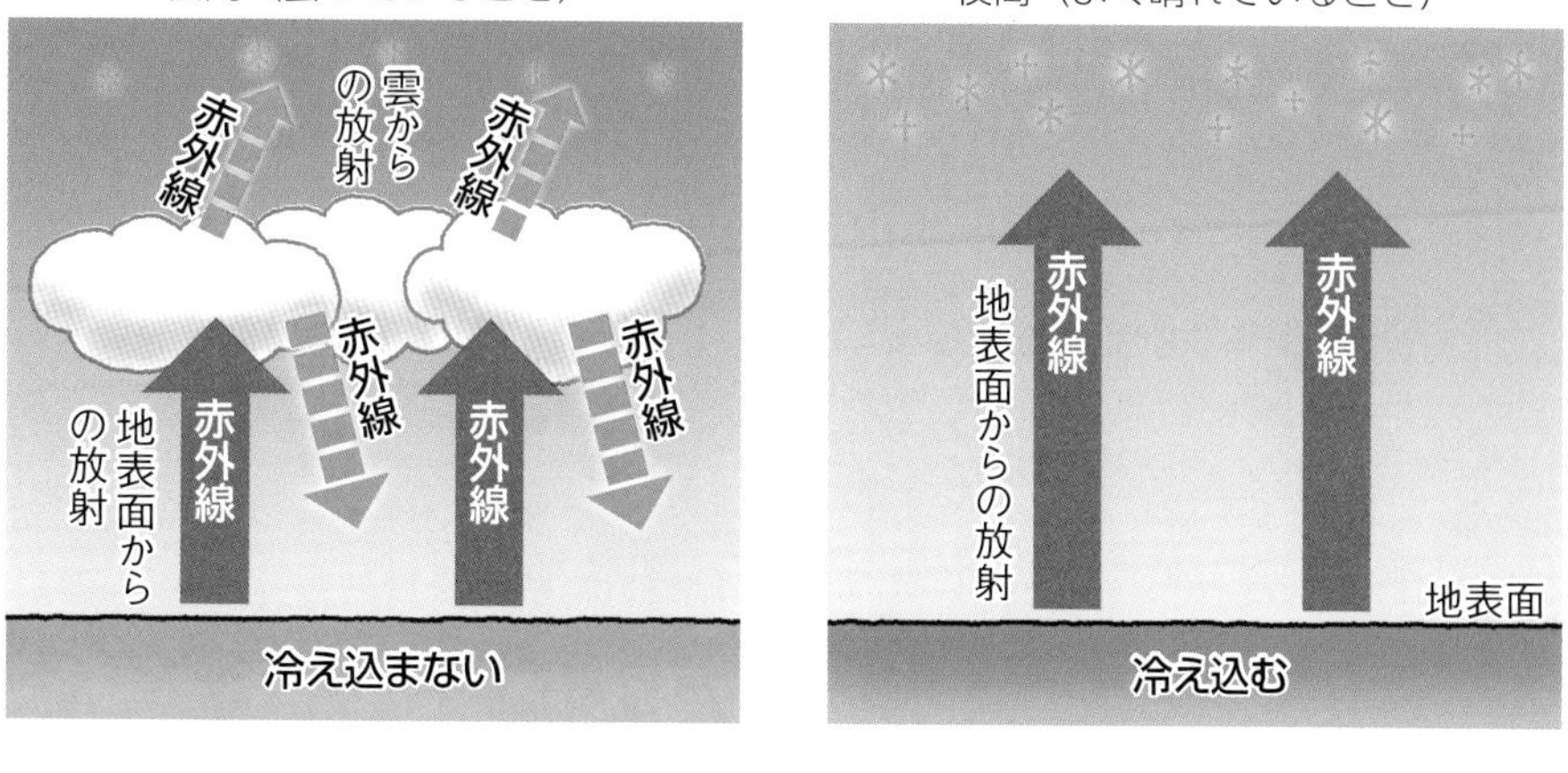

放射冷却で温度が低下しても、地表が0度以下にならなければ水蒸気は凍らずに微細な水滴となる。これは「凝結」という現象で、葉が朝露に濡れるのはこのためです（図２）。

風がない日に冷える理由

無風の日に霜が降りやすいのは、冷たい空気が地表面に滞留するからです。風が吹けば、上空の暖かい空気と地表面の冷たい空気が攪拌されます。

空が晴れていて、風が弱い日ほど遅霜が降りやすい。この二つの条件を満たす気象条件が高気圧です。六〇頁で紹介した通り、高気圧の圏内ではゆっくりとした下降気流が起きているため、雲が消えて晴れやすいのです。

図３　遅霜が降りた日の天気図（気象庁）

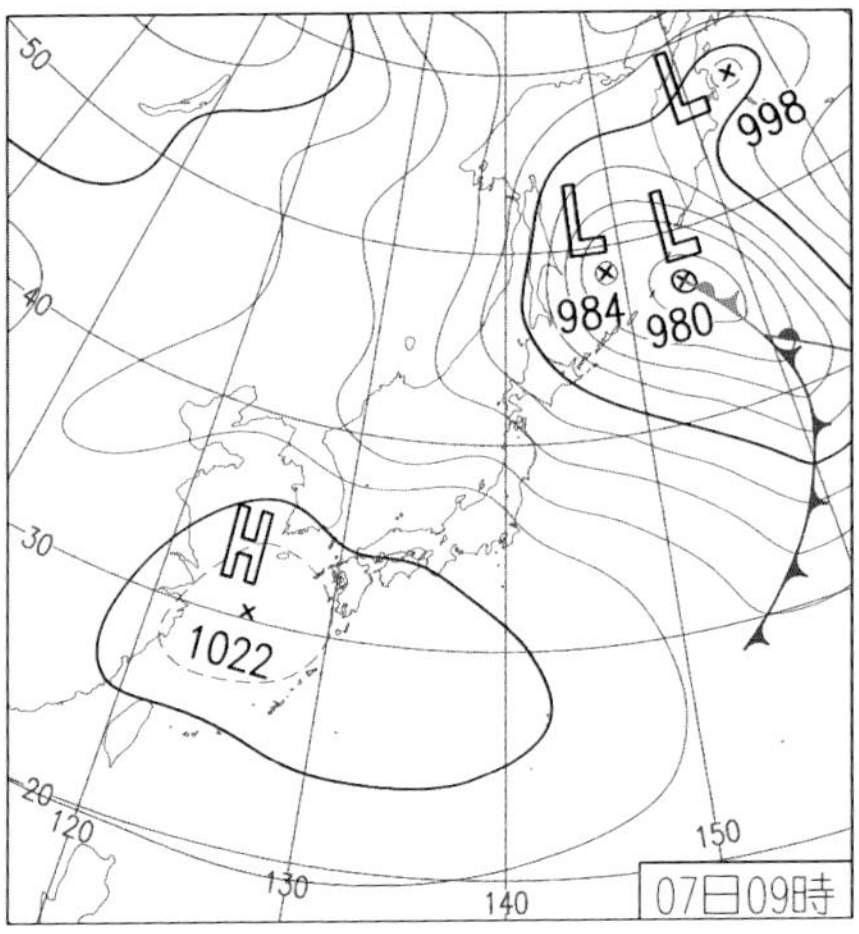

2014年４月７日午前9時の地上天気図

霜が降りる時の天気図

では、遅霜に見舞われた例を天気図で見てみましょう（図３）。四月の天気図ですが、五月の場合と気象学的に本質的な違いはありません。

この時、九州地方は東シナ海を中心に移動性高気圧（一〇二二hPa）に広く覆われました。晴天が広がり、等圧線の間隔が広いため、風が弱かったこともわかります。まさに、放射冷却が起きやすい状況です。

最低気温を見ると、七日は熊本県内一八地点で一月下旬から三月上旬並みとかなり低く、阿蘇乙姫ではマイナス二・八度で、これは四月の気温としては歴代七位の低温でした。高森でもマイナス一・七度で同九位を記録。この朝は、熊本県を中心に西日本各地で霜が発生し、農作物に被害が出ました。

遅霜に備える

当時、熊本地方気象台はこのような状況になると予測して、前日の六日、一一時前に県内に霜注意報を発表しています。気象庁の霜注意報は、春と秋、霜によって農作物に被害が発生する恐れがあると予想した時に発表されます。

農家は当然気にしておくべきですが、注意報が出ていないからといって油断するのは間違いです。気象庁が発表するのは、地表より一・五m上空の気温。したがって、例えば最低気温三度と予想された場合でも、地表面では0度以下となって霜が降りる可能性もあるわけです。

霜が降りると予測される場合は、放射冷却を弱める対策として、露地野菜では被覆資材を被せたり、茶畑では防霜ファンを回したりします。防霜ファンは地上六〜九m付近の比較的暖かい空気を送って、地表の冷気と攪拌する装置です。

なんといっても、霜は予測が第一です。ぜひ、テレビやラジオで天気予報を確認する時は、最低気温だけでなく、霜が降りやすい天気図かどうかをチェックしてください。ここで紹介した霜の仕組みを念頭に置いていただければ幸いです。

（『現代農業』二〇一九年五月号）

梅雨前線と高気圧

日本には「五季」がある

日本列島には春夏秋冬という明確な四季がありますが、北海道を除けば、それらに梅雨《つゆ》を加えた「五季」があるといっても過言ではありません。

梅雨は日本列島周辺だけではなく、遠くインドシナ半島から中国南部にかけて、東南アジアに現われる大規模な大気の流れ（天候）の一部です。したがって、年によって曇天や降水量の多寡、寒暖の差はあっても、梅雨という季節は毎年必ず巡ってくるのです。

梅雨入りは沖縄方面から始まって、東北地方まで北上、梅雨前線《ばいうぜんせん》の活動は約一カ月間続きます。昨年は沖縄が六月一日頃に梅雨入り、その後九州北部・南部が五日頃、関東地方が六日頃、さらに東北南部地方は十日頃に梅雨入りしました。これはほぼ例年通りでした（沖縄は遅かった）。

なお、北海道に梅雨前線は及びませんが、年によっては梅雨に似た現象が現われることがあり「蝦夷《えぞ》梅雨」と呼ばれています。梅雨前線が東北の北部まで北上して停滞した時、雨雲が北海道南部にかかって、梅雨のように湿度が高く、雨や曇りの日が続く現象です。

農家にとって梅雨の時期は、作物の病害や長雨や豪雨による畑への浸水など、気を抜けない時期ですね。梅雨明けは例年、九州北部から関東にかけては七月二十日前後になりますが、過去を振り返ると、梅雨末期は各地でたびたび集中豪雨の被害が起きています。特に台風が重なった場合は、影響がさらに大きくなるので注意が必要です。

西の梅雨と東の梅雨

では、図1で梅雨期の大気の循環（気圧配置や風）を見てみましょう。梅雨前線は長く、大陸からのびています。中国でも「メイユ（梅雨）」と呼ばれる雨期があるのです。

長くのびる梅雨前線ですが、東日本と西日本とでは、じつは成り立ちが違います。東側で梅雨をもたらす主役は二つ。一つは「太平洋高気圧」（小笠原気団）の縁辺を吹く高温で湿った南西風で、もう一つは「オホーツク海高気圧（気団）」から流れ出す低温で湿った北からの風です。

一方、沖縄や西日本方面では、大陸の移動性高気圧（長江気団）の高温で乾燥した北からの風と、「赤道気団」がもたらす南西の高温多湿の気流の影響が加わります。

西日本と東日本とでは梅雨前線に影響する風が違うので、例えば南西諸島（奄美）で梅雨入りが平年より早かっ

長雨でかん水した水田（写真は9月）

たからといって、関東地方の梅雨入りも早くなるというわけではないのです。

ちなみに、日本列島を囲むように位置するこれらの大規模な高気圧は、季節の推移に伴って発生・発達・停滞し、日本の四季の気候（風や気温、湿度）をいわば支配する存在です。高気圧の圏内はほぼ一様な温度と湿度を持つ空気の塊で形成されており、気象用語で「気団」と呼ばれます。

手短に紹介すると、冬季は冷たく乾燥した「シベリア気団」、春と秋は中国大陸からの温暖な「長江気団（移動性高気圧）」、夏季は高温多湿の「小笠原気団（太平洋高気圧）」が主役です。

図１　梅雨前線と高気圧

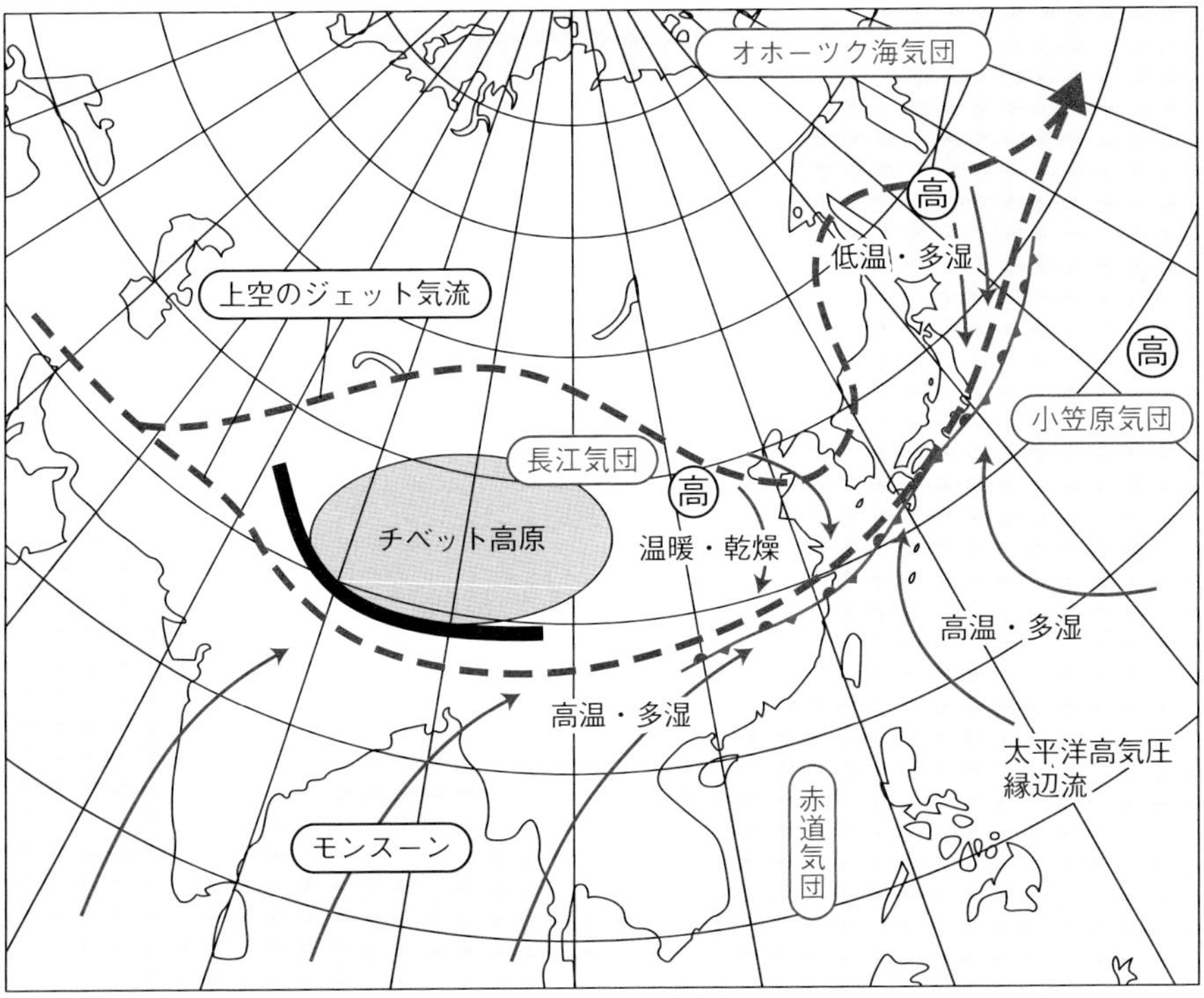

図３　同日同時刻に気象衛星で見た雲域
（情報通信研究機構〈NICT〉Web）

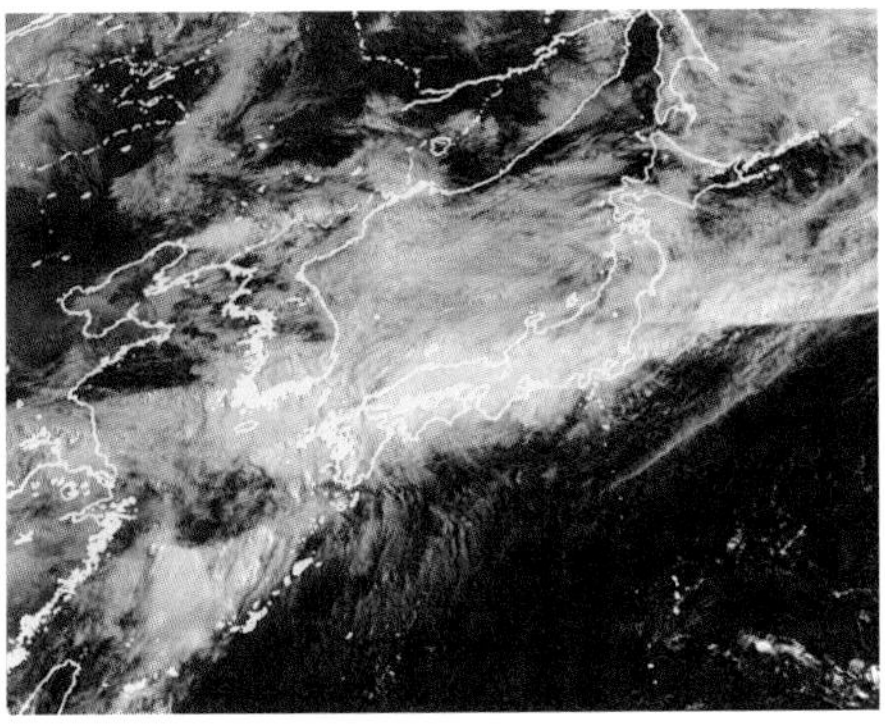

図２　梅雨時期の典型的な天気図
（気象庁）

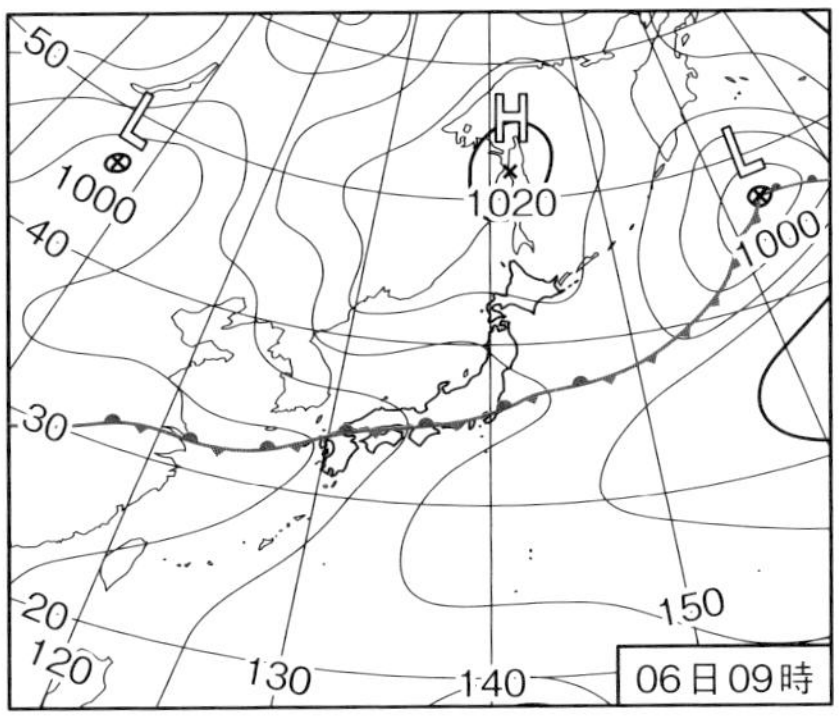

（2018年7月6日9時）

図４　梅雨前線の内部構造（イメージ）

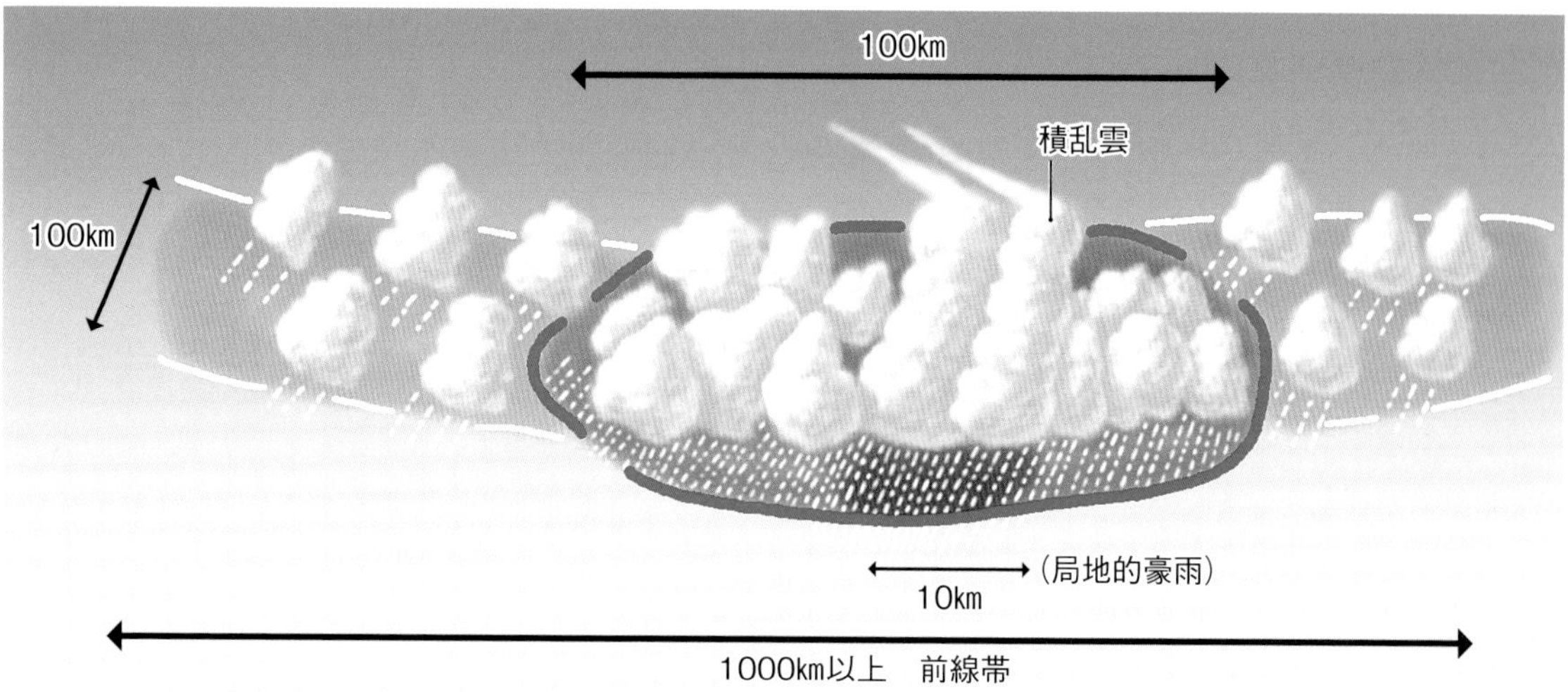

梅雨前線は春から夏、秋雨前線は夏から冬への遷移期に当たり、各気団の競り合いで形成されるのです。

梅雨前線ができる仕組み

では、高気圧が発達するとなぜ梅雨前線ができて雨が降るのでしょうか。その仕組みを見てみましょう。

春分（二〇一九年は三月二十一日）を過ぎると、北半球では太陽が徐々に高くなり、太平洋の海面水温が次第に上昇します。上空には暖かくて背の高い「太平洋高気圧」が発達し始め、その周辺部では南西風が吹き始めます。一方、オホーツク方面の海面はまだ冷たく、背の低い高気圧が存在します。

梅雨前線はこの「太平洋高気圧」と「オホーツク海高気圧」に伴う風の境界域に形成されます。南からは高温多湿の風、北からは低温で湿った風が流れ込み、それらがぶつかって南北に長く上昇気流が生まれ、雲が発達して雨をもたらします。

図２は梅雨時期の典型的な天気図で、図３は同日同時刻の気象衛星ひまわりの画像です。全体が白っぽく見えますが、実際にはいくつもの雲の塊が集まった状態です。

図４は梅雨前線の内部構造を表わすイメージ図です。前線全体は東西に一〇〇〇km程度、南北に一〇〇km程度の広がりがあり、一〇〇km程度のいくつかの集団で構成されています。その内部では、雲頂高度が一万mにも達する「積乱雲」が次々と発達しては消滅を繰り返しています。この集団は数時間以上持続して（一〇時間以上持続するものもよくある）、いわゆる「集中豪雨」をもたらすことがあります。

局地的豪雨をもたらすのは範囲一〇km程度の積乱雲で、一時間程度持続して、雷を伴うこともあります。

オホーツク海高気圧と空梅雨

梅雨の天候を支配するのは「太平洋高気圧」と「オホーツク海高気圧」だと述べましたが、特にオホーツク海高気圧の消長は、天候全体に大きく影響します。オホーツク海に高気圧ではなく、逆に「低気圧」があった場合、梅雨前線が発達せず、蒸し暑いけれど雨が少ない、いわゆる「空梅雨《からつゆ》」になります。この時期、天気図のチェックは欠かせませんよ。

（『現代農業』二〇一九年七月号）

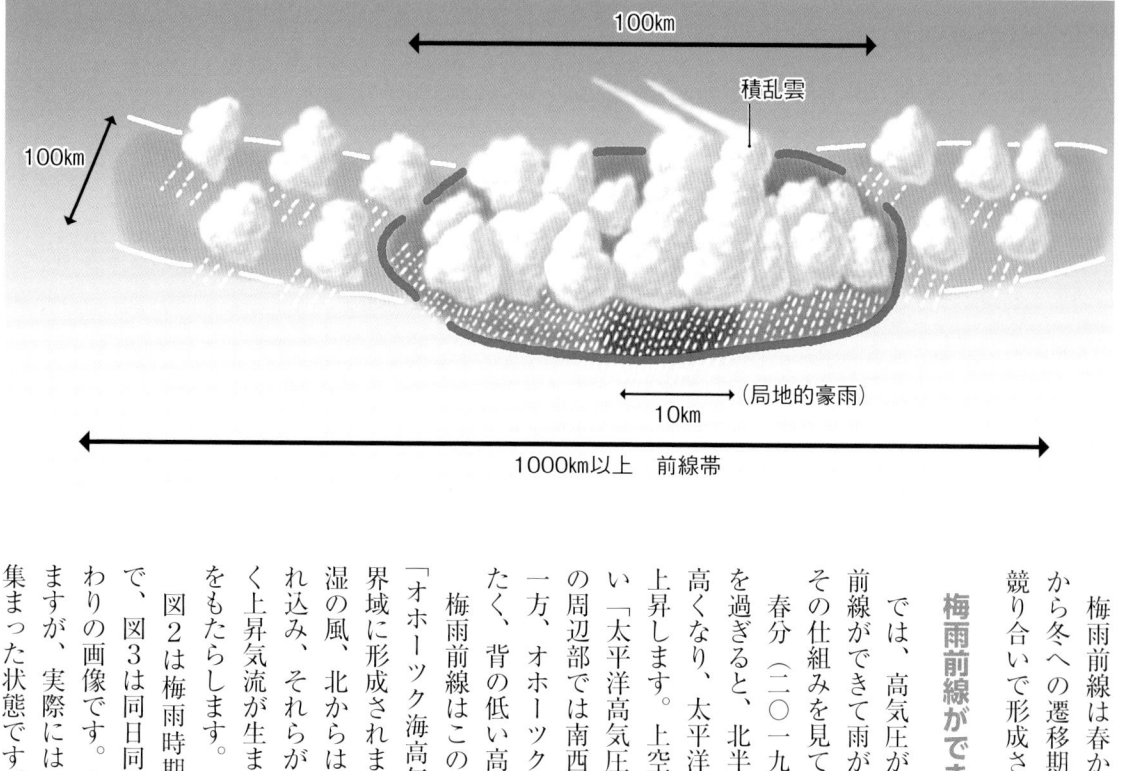

エルニーニョと夏の天気

二〇一九年は冷夏？

二〇一九年の冬はとても気温が高く、年が明けても三月まで暖かさが続きました。五月下旬も季節はずれな記録的な高温が続きました。さて、今後はどうなるのか。現在も続く「エルニーニョ（現象）」の動きから予測してみましょう。

ニュースでもよく聞くエルニーニョとは「東部太平洋赤道域で二〜七年おきに海面水温が平年より一〜二度（時には二〜五度）高くなり、半年から一年半程度続く現象」のこと。日本からはるか遠くの海で起きている現象なのですが、その影響は地球全体に及び、世界各地に異常気象を引き起こす傾向があるのです。

二〇一八年秋に観測されたエルニーニョ現象は二〇一九年も続き、今後夏にかけて発生し続けるといわれています（五月十日の気象庁予測で八〇％の確率）。結論からいえば、その影響で国内の暑さは一転、二〇一九年の夏は気温が低く、日照時間が少なくなる可能性が高いといえる状況です。

エルニーニョとアンチョビ

そもそもエルニーニョとはスペイン語で「男の子（神の子）」を意味しています。歴史的には、南米ペルーの北部沿岸の漁民が、毎年クリスマス頃に海面水温が高くなるのをそう呼んでいました。

本来この海域は、海中から冷水が湧き上がる「湧昇流《ゆうしょうりゅう》」に恵まれて、プランクトンが豊富に成長し、それをエサとするアンチョビ（いわし）漁業が盛んです。しかし「エルニーニョ」が起きると、アンチョビ漁が不良となり、また沿岸域では降水による災害にも見舞われることから、地元では恐れられていたのです。

その後の研究でエルニーニョ現象は、ペルー沿岸のみならず太平洋の赤道域に沿って東西に広がる海面水温の偏りであることがわかりました。

気象庁では船舶や気象衛星などに

図１　エルニーニョ・ラニーニャと海面水温（気象庁）

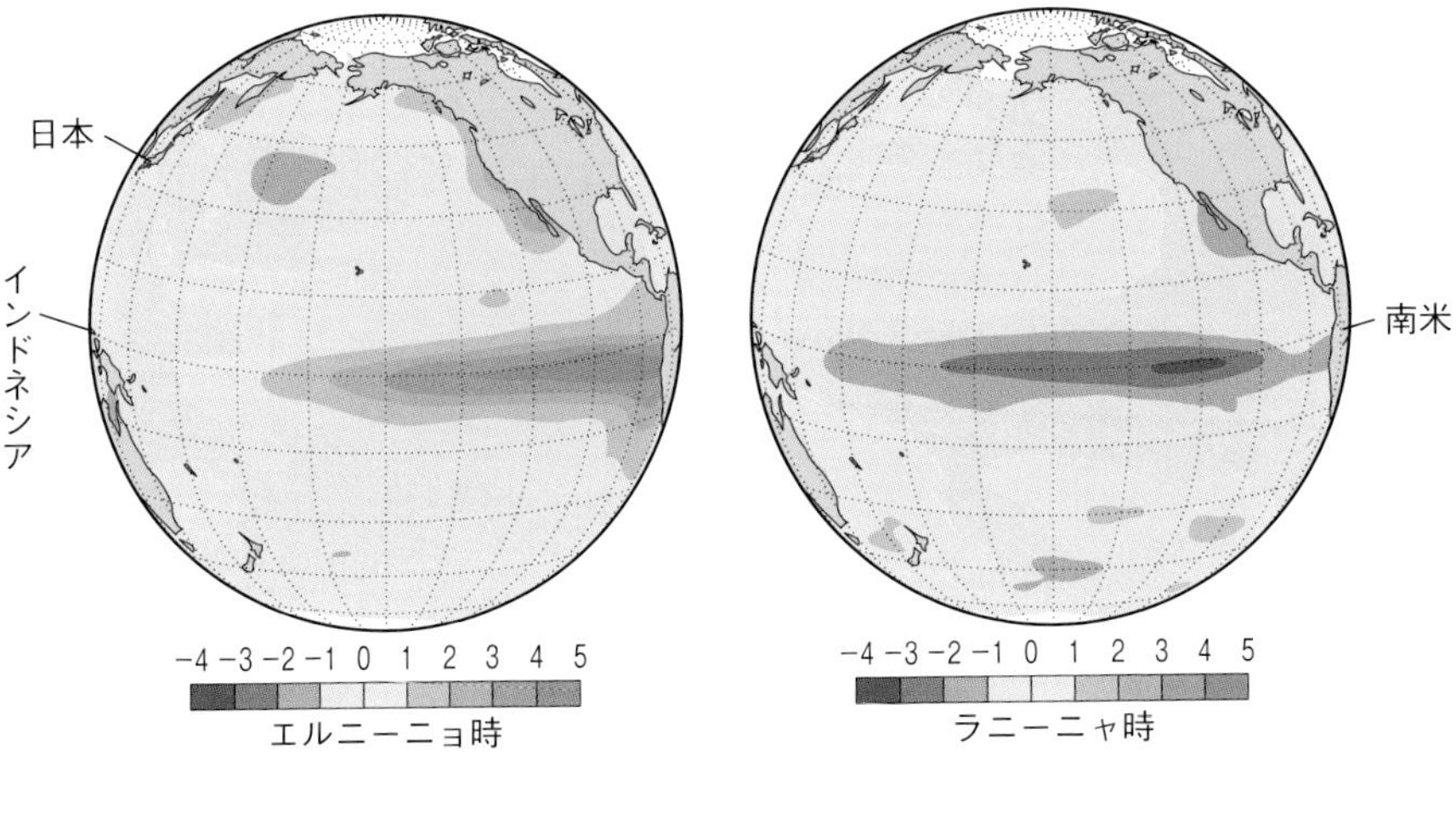

典型的なエルニーニョ現象（1997年11月）・ラニーニャ現象（1988年12月）が発生した時の太平洋における海面水温の平年偏差の分布（平年値は1981年以降の30年間の平均）。赤が平年より高く、青が平年より低く、色が濃いほど平年偏差が大きいことを表わす

よって、ハワイ諸島のはるか南の赤道域からガラパゴス諸島に至る範囲（エルニーニョ監視海域）の海面水温を監視し、平年値との差が六カ月以上連続してプラス〇・五度以上になった場合をエルニーニョ現象と定義しています。

逆に〇・五度以下になった場合は「ラニーニャ現象」と呼ばれます。こちらは「女の子」を意味する言葉です。

図1に過去の典型的なエルニーニョおよびラニーニャ時の海面水温（平年偏差）を示します。同じ海域でも、海水温がまったく違うことがわかります。

地球規模でみた風の流れ

海面水温が偏る根本的な要因は、赤道域付近の地上の風の変動です（図2）。地球規模で見ると、日本上空には「偏西風」が吹いていますが、はるか南では「貿易風」（気象用語では「偏東風」）と呼ばれる西向きの風が恒常的に吹いています。

イタリアの探検家コロンブスは、アフリカ北西部沖のカナリア諸島からこの風に乗って大西洋を西に進み、アメリカ大陸にたどり着きました（実際はカリブ海のバハマ諸島だった）。

平常時はこの東風の摩擦によって、海面を西向きに引っ張る力が常に働き、赤道域の暖かい海水は西に向かって流れます（図3）。暖かい海水がインドネシア付近に溜まり、東部（南米側）の海水面温度は低いのです。

しかし何らかの要因でこの東風が弱まる、あるいは突然西風に変わると（気象用語で「西風バースト」と呼ばれる）、この暖水が東に戻り始めます。そして先の図1で見たように、暖かい海水が中部太平洋まで広がります。これが「エルニーニョ現象」です。

ラニーニャ現象は逆に、東風が平常時よりも強くなり、暖かい海水が西部により流され、東部の海水温がいつもよりも下がった状態です。

エルニーニョの夏は低温低日照

では、エルニーニョやラニーニャが発生すると、どのような仕組みで北半球の日本列島の天候に影響を及ぼすのでしょうか。

まずはラニーニャ現象から説明しましょう。ラニーニャが発生すると西太平洋熱帯域の海面水温が上昇し、積乱雲の活動が活発となります（その仕組みは五〇頁を参照）。日本列島付近では、夏季は太平洋高気圧が北に張り出しやすくなり、よく晴れて、気温が高くなる傾向があります。いわゆる「猛暑」傾向です。とくに沖縄・奄美地方では南からの湿った気流の影響を受けて、降水量が多くなる傾向があります。

一方、冬季は西高東低の気圧配置が強まり、気温が低くなる傾向があります。いわゆる「寒冬」傾向です。

一方、本題のエルニーニョが発生すると、西太平洋熱帯域の海面水温が低下し、積乱雲は不活発となります。

日本付近では、夏季は太平洋高気圧

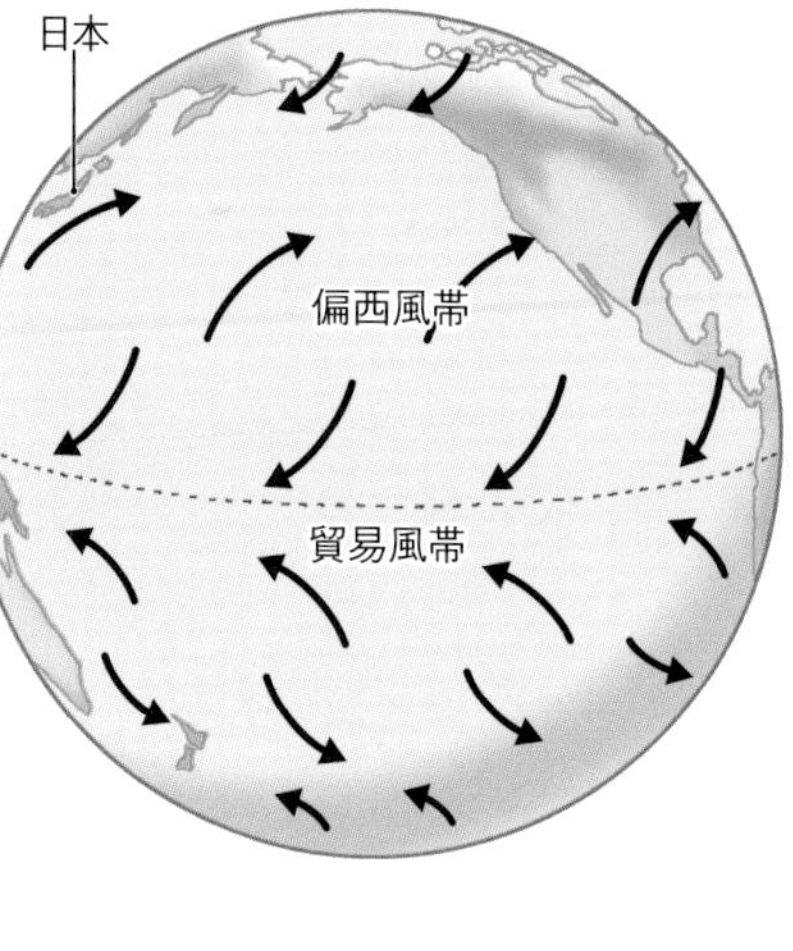

図2　地球規模で見た地上風

の張り出しが弱くなり、気温が低く、日照時間が少なくなる傾向があります。太平洋高気圧の縁を回って湿った空気が流れ込みやすくなり、西日本や北日本の日本海側では降水量が多くなる傾向があります。

一方、冬季は西高東低の気圧配置が弱まり、気温が高くなる傾向があります。いわゆる「暖冬」傾向です。

今後の見通しと最新の予報

ここまで説明してお気付きの方もいらっしゃるかもしれませんが、二〇一九年五月下旬からの異常な高温は、エルニーニョ発生時の天候の特徴とは矛盾するものです。このように、日本列島の天候をエルニーニョやラニーニャだけで一概に説明することはできません。

しかし、過去の傾向から考えれば、今年の夏は気温があまり上がらず、日照時間も少なくなる可能性が高いといえそうです。

気象庁の三カ月予報（五月二十四日発表）でも「太平洋高気圧の本州付近への張り出しが弱いため、北・東・西日本では、七月と八月は前線や湿った空気の影響を受けやすく、平年に比べ曇りや雨の日が多いでしょう。このため、三カ月間降水量は平年並みか多い見込み」となっています（図4）。

二〇一九年の夏は、例年にも増して、観天望気が重要になるはず。最新の週間予報、さらに気象庁の季節予報（一カ月予報は毎週木曜日、三カ月予報は毎月二十五日に発表されます）に注意を払って、できる限りの対策を講じていただきたいと思います。

（『現代農業』二〇一九年八月号）

図３　平常時とエルニーニョ発生時の海水と大気の流れ

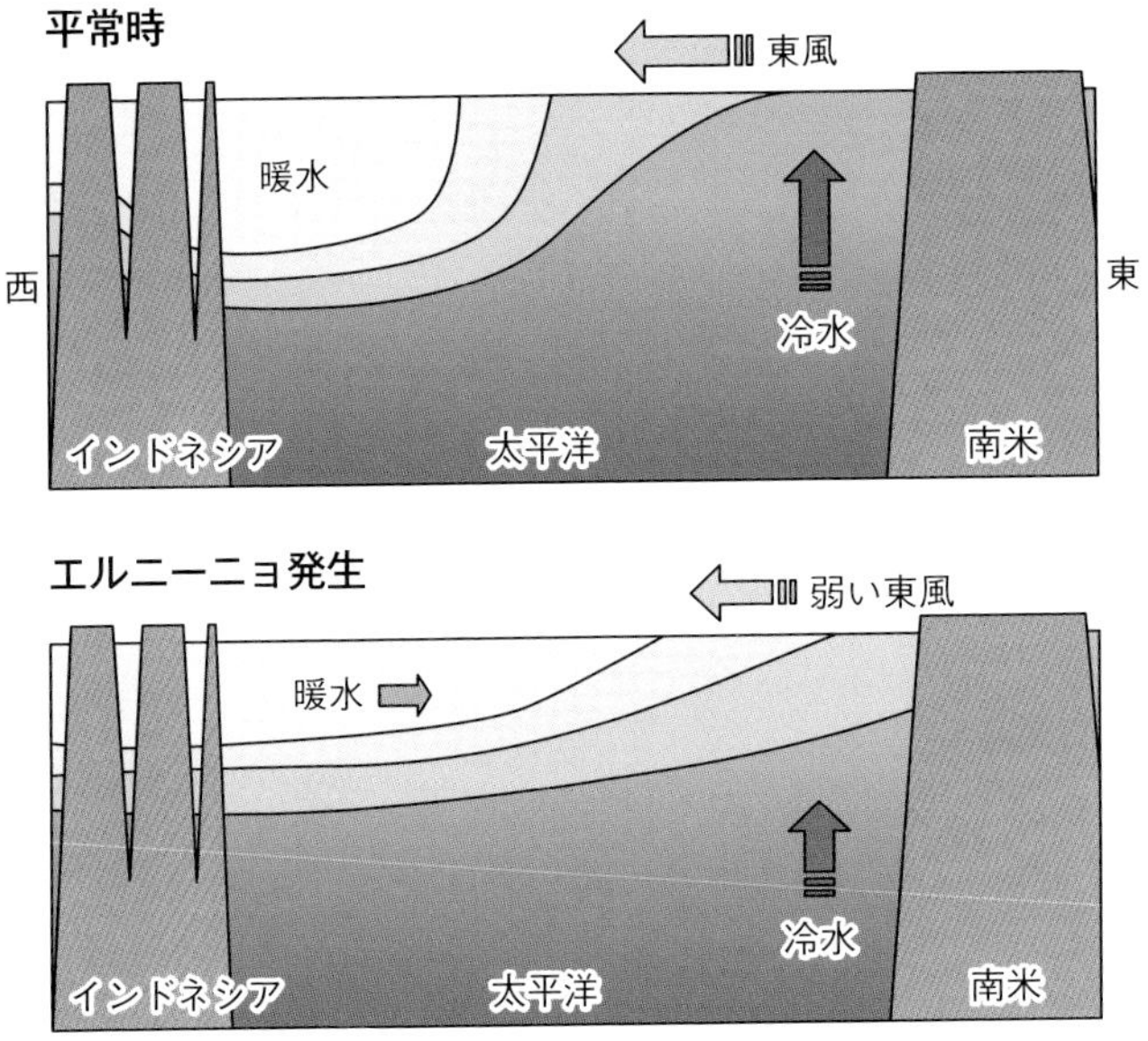

図4　6～8月の海洋と大気の予測（気象庁）

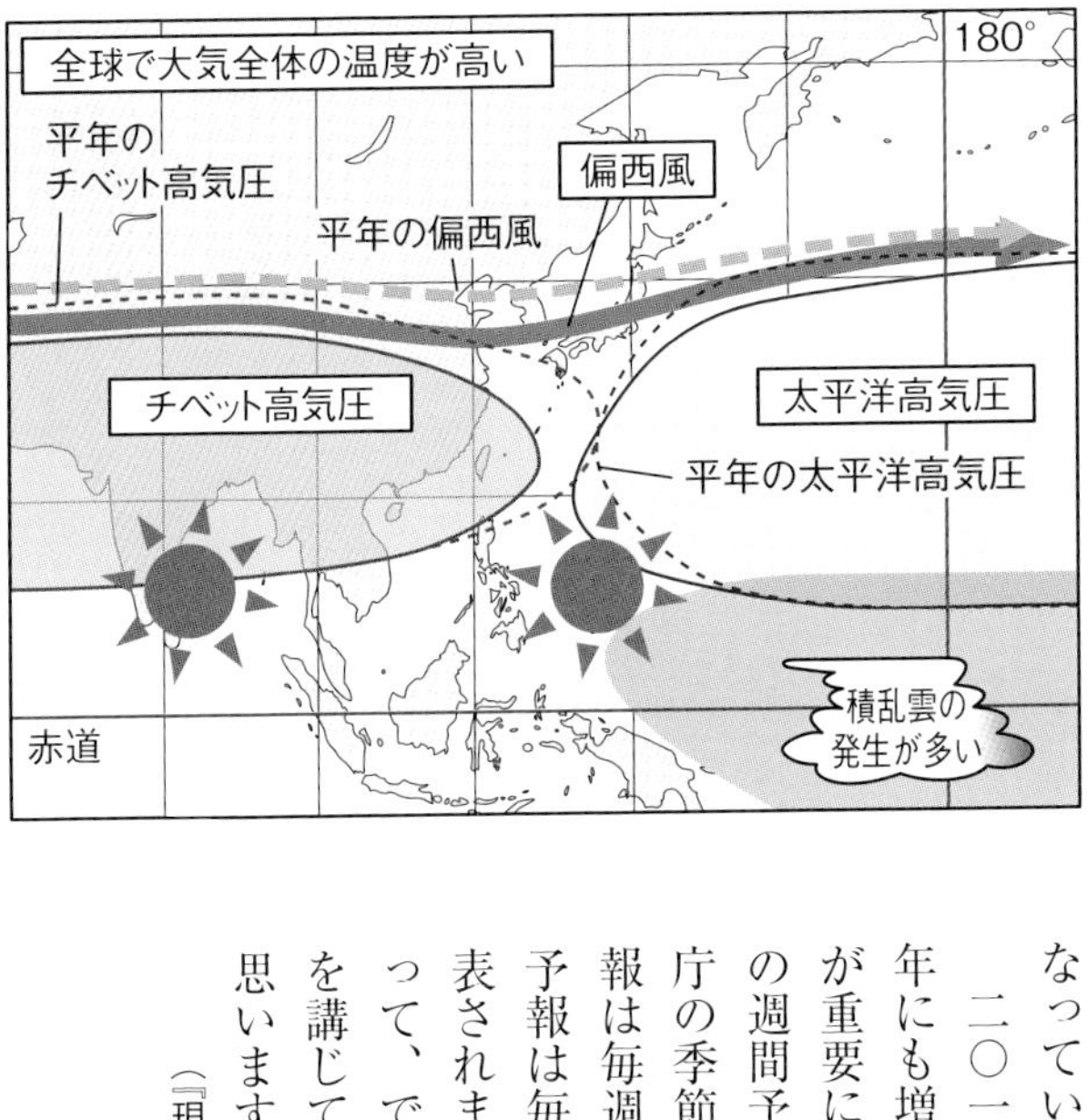

秋雨前線と九月の台風

秋雨前線の到来

今年（二〇一九年）は九州北部、中国、四国、近畿の梅雨入りが平年より約二〇日も遅れ、六月二十六日頃となりました。統計開始以来の記録を更新する遅さで、熊本県などでは雨乞いが行なわれたほどでした。しかし、梅雨に入るや一転して西日本の各地では大雨が降り、七月三日には鹿児島市内全域約六〇万人に対して避難指示（緊急）が出ました。梅雨が平年並みに進まないところに、改めて気象の奥深さを感じます。

さて、九月は夏から秋へと季節が遷移する期間で、秋晴れというより、むしろ「秋雨前線」に伴う長雨や、強い台風に見舞われやすい時期です。

秋雨は文字どおり、秋に降る長雨を指し、「秋霖《しゅうりん》」や「すすき梅雨」とも呼ばれます。「梅雨」のような気象庁の定義はなく、「入り」「明け」の記録もありませんが、時期は八月後半から十月頃にかけて（地域によって異なる）。農作物は日照不足や長雨の影響を受けやすく、ましてや秋雨前線と台風の襲来とが重なろうものなら、大雨や強風の被害は甚大になりえます。

台風直後のリンゴ畑（赤松富仁撮影）

発達や降水のメカニズム

七一頁で、日本の天候を支配するのは列島周辺に存在する五つの「気団」（気温と湿度がほぼ一様な空気の大規模な塊、図1）だと紹介しました。これらの勢力は時期によって変化し、その春から夏への遷移期に形成されるのが梅雨前線、夏から秋へと推移する時期に形成されるのが秋雨前線です。

夏至（二〇一九年は六月二十二日）を境に、ロシアのシベリア方面では太陽の高度が低くなり、地表からの赤外線放射が増して熱が上空に逃げて下層が冷え始め、「シベリア気団」が発達し始めます。そこに形成される「シベリア高気圧」が勢力を徐々に強め、冷たく乾燥した空気が南に流れ出します。

一方、太平洋上では、夏季の日射で海面が暖まって発達した「小笠原気団」が「小笠原高気圧」（太平洋高気圧の西端部）を形成しており、暖かく湿潤な風が南西から北に向かいます。こちらは、秋に向かい太平洋の海面水温が下がるにつれて、勢力が衰えてきます。

秋雨前線の主役はこの二つの高気圧のせめぎ合いです。それに脇役として、まだ居残っている「オホーツク海気団（オホーツク海高気圧）」からの冷たく湿った北東風と、時おり、中国大陸の「長江気団（移動性高気圧）」からの風が加わって形成されます。

秋雨前線も梅雨前線も、前線で気流がぶつかって収束し、上昇気流が生まれて雲が形成され、降水に至るという発達や降水のメカニズムは基本的に同じといえます。

九月の台風は要注意！

雨が降りやすいという点では梅雨と同じですが、さらに台風の襲来が重なってしまうのが秋雨の時期の特徴です。

特に注意が必要なのは九月です。図2は過去の台風の発生・接近・上陸数の平年値のグラフです。台風の発生数こそ八月が突出しているものの、上陸数でいえば九月もほぼ同数です（二〇一一～二〇一八年は、八月の計九回に対して、九月は計一一回上陸）。

そして、九月に襲来した台風は、これまで幾度も記録的な被害を起こしています。例えば昭和の三大台風と呼ばれる「室戸台風」（一九三四年）、「枕崎台風」（四五年）、「伊勢湾台風」（五九年）はいずれも九月に襲来し、それぞれ甚大な被害をもたらしました。

「枕崎台風」は終戦直後のことで、気象情報が少なく防災体制も不十分だったため各地で大きな被害が出て、二〇〇〇人を超える犠牲者を生みました。「室戸台風」では死者二七〇〇人を超え、床上・床下浸水は四〇万戸、船舶の沈没や流失、破損は二万隻に及びました。特に室戸岬付近に上陸時の気圧九一一・六hPaは、日本の台風観測史上記録的な数値となっています。

「伊勢湾台風」では、強風による吹き寄せで起きる高潮で堤防が決壊し、五〇〇〇人を超える犠牲者を生みました。国の災害対策について定めた「災害対策基本法」は、この伊勢湾台風を契機に制定されました。私事で恐縮ですが、筆者はこの年の四月に気象庁研修所（現気象大学校）の門をくぐりましたが、この台風のすさまじい様子を白黒テレビで見て、気象について学ぶ決意を新たにしたのを覚えています。ちょうど、六〇年前のことです。

一九九一年（平成三年）の「リンゴ台風」も九月です。人的被害は比較的少なかったものの、全国的に強風をもたらし、東北地方で

図1　日本に影響を及ぼす気団と高気圧

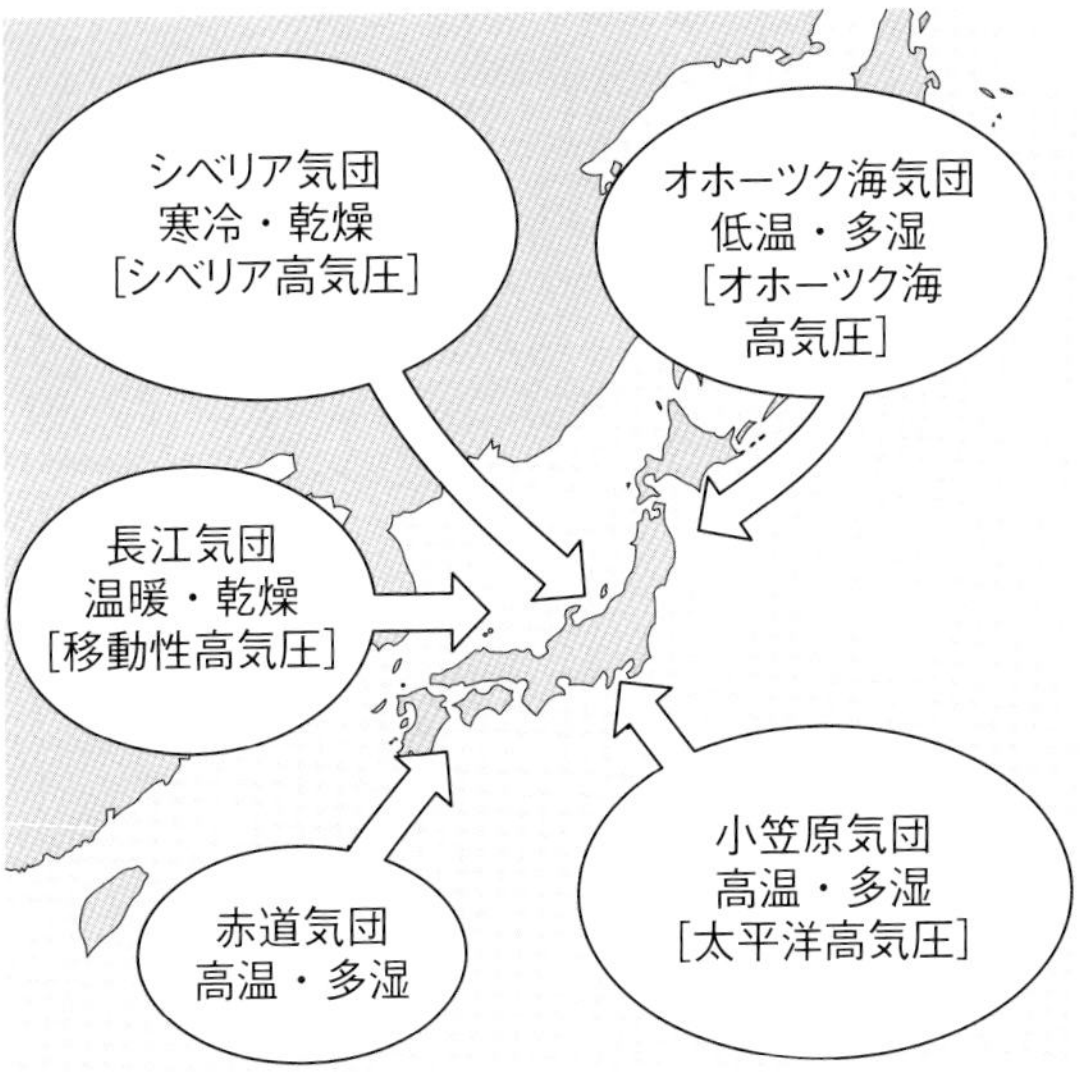

図2　台風の発生・接近・上陸数の月別平年値
（1981～2010年の30年平均、気象庁）

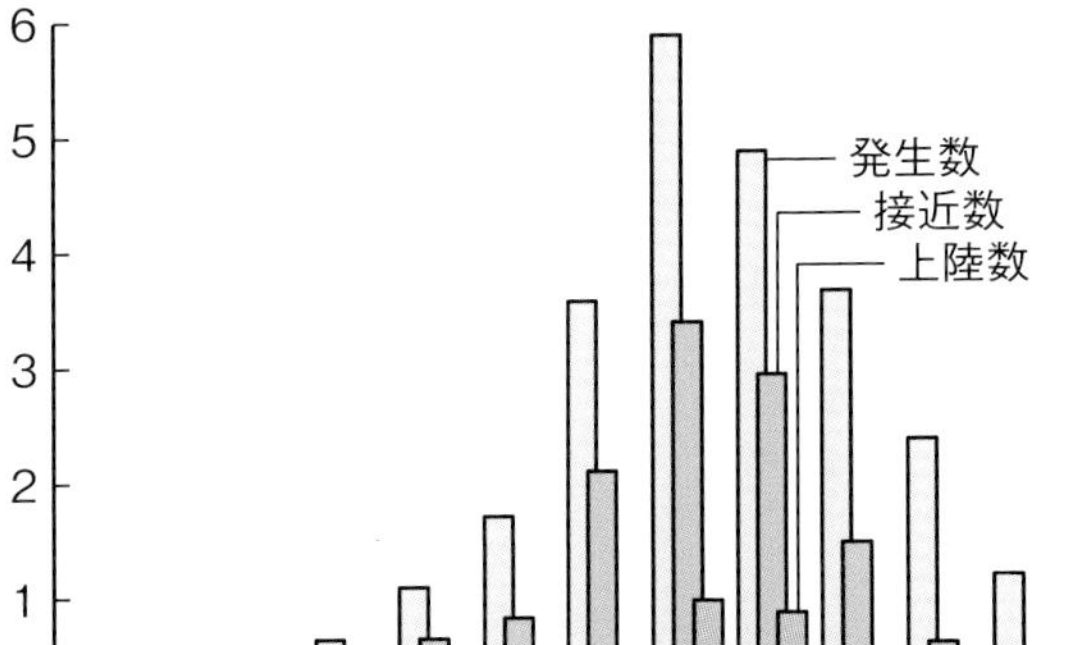

は出荷前のリンゴが大量に落下した光景を覚えていらっしゃる読者は多いと思います。

　リンゴ台風の被害が大きかったのは、伊勢湾台風並みの強風を伴って日本海沿岸を急速に北東進し、列島の大部分が台風の進行方向右側（危険半円と呼ばれる）に入ったこと、また移動速度が速く防風対策などが十分にとれなかったためといわれています。

去年（二〇一八年）九月の気象を振り返る

　まだ記憶に新しいところでいえば、昨年（二〇一八年）日本各地を襲った二つの台風も、九月に上陸していますね。

　図3は二〇一八年九月一日の天気図です。数日前に現われた秋雨前線が西日本から東日本にかけて停滞し、九州から東北南部まで雨。島根県浜田市では一時間に八六㎜の雨を記録したほか、山陰や北陸などで非常に激しい雨が降りました。

　一方、南から近づいている台風二一号は四日、非常に強い勢力で徳島県南部に上陸。高知県田野町では一時間雨量九二㎜を記録しました。その後台風は兵庫県を襲い、関西空港では最大瞬間風速五八・一m／sを記録し、高潮で冠水。連絡橋にタンカーが衝突して、約八〇〇〇人が空港に取り残されました。

　さらに月末三十日には台風二四号が和歌山県田辺市付近に上陸。この二つの台風によって、果樹の落果被害やハウスの倒壊など、各地で農家も大きな被害を受けました。

　九月の台風が大きな被害を生むのは、その進路が日本列島を縦断しやすいこと。また、列島付近に停滞する秋雨前線に、台風が湿った空気を持ち込み、その活動を活発化させるためです。

　現在は台風が発生すると、五日先までの進路予想が発表され、インターネットでも閲覧できます。農地の排水路や防風柵などの点検を怠りなく、対策していただければ幸いです。備えあれば憂いなし。備えすぎということはありません。

（『現代農業』二〇一九年九月号）

図3　2018年9月1日の天気図（気象庁）

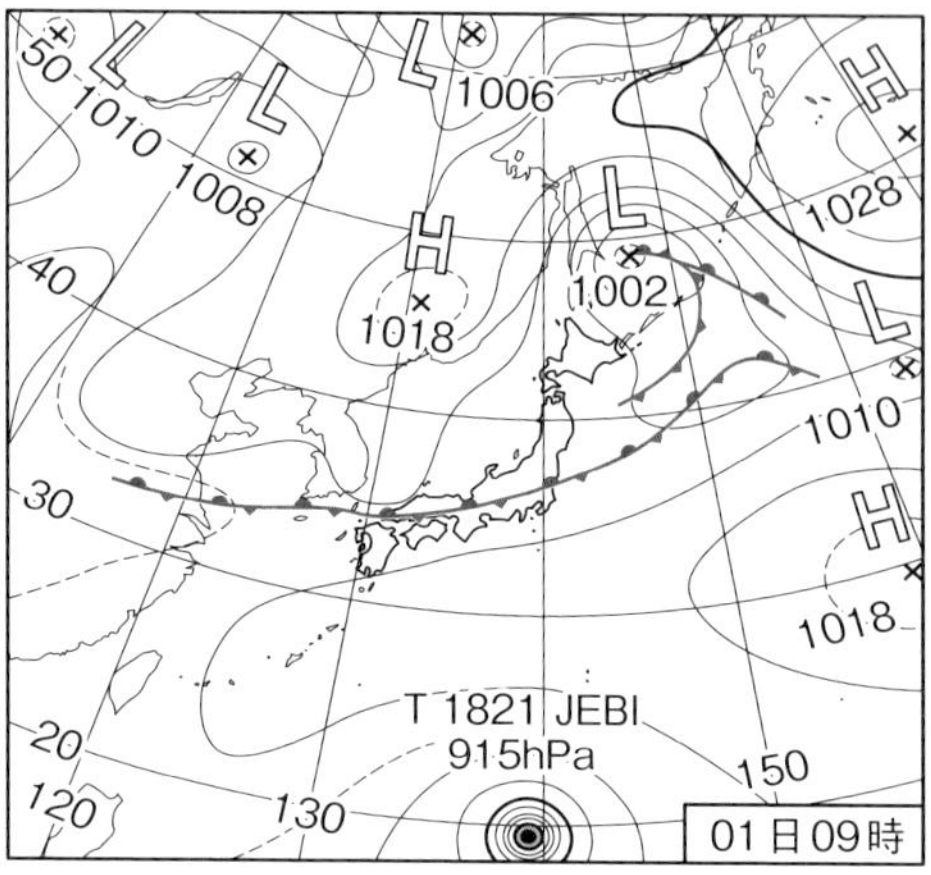

西日本から東日本にかけて秋雨前線が停滞。南からは台風21号が近付いている

図4　台風の平均的進路（気象庁）

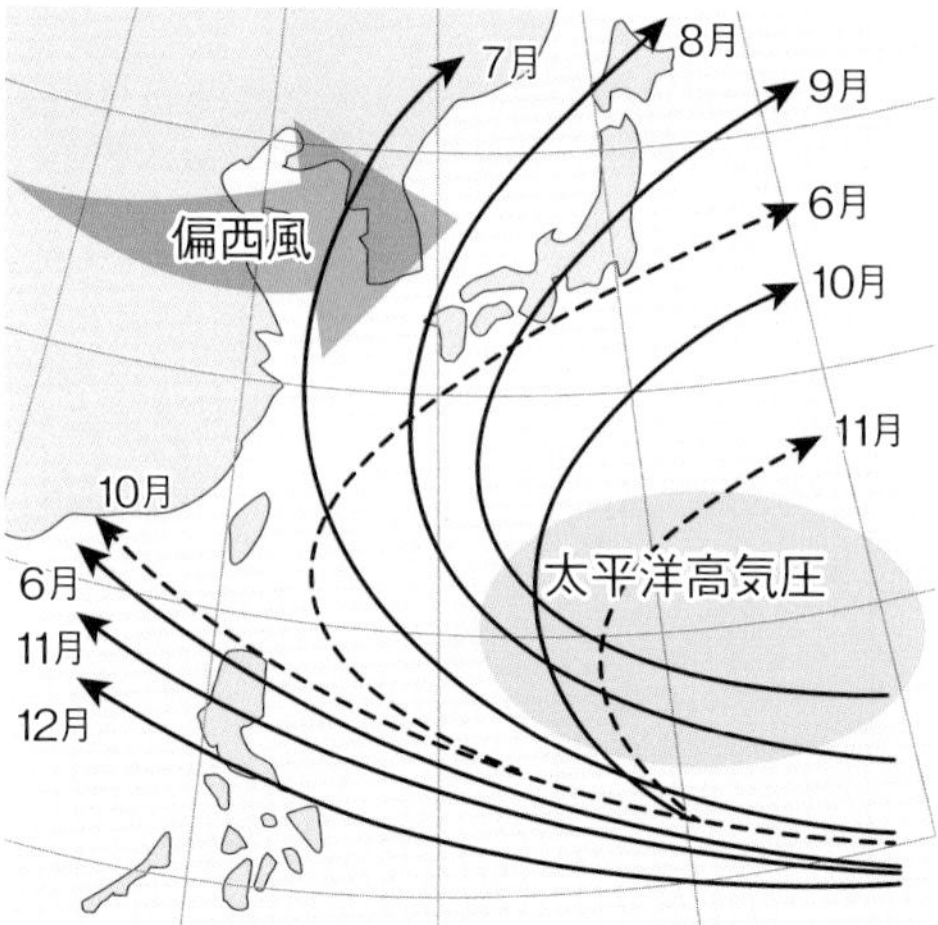

実線は主な経路、点線はそれに準ずる経路

4 長期予測のワザ

二〇〇五年

齊藤善三郎さんの天候予測

●編集部

民間天候予測は七、八割当たる

一月二十五日、宮城県白石市で行なわれた「農事気象学会」に参加した。「学会」という名前にはなっているが、そんな正式なものではなくて、民間気象予測に興味のある農家の任意の会合だ。だが、参加者は全国から精鋭二五名くらい。

午前中三時間は、会長でもある福島県保原《ほばら》町の齊藤善三郎さんが出した「二〇〇五年天候予測」を勉強した。

「天候予測は一〇〇%当たるということはあり得ない。まあ七〜八割がいいところですな。だが、七割でも傾向がわかれば、おおよその栽培設計、施肥設計は描けるでしょう。毎年、上から与えられた処方箋通りの管理を繰り返すだけでは本物の百姓とはいえない。自然観察をして、自然の声を聞いて、自分の土地に合った自分なりのやり方を工夫してこそ農業です」

齊藤さんは福島弁でそんなようなことをいって予測を配ってくれた（八二頁の図参照）のだが、どうやら今年は「平穏無事の年ではない。凶作の恐れも十分にある」とのことで、会場も何となく不穏な空気に包まれる――。

春は地温が上がらず遅い

齊藤さんの見方ではまず「春は地温がなかなか上がらず、遅い」ようだ。気象庁は先日「春は早い」と発表していたから、さっそく食い違っている。

齊藤さんは、太陽や星の動き、中国漢方気象学（六気法、「東方朔秘伝文」や六〇年周期の「干支」他）、過去の天気、地軸のブレ、海流の動き、エルニーニョや地形他、いろんなデータを駆使して天気予測をする。「原理がわ

かれば、誰だって私と同じように天候予測はできるのです」と本人はいうのだが、聞いていて、ちょっとやそっとで理解できるような世界ではないということだけはすぐにわかった。だけどわからないながらも、齊藤さんの予想は「とても科学的なもの」という印象を受けた。

▼太陽黒点の増減を金星周期で見る

そんな中、多少なりとも理解できたことだけをお伝えすると、齊藤理論の一番のベースになっているのは、どうやら金星の周期らしい。金星は、地球と同じように太陽の周りをまわっており、一周するのに二二四・七日かかる。金星の軌道は太陽系の中ではもっとも円に近いといわれてはいるのだが、それでも若干、楕円形になってい て、太陽に一番近づく「近日点」と一番遠のく「遠日点」というのがある。

不思議なことに、この金星の周期と太陽の黒点の活動周期がほぼ同じで、金星の近日点付近では黒点の数が増えて太陽活動が活発になる。遠日点付近では太陽は黒点の数が減る。このことは、理科年表と照らし合わせてみても確かな話だ。太陽黒点は、大周期は六七年、中周期は一一・二年で増減するが、小周期で見ると、金星とほぼ同じ二二四・七日で増減しているということなのだそうだ。

だから齊藤さんは、金星の近日点がいつになるか、遠日点がいつになるかで、一年の天候をある程度見極める。金星の動きを見ながら、じつは太陽の活動の強さを見ているわけだ。今年の場合は八二～八三頁の図のように、二月下旬に遠日点が来て、六月の夏至より少し前に近日点が来る。冬場に太陽エネルギーが弱まっているということは、地球全体が冷え切ってしまっているということ。冷えたものが暖まるには時間がかかる。だから春はなかなか地温が上がらず、根の活動が活発になるのに時間が必要だということだ。ちなみに、前回の近日点は昨年（二〇〇四年）十月。なるほど、暖かい秋だったことが思い出される。

▼春が遅いから作業はゆっくり低温じっくり育苗で

「今年は春はダメだな。三月まではハウスものも露地ものも育ちが悪い。イチゴも玉張り・糖度・着色不揃い。キャベツも丸まらず遅れる。雪解けは遅

福島県伊達郡保原町
齊藤善三郎

月	九星	干支	予報
木 1月	九紫火星	丁 丑	昨年末からの暖冬も、月の後半より気温・地温とも下がり、風雪となる。▼ハウス・トンネルの作物、生育不良、病害注意。着色・糖度・品質低下。
木 2月	八白	戊 寅	寒風強く気温も低く雪も降る冬型の気象なり。日本海側の積雪量は平年より多い。下旬に晴れる。▼地温低いので、作物の根の活動を促すこと。水・酸素・熱の補給を。
水 3月	七赤	己 卯	晴天の日多く、日中の気温上がるも地温は低い。上旬、低温の日多く、彼岸になるも寒気去らず、寒暖の差激しい。時に雪・みぞれなど降る。▼地温が低いので露地野菜の生育遅れる。野菜の育苗は、発芽不揃い、根群の数少なく、病害注意。
水 4月	六白	庚 辰	気温も日照も平年並みの陽気なるも、地温は低い。▼寒暖の差が激しいので凍霜害の出る月。防霜対策を十分に。水稲播種は早めに。薄播きし、健苗育成を。樹木の芽出しは遅れるも、開花は早い。モモの摘蕾は早くする。
水 5月	五黄	辛 巳	立夏五日後より夏型の天候となる。夜間は低温。晩霜・雷雨。降雹に注意。下旬に梅雨型となる。▼田植えは早めにして有効茎数を早く確保すること。北海道、東北の太平洋側、福島県以北、日本海側を含む高冷地は、耐寒性の品種を選ぶ。
水 6月	四緑	壬 午	梅雨入りは早く、梅雨明けは遅れる冷雨型。降水量は多い。下旬には台風・雷雨・大水の害あり。
金 7月	三碧	癸 未	前半は曇天の日多くも、地温は高い。気温は並み。土用以後、高温多熱の夏型気候。雷多発し雨降る。▼（六・七月）北海道・東北地方の稲作は早冷による冷害の恐れがあるので、この時期出穂期を早める管理を。また日照不足の恐れもあるので病虫害の予防に留意。関東以西、西日本は豊作が予想される。果物の出荷はやや遅れるも、早生系は有利、晩生種は品質が低下。病害注意。

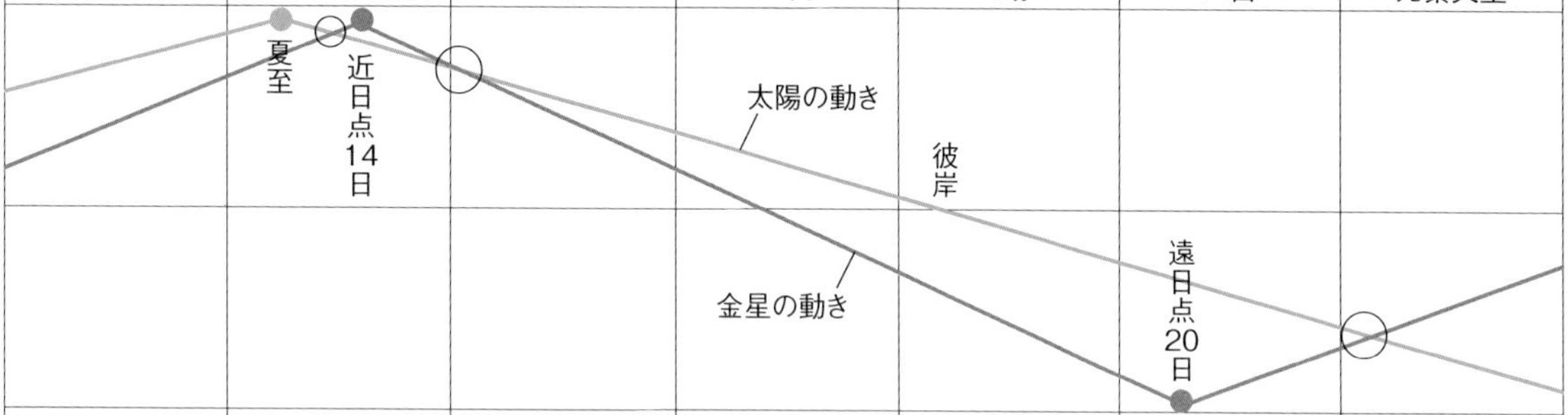

い。梅の花も咲きそうで咲かない。風邪をひいたら悪性になるので、肺炎にならないよう注意するように。春は、いろいろなものの育苗も始まる季節だけど、こういう年に無理してよくしようとすると病害が出る。苗半作。金星もだんだんよくなるから、焦らずゆっくりやるのがよい」

「果樹のせん定もゆっくり、四月になってからでいい。地温が低いから根が動かず、芽は遅い。だけど気温は上がるから花は咲く。今年はいろんな花がいっぺんに咲いて、忙しいかもしれんな。貯蔵養分がもったいないので摘蕾は早く、だけど摘果は少しならしておいて遅くしたほうがいい。強力な霜が来るし」

「水田も地温が低いので、天気のいい日に代かきをする。雨の日に練り込んでしまうと肥料の分解が遅れて、あとで地温が上がったときにバカ効きして過繁茂になるからな。今年は表土剥離も多いかもしれない。苗は弱いので、あまり手をかけないこと。ゆっくり放任するのが一番いい苗になるし、条件の悪いときほどいい苗にしておくことが大事。ニワトリも、春ヒナは弱くて病気になりやすいから注意」

平成17年　2005年　乙酉歳　四緑木星
長期天気予報　月別予測表

金 12月	金 11月	金 10月	金 9月	金 8月
七赤	八白	九紫	一白	二黒

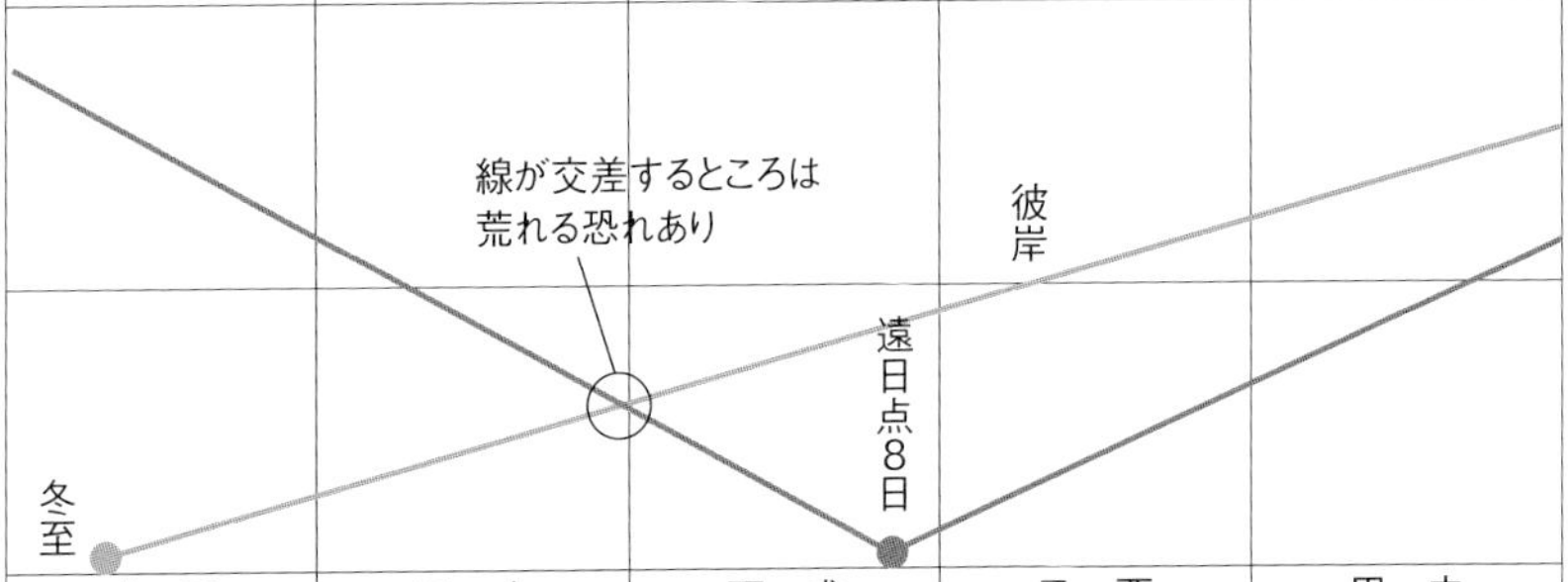

戊　子	丁　亥	丙　戌	乙　酉	甲　申
例年に比し、晴天の日多く、雪雨は少ない。気温、平年より暖かなり。この暖冬は十八年の正月まで続く。	前半は荒れ模様の天候で冬型の気象となる。雪は平年より早く降る。降水量多く、風も強い。▼（十・十一月）日照時間は平年並みだが、地温・気温ともに低く果実類は糖度品質不良。秋野菜不作。根菜類の食味不良、米の品質・食味もよくない。一般的には出来はよくない。ハウス病害多発の年。	日中暖かなれど、朝夕急激に冷える。下旬秋雨。冷風吹き寒く、みぞれ強風など、異常低温。	上中旬、天気よく雨少ない。低温の日多く、冷乾風吹く。日中の気温は並みだが夜間は低冷温。地温も低く作物生育不良。秋は早く来る。下旬に台風来る。▼東北・北海道は、上旬以降、早冷現象。冷害対策を。秋野菜発芽不良、果実の肥大進まず。花木、彼岸用の花は遅れる。	日中は高温多照、夜間は低温。中旬より変動型で台風の発生多し。下旬は低温早冷現象。▼好天気なれども、作物の生育・登熟・着色・肥大遅れ気味。強力な台風が来るので果物落果注意。

はあ、春はそんなにダメなのか……。

五月下旬から、大雨・洪水・集中豪雨に注意

だが、四月五月は金星もだんだん近日点に近づくから、太陽エネルギーは強くなってくる。

「去年の場合は夏に遠日点が来たから、天気がよくて暑くても、実際にはそれほど太陽の放射が強くなくて、日焼けした人をそんなに見かけなかった。だけど今年はたとえ雨降りでも紫外線は強い。日焼けする年になる」

「夏に太陽エネルギーが強いわけだから、海水の蒸発量はものすごくて、それが集中豪雨となって現われる。大水注意。梅雨は、日本海側が陽性、太平洋側は陰性の梅雨かな」

「遠日点のあとは植物は栄養生長気味。近日点のあと二カ月くらいは生殖生長気味。盆の花は早く咲くだろうね。草丈伸びないで花が咲いてしまうかもしれないから、チッソをちょっとやって、なるべく後ろに持って行くようにしたほうがいい。イネも穂肥をやること。できすぎた田は、穂が出てからでも肥料をやると、確実に効いて病気に強く硬く倒れなくなる」

なるほど。だけど、夏に近日点がくるのなら、今年の夏はものすごく暑くなるということなのか？　「全般的に凶作の恐れあり」という先ほどの予想はどういうことだったの？

今年は「金多兵乱」の年で、盆過ぎにやませ？

齊藤さんの凶作予想の一番の要因は、どうやら月ごとの「気」のようだ。これは中国漢方気象学の応用で、陰陽五行説でいうところの「五気」に

当たる。先ほどの図（八二頁）にあるように、一月二月は「木」、三月四月五月六月までが「水」、七月からずっと十二月までが「金」が支配する月まわりとなる。こんな年はじつに珍しい。齊藤さんいわく「東方朔秘伝文では『金多兵乱』と解される年で、こういう年は戦乱、天変地異、凶作、飢饉などが起こるといわれている。逆にインフレ、好景気、選挙などで世の中が大きく変わる節目の前兆の年となる可能性もある」。

「水」は冷たい冬の気象を表わす気だし、「金」は晩秋より初冬の冷涼な気象を表わす気なんだそうだ。夏に「水」が支配する年は低温冷雨型、「金」のときは冷夏。秋に「金」が支配すると早冷、不作凶作。冬に「金」がくると大雪――といわれている。こんなにも「水」と「金」が続くとなると、「平穏無事の年とはいえない」というのが、齊藤さんの見方なのだ。

「夏も盆過ぎにやませの恐れは十分にあるし、秋は早く涼しくなります。特に北海道は、秋の収穫中に雨降ってイモが腐るから、土改剤とか入れて土づくりして、高ウネにするように。今日も北海道の人来てるようだけど、あなたのところは共済金間違いなしだな。東北も寒いから、晩稲は注意。西日本は平年並みか、ややよい作柄。これは海流の関係もありますが」

ふーん、秋は遠日点に近づいて太陽黒点もどんどん減っていく頃に当たるから、そういう意味でも涼しくなるのかな？

ところで気になる台風については、「今年も多い。秋の台風はどちらかというと風台風で、去年の雨台風とはちょっと違う」とのこと。

▼過去の似たような年の天気はどんなだったか？

「水」とか「金」とかいわれても、素人にはそんなもの信じていいのかよ

中国漢方気象学より「五気」
（『自然の法則と古文集』齊藤善三郎著より）

それぞれの性格をもった「気」が、1年のうちどの時期に当たるかによって、気象が影響を受ける。

●**火**の気（十干では丙・丁がこれに当たる）
名のごとく暑く夏の気象を現わし、作物生育にはもっともよく、場合によっては干ばつとなることもある

●**土**の気（十干では戊・己）
温暖で湿潤、蒸し暑く、夏の末から秋の気象を現わし、作物はよく育つが軟弱になる恐れもある。またしめぐる季節によっては長雨になることもある。イネが登熟して刈り取る前にこの気がめぐってきたため、モミが発芽し、米質不良になり、等外米がたくさんでたこともあった。

●**金**の気（十干では庚・辛）
冷涼にして晩秋より初冬の気象を現わし、作物は枯れしぼみ、好ましからぬ気象である。この気が夏にめぐった場合は冷夏、春にめぐると残寒、秋は早冷・寒風。4月・5月にこの気が来たため、タケノコが出ず竹がおおかた枯れてしまったこともあった。

●**水**の気（十干では壬・癸）
冷たく冬の気象を現わし、作物にはもっとも不適な気象。1年のうち中頃にめぐって季節はずれの大雪となることもある。

●**木**の気（十干では甲・乙）
温暖にして、春から初夏の気象を現わし、風も伴って作物には良好なすがすがしい気象。

くわからないところでもあるのだが、これはよく聞いてみると、その月に入っている旧暦月の朔日（新月のとき。旧暦の毎月一日）が何の気に当たっているかを見て、それをその月全体を支配する「気」とみる考え方だ。何となく、「小寒から立春までの天気をその後一年の天気に当てはめる」という「寒だめし」（八六頁参照）にも似ている。

（倉持正実撮影）

この他にも、十干十二支の一番最初の「甲子《きのえね》」の日の一日の天気に、その後の六〇日間の天気動向が似るという考え方もある。一見「え？ そんなことが？」と思えるようなことでも、昔の人はそうやって天気予測してきたし、かなりの確率で的中もさせてきた。

齊藤さんはそういうことも検証しようとして、過去に似たような「気」の配列になった年や、似たような近日点・遠日点になった年のデータを探して、その年がどんな天候だったか、作物の出来はどうだったかをつぶさに見ている。噂によると、齊藤さんの書斎はものすごいデータの山らしい。もちろん、太陽黒点（金星周期）と五気以外にも、齊藤さんの天候予測の材料がそこにはゴマンとあるわけだ。だが初めてお話を聞いた限りでは、理解できたのはせいぜいこの辺りまで――。

天気はめぐるもの
その規則性を突き止める

今回強く思ったのは、「天気はめぐるもの」と齊藤さんをはじめ、民間天候予測している人たちが考えているということだ。素人としては、いままで「天気はお空の気分次第〜♪」と思って生きてきたわけだが、どうやらそれは違うようで、いろいろなものがいろいろな周期でめぐり、まわり、その結果が「その年の天気」という必然の現象として現われている。それはじつに、壮大なるめぐりの規則にのっとったものなのだ。

齊藤さんに天候予測の方法を伝授してくれた新堀嘉一先生の言葉に「地球が一定の軌道の上を決まった正しい公転運動をなしつつあり、その意味よりすれば年々ほぼ同一の気象が現われなければならないのである。しかるに拘わらず、事実は甚だしきものがあるようである。してみれば別に何らかの原因がなければならないのであって、私らは眼界を転じ、このほかに別個の原因を求めなければならなくなるのである」というのがある。昔の人は、六〇年周期の干支とか陰陽五行説とか寒だめしとか、さまざまな方法でこの「壮大なるめぐりの規則」に迫ろうとした。その努力と叡智、引き継がないではもったいない。

（『現代農業』二〇〇五年四月号）

（齊藤善三郎さんは二〇一二年にお亡くなりになりました）

二〇〇五年

寒だめしの結果報告

●編集部

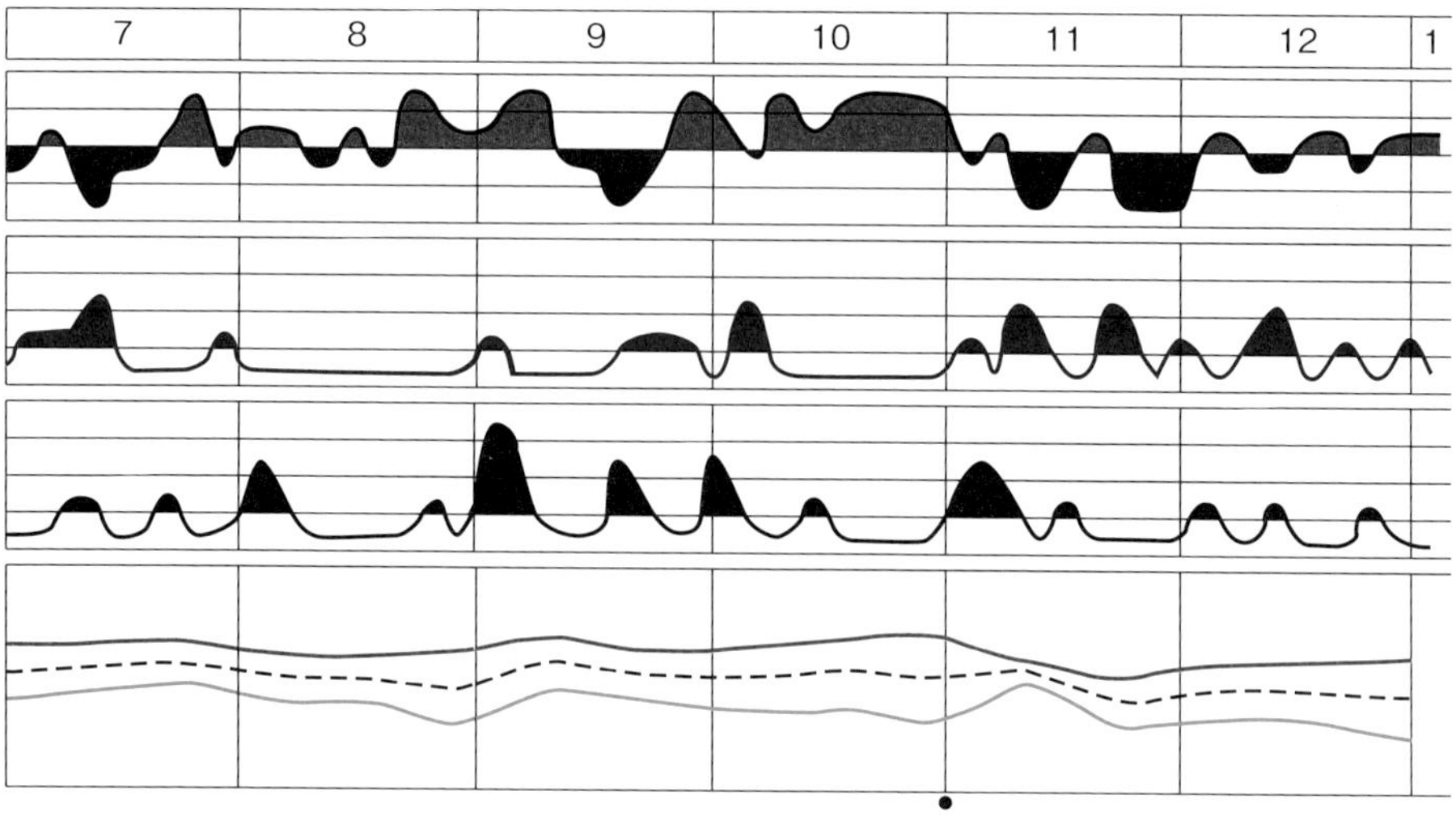

下旬好天あるも上・中旬悪天多し	上・下旬晴天多し中旬、くもりがち	上旬晴天あるも中・下旬、曇天多い	上旬、曇天あるも晴天多い	全般に曇天多い	晴天、曇天交互にあり
上中旬雨水あり	雨水少なし	上下旬に雨水あり	上旬雨水あり中下旬少なし	雨水多い月	全般に雨水がち
強風少なし	上旬、下旬風ある	上旬、下旬風あり	上旬、風ある	上旬、風あり	上・中・下旬風ある
最高、平均は平年並最低は高い日あり	最高気温平年並下旬、最低低い	上旬、温暖なり下旬、冷気あり	最高気温平年より暖なるも、下旬冷気あり	中旬より冷気強く入る	最高気温並なるも下旬冷気ある

(1/6(小寒)〜2/3(節分)の観測値から1/6〜来年1/5を予測)

あまり当たってほしくない感じですねー

宮城・白鳥文雄さん

二〇〇五年の「農事気象学会」の午後のプログラムは「寒だめし」だった。これも昔の人が追究・開発してきた天候予測の方法で、「小寒（寒の入り）から立春までの三〇日間の気候に、その年一年間の気候が凝縮されている」という考え方に基づいたものだ。現在は、全国で二〇人くらいが、その技術を受け継いで毎年天候予測しているといわれている。

この日は、宮城県一迫町の白鳥文雄さんが、三〇日間の計測のやり方などを紹介してくれた。この日もまさに一日四回の計測を続けないといけない日だったのだが、家を留守にしている間は奥さんが代わりに計測してくれているらしい。

後日、立春を過ぎて早々、もう結果

寒だめし法による平成 17 年宮城県一迫町の天候予測図

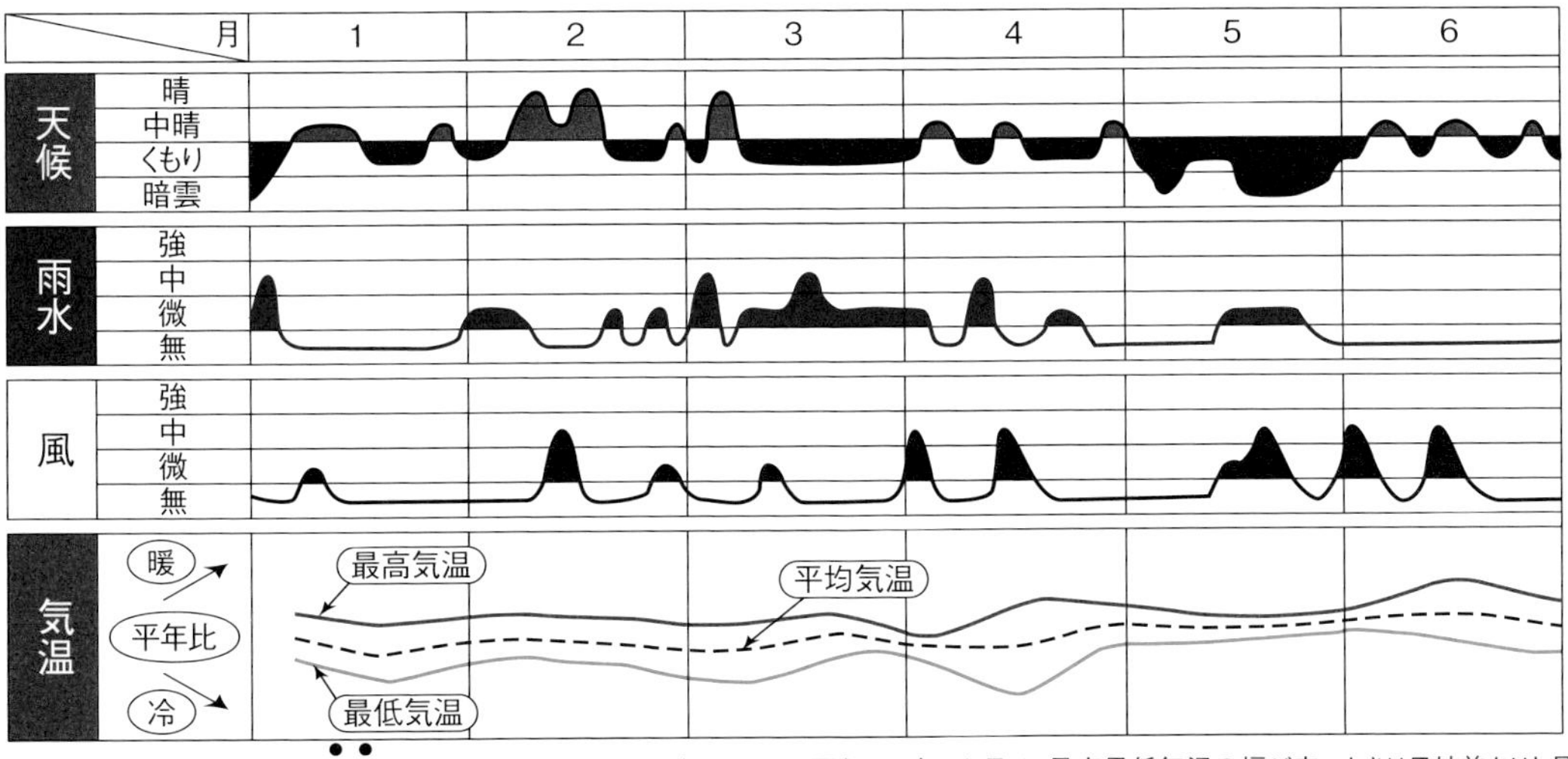

＊気温のグラフは、上向きのときは平年より暖かく、下向きのときは平年より寒いと見る。最高最低気温の幅が広いときは日較差ありと見る
＊一番下の黒丸は地震の予想

解説	1	2	3	4	5	6
天候	上旬・下旬に悪天多し	上・下旬悪天あり 中旬、好天多し	上旬晴天あるも中・下旬、悪天多し	晴天、曇天交互にあり	月全般に曇天多し	晴天、曇天交互にあり
雨水	上旬にあるもその後少なし	上下旬雨水がち	月全般に雨水がち	上旬末、下旬に雨水あり	中下旬に雨水あり	雨水少なし
風	強い風は少ない	中旬に強風ある	強風は少ない	上旬、中旬に強い風あり	下旬、強い風あり	上・中旬に強い風あり
気温	上・中旬は平年より低い 下旬、高い日あり	最低気温 月全般に低い日多い	中旬温暖なるも、下旬低い日多い	上・中旬、最高気温は高めなるも最低気温低い 下旬は高め	平年並なるも日較差少ない	上・中旬最高高めなるも最低・下旬低め

は出た頃だなと思って白鳥さんに電話してみると……。

「うーん、何だかあまり当たってほしくないような感じの年になりそうです」。おっと、寒だめしのほうも、不穏な状況ですか。

「全般に晴れマークが非常に少なくて、風が強い年になりそう。秋は早いし、十一月中旬には強い寒波が来そうですね」

さっそく送ってもらった白鳥さんの予測が上の図。なるほど、三、四、五月の天気が悪そうなのが目立つ。細かい解説は、図の下段をご参考に。

気温はちょっと低め、雨多く、気象変動あり
秋田・鈴木良介さん

ところで「寒だめし」といえば、秋田県鳥海町の鈴木良介さんも有名だ。日本海側はまた違うかもしれないと思って、鈴木さんにも電話してみた。

「そうですね。私の予想では、全体には台風は昨年ほどではないとは思いますが、まあ自然現象なのでわかりません。全体的には気温はちょっと下がるし、雨が多いんじゃないかなーと思い

ます。洪水の心配もある。気候変動の激しい年だと思います」とのこと。

「春は遅いというほどじゃないと思いますが、突然ドカ雪が降ったり、にわか雨が降ったりと天気の急変が心配。変化の山が高い気候で要注意。八月九月は天気がよくなるので稲作はまずまずでしょう。十一月十二月は雨が多い感じ。強風が心配。突風が吹くかもしれません」

鈴木さんは、寒だめしだけでなく、野生動物や植物の生長の姿他、いろいろなことを参考にしながら予測するそうだ。また、三〇日間の観測結果を予測に反映させるときに、気温だけは反対に読むというのも、白鳥さんとは違うところ。

いろんな人のいろんな予想。違うところもあるが、ベースは共通するような気がする。そしてどの人も「だいたい今まで七～八割は当たってきた」という。今年はどうなるか、じっくり見守ってみたい。それにしても、民間天候予測は奥が深い。

※寒だめしや十干十二支による天候予測など昔の人の蓄積した知恵は『日本農書全集』から知ることができる。また、その先人の知恵が現代にどう継承されてきているかは、徳永光俊著『人間選書233　日本農法の天道――現代農業と江戸期の農書』（農文協刊、一七六二円〈本体価格〉）が参考になる。

（『現代農業』二〇〇五年四月号）

関連図書紹介

世界の土・日本の土は今
地球環境・異常気象・食料問題を土からみると

日本土壌肥料学会 編／A5判、128頁、1,000円＋税、農文協刊

2013年12月に行われた国際連合総会において、12月5日を世界土壌デーと定め、2015年を国際土壌年とする決議文が採択された。決議文には「土壌は農業開発、生態系の基本的機能および食糧安全保障の基盤であることから、地球上の生命を維持する要」とあり、急激に進む砂漠化、土地劣化や干害などの解決を訴え、12月5日を「世界土壌デー」と定めた。本書は、日本土壌肥料学会の第一線研究者が、地球上の土壌劣化の厳しい現実とともに、食も含めた我々の暮らしと土壌のかかわり、および課題を提起した書である。

●目次

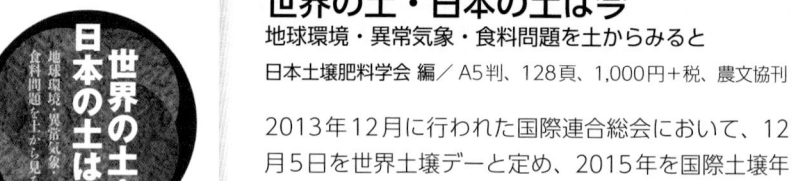

ここで一息
天気コラム

江戸農書に学ぶ天気予測

編集部

百姓と船頭にとって、天候を予測することは第一に重要なことである。なぜなら、双方とも結局、命にかかわることだからである——。「農業自得」(栃木)

短期予測

うろこ雲が出ると雨になる。ただし、白い塊の雨雲が出た後にうろこ雲のように分かれる場合は晴天。

「私家農業談」(富山)

星がまたたき、さえて見えれば風が出る印。また、星が近く大きく見えれば雨。

「耕稼春秋」

流れ星が東に向かって飛べば風、南へ飛べば晴れ、西へ飛べば雨、北へ飛べば雲や霧ができる。

「私家農業談」

長雨が続いた後にキノコが朝出ればやがて晴れる。キノコが夕暮れに出ると雨が降り続く。

「私家農業談」

家々の煙が昇らず、下にたなびく時は雨。まっすぐ昇れば晴れ。煙が外へ出ない時は天候が荒れる。

「耕稼春秋」(石川)

数日後は雨ね
蚊が空に群がり集まれば雨、小蝿が臼をつくように速く飛び交う時も雨。

「私家農業談」

長期・豊作予測

野原にキツネアザミが生えているのは豊作の兆し。

「耕作噺」

月はじめに三日月の先がとがって光っていれば、その月は日照りがある。先がとがらず光が薄い場合はその月は雨が多い。

「私家農業談」

ダイコンの作がよければ翌年のイネの稔りがよい。ダイコンが一般に不作だと、翌年のイネは上作ではない。

「耕作噺」

井戸の水が冷える時は秋の天候がよく、温かく感じる時は秋涼が早くやってくる。

「耕作噺」

冷たい
元日の午前6時から午後6時までの12時間をその年の12カ月に当てはめる。明け方、東の空の雲がむら立つと春は日照り、赤い雲だと夏は日照り、東風が吹くと人々は苦難に襲われるなど。

「農書全」(福島)

生まれた馬にメスが多い年は豊作。オスが多い年はイネは上作ではない。

「奥民図彙」(青森)

うっとり
ナシやスモモに狂い花が咲く時は、秋の天候がよい。

「耕作噺」(青森)

(『現代農業』2015年4月号)

二〇一五年 齊藤式農事気象予測と寒だめし

去年の予測は怖いくらい当たった

宮城●白鳥文雄

去年（二〇一四年）は当初、冷夏になるかもしれないといわれていた。四月に気象庁がエルニーニョ発生を予測し、身構えた農家も多かったはず。一方、民間天候予測はというと——。「農事気象学会」の白鳥文雄さんに、二〇一四年を振り返り、二〇一五年の予測を紹介してもらう。

二〇一四年の気象は想定内だった

以下に紹介するのは二〇一四年の実際の天候（太字）と、私たちが二〇一三年七月に立てた、二〇一四年の気象予測です。

二月◆関東甲信越地方の大雪

私たちの予測では二月、全国的に降雪・降雨多い。三月、関東地区以西でも降雪要注意のこと。

六・七月◆全国的に少雨干ばつ

降雨少なく干ばつ傾向。梅雨時期は曇天多いが空梅雨予測。

八月◆西日本で戦後最悪の大雨と日照不足

八月、湿熱盛んになるも、冷熱入り混じり猛暑日は少ない。八月中旬より天気定まらず、降雨量多く不快な天候なり。洪水に注意。

九～十一月◆温暖で長かった秋

九月、残暑厳しく十月まで暑さ盛んなり。乾天多く雨少ない、旧暦で閏が九月に入り、十一月中旬まで暖気強く寒さは弱い。冬の到来遅い。

十一月下旬～十二月◆北海道・東北・北陸にかけて寒波到来

十一月下旬から急激に寒さが増し、朝晩冷え込みが増す。十二月、寒気急激に強まる予測なり。

自宅前で寒だめしをする筆者

大事なのはいかに活用するか

「当たったか外れたかではなく、大事なのはいかに活用するかだ！」

故齊藤善三郎先生が口癖のようにいつも話していたことです。栽培するうえで都合の悪い予測があれば事前に手だてを準備し、もしも予測通りになった時は影響を最小限に食い止め、あるいは好結果につなげたりするように、ということでした。

ちなみに昨年、前述した予測を見て会員がとった対策を紹介します。

二月、茨城の会員は大雪を予測、ハウスの二重カーテンを開けて暖房機を動かし、降った雪がすぐにとけ落ちるようにし、倒壊を免れたとのこと（近所では多くのハウスが倒壊）。

また、夏場の多雨が予測されたことから、野菜・花を高ウネにして湿害から根を守り、なんとか良品生産にこぎつけたという会員もいます。

さらに、秋が温暖で豊作の予測だったので、秋野菜の作付けを減らし、代わりに年末・年始出荷用に作付けをシフトしたところ、まれにみる相場を拝んだ等々、農家によってその活かし方はさまざまです。

七～八割当たる「齊藤理論」

「毎年、どうしてカレンダー通りに同じような天候にならないのか？」

誰もがもつ疑問です。故齊藤先生は若い頃から新堀嘉一先生や堀江基衛先生、入道正先生など、多くの先人に指導されて天文、気象、地象、風水学などを学び、その集大成として仕上げたものが齊藤理論・農事気象予測です。

予測のもととなる判断要旨（要素）はすべて大事なのですが、金星の運行と八年周期説を用いるのは齊藤先生ならではのもの。その判断要旨は内容が毎年変わるので「毎年同じ天候が来ないのが当たり前」ということになるのです。

先生がお元気な頃は、先生が作った予測図を労せず利用させてもらっていましたが、先生亡き後は、会員でなんとかせねばと発奮。どうにか作れるようになり、昨年、今年と二年分を作りました。

私たちが作っても、先生が作った予測と同じように、ほぼ七～八割程度の確率で当たるので、本当にすごい理論だと改めて思っています。

予測の精度を高める「寒だめし」

齊藤先生の気象予測は、大げさな言い方をすれば地球規模のグローバルな

「農事気象学会」と齊藤理論による農事気象予測

「農事気象学会」とは、民間気象予測を学ぶ農家の集まり。故齊藤善三郎氏の理論を継承し、太陽や星の動き、中国の漢方気象学（六気法、「東方朔秘伝文」や60年周期の「干支」他）、過去の天気、農暦（旧暦）、五行（五気）、九星配置など、さまざまなデータを駆使して天気予測をする。このうち、とくに旧暦や月の周期、金星の巡りと太陽の黒点、五行を重要視している。

農事気象学会では事務局が予測をまとめ、毎年7月に翌年の「農事気象予測図」を作成、会員に配布する。しかし大切なのは自分で予測すること。その過程で、自然を見る目、天気を読む力が身につくと考えている。

会では目下、さまざまな基礎学習を進めているところだという。興味があれば、門を叩いてほしい。

編集部

もので、他方、寒だめしはわが家周辺の微域気象予測です。

寒だめしは、江戸時代に書かれた農書にも登場する長期気象予測の方法。二十四節気の小寒（二〇一五年は一月六日）から立春までの三〇日間の気象を観測し、その結果を一年間の気象として活用します。

一日に四回、空の様子は？　風は？　降雨雪の程度は？　温度は？　と、天空とにらめっこすること三〇日間。

この三〇日間の観測がクセになり、その後の生活の中で「天気が気になってしょうがない」となる。これって自然相手の農業をしているものとして、最低限持ち合わせていなければならない、大事な感性だったんだよな、と寒だめしをするたびに思います。寒だめしに感謝！

齊藤理論による気象予測と寒だめし、この二つを合わせると、気象予測の精度がより高まることがわかり、今では北海道から九州まで六十余名いる会員の多くが寒だめしにも取り組んでいるところです。近年は各地の寒だめしを参考に、台風のコース予測ができないか試しています。

今年は農家の力量が試される!?

二〇一五年はというと、予測図にある通り五行の配列、金星の運行、八年周期説、さらに六気法の判断等からして、農業にとってはあまりよい年ではなさそうです。

とくに七月中旬〜十月中旬にかけては冷涼夏型との判断になり、作物の生育・品質・収量ともによくない見込み。さらに暖かく長かった昨年の秋とは違い、今年は寒さが早く来る予測なので、寒さ対策は早めに。

一年を通して作物の栽培には気を抜けないことになりそうなので、これまで培ってきた力量を試される年になりそうです。

（『現代農業』二〇一五年四月号）

（白鳥文雄さんは二〇一六年にお亡くなりになりました）

新暦	1月 27年	2月	3月
旧暦五行	火 11月	火 12月	火 1月

太陽と金星の運行

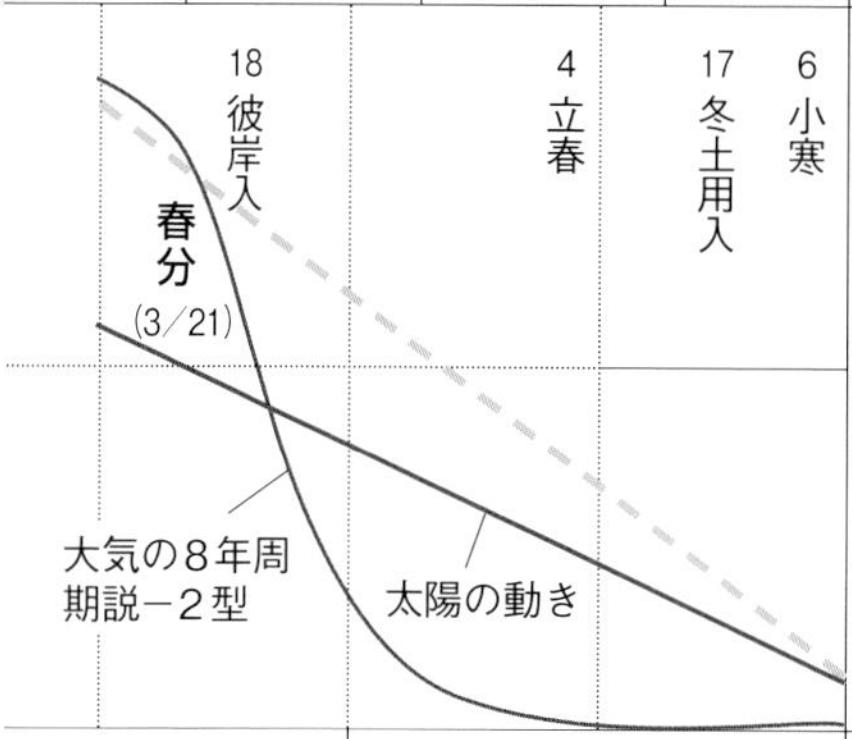

農事気象予測と作物生育予測

一月、寒暖の差激しく、冷気入り厳しく冷え込む予測なり。
二月、寒風吹き寒さ厳しいが、寒暖入り混じり、春の気配しばしば感ぜられる。
▼太陽黒点減少期に当たり、作物生育不良・栄養生長期となる。果樹類のせん定は急ぐことなかれ。樹液の吸水・移動が不良、残芽が弱化する。
三月、寒さ厳しいが暖気時々入り、晴天多く雪解け早い。
四月、朝晩は寒さ残るも春らしき陽気多い。強風に注意。
五月、晴天多く気温高まるも、遅霜・降雹注意。中旬に天候荒れるやも。

平成27年　2015年　乙未歳《きのとひつじ》　三碧木星《さんぺき》
農事気象学会

図 1　齊藤理論による農事気象予測図（原本より要約抜粋）

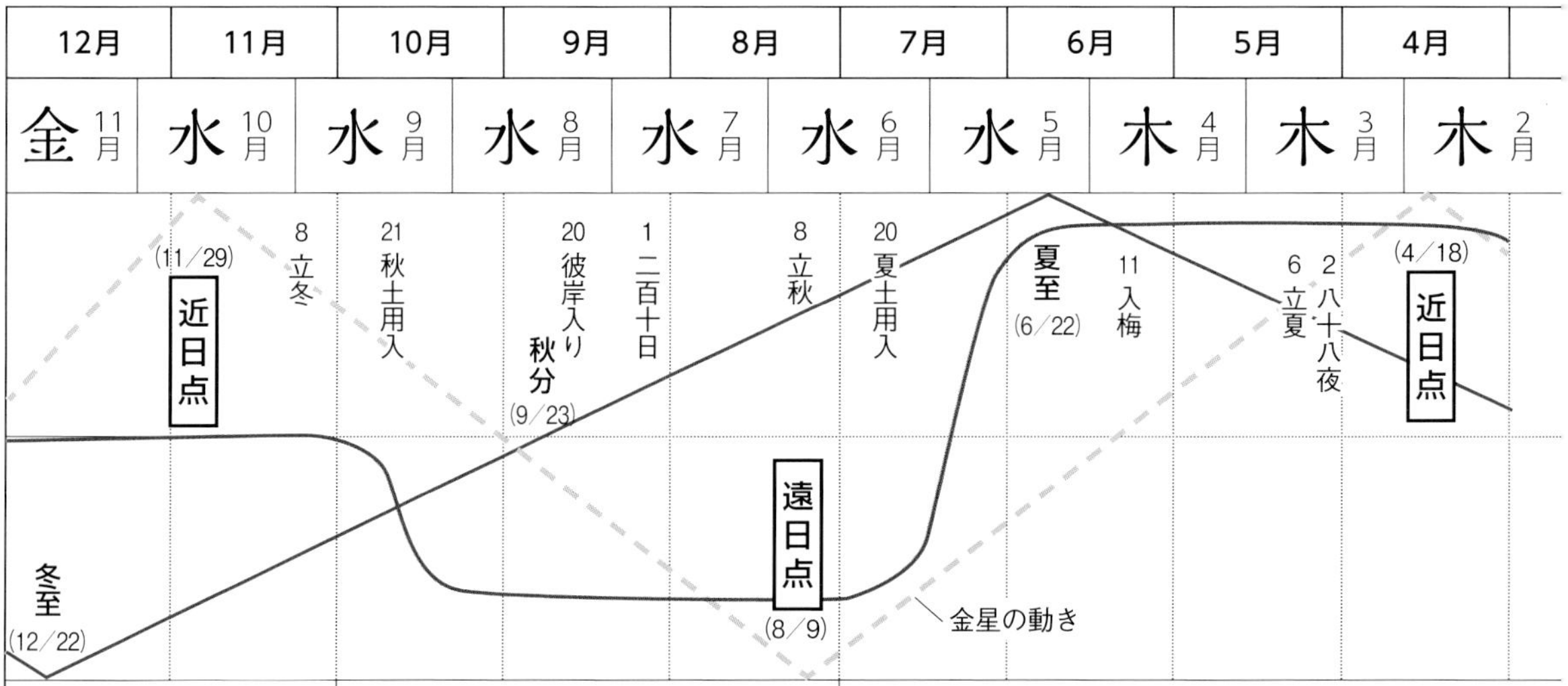

六月、前半温暖、降雨少ない。中旬より梅雨入りし降雨多く、気温低い日多い。
七月上旬、曇天多く、気温・地温・水温低く、降雨多い。気象激変の予測なり。

▼太陽黒点増大期に当たり、作物の生育・品質良好で豊産なり。果樹類は三月に樹液上がり、せん定適期。春彼岸の花、桜の満開は平年並みかやや遅れる。金星近日点と満月が重なる。八十八夜前後の遅霜に注意。全作物の病気・害虫の多発が危惧される。稲作、早生種に利あり。晩生種は不作。田植え早期に利あり。水温・地温上昇に留意。深植えは禁物。

七月中旬、不快指数が高く蒸し暑い。雨天多く、梅雨明け遅れる。
八月、猛暑日・真夏日ともに少なく、冷涼日が多い。冷夏の可能性も否定できず。
九月、残暑弱く、前線停滞し曇天・降雨多く湿度高い。中旬以降に寒気入る。
十月中旬、降雨少なく、寒気早い。降霜早い。

▼太陽黒点減少期に当たり、作物の生育・品質が特に不良で減産の予測なり。五行の「水」が続き、冷気が入り低温傾向、作物の交配・登熟が不良。七月から始まる果樹類の花芽形成が不良。盆・秋彼岸の花の開花は遅れる。すべての作物の新陳代謝が不良、病害多発の恐れ。

十月下旬、早冷にて冬の気配、足早に進む予測。
十一月、寒さ強く降雪地帯の降雪早く、関東以西は降雨多く、降霜早い。
十二月、北国の降雪少なく、寒気強い。関東以西は寒風吹き荒ぶ予測なり。

▼太陽黒点増大期に当たるも、ハウス作物の生育はさほどよくない予測なり。五行の「水」「金」が入り、六気法は「終の気」、どちらも寒・冷は共通、寒さ厳しく雨雪多い見込み。

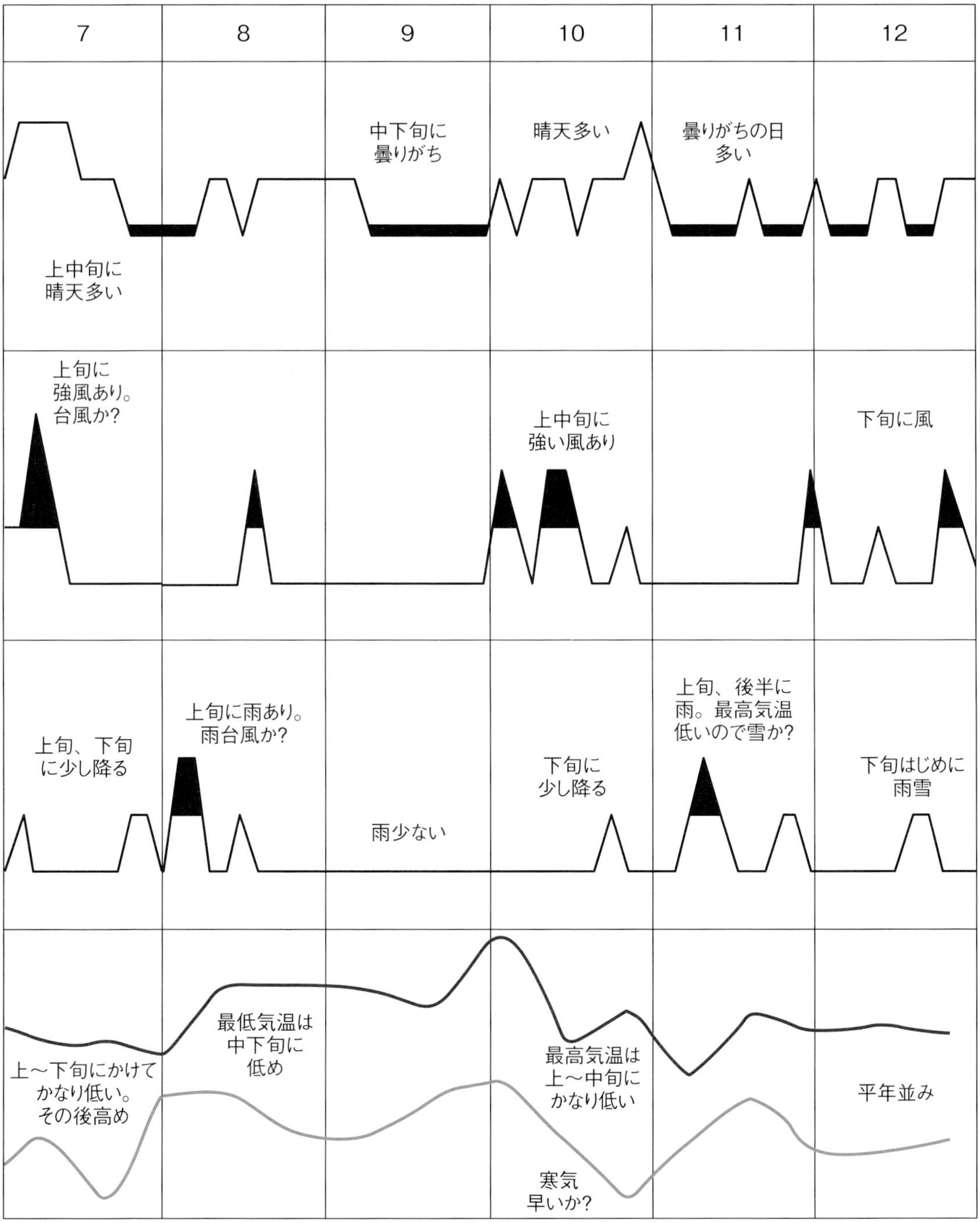
7
8
9
10
11
12
上中旬に
晴天多い
中下旬に
曇りがち
晴天多い
曇りがちの日
多い
上旬に
強風あり。
台風か?
上中旬に
強い風あり
下旬に風
上旬、下旬
に少し降る
上旬に雨あり。
雨台風か?
雨少ない
下旬に
少し降る
上旬、後半に
雨。最高気温
低いので雪か?
下旬はじめに
雨雪
上～下旬にかけて
かなり低い。
その後高め
最低気温は
中下旬に
低め
最高気温は
上～中旬に
かなり低い
寒気
早いか?
平年並み

図２　平成27年　寒だめしによる宮城県栗原市一迫の気象予測図

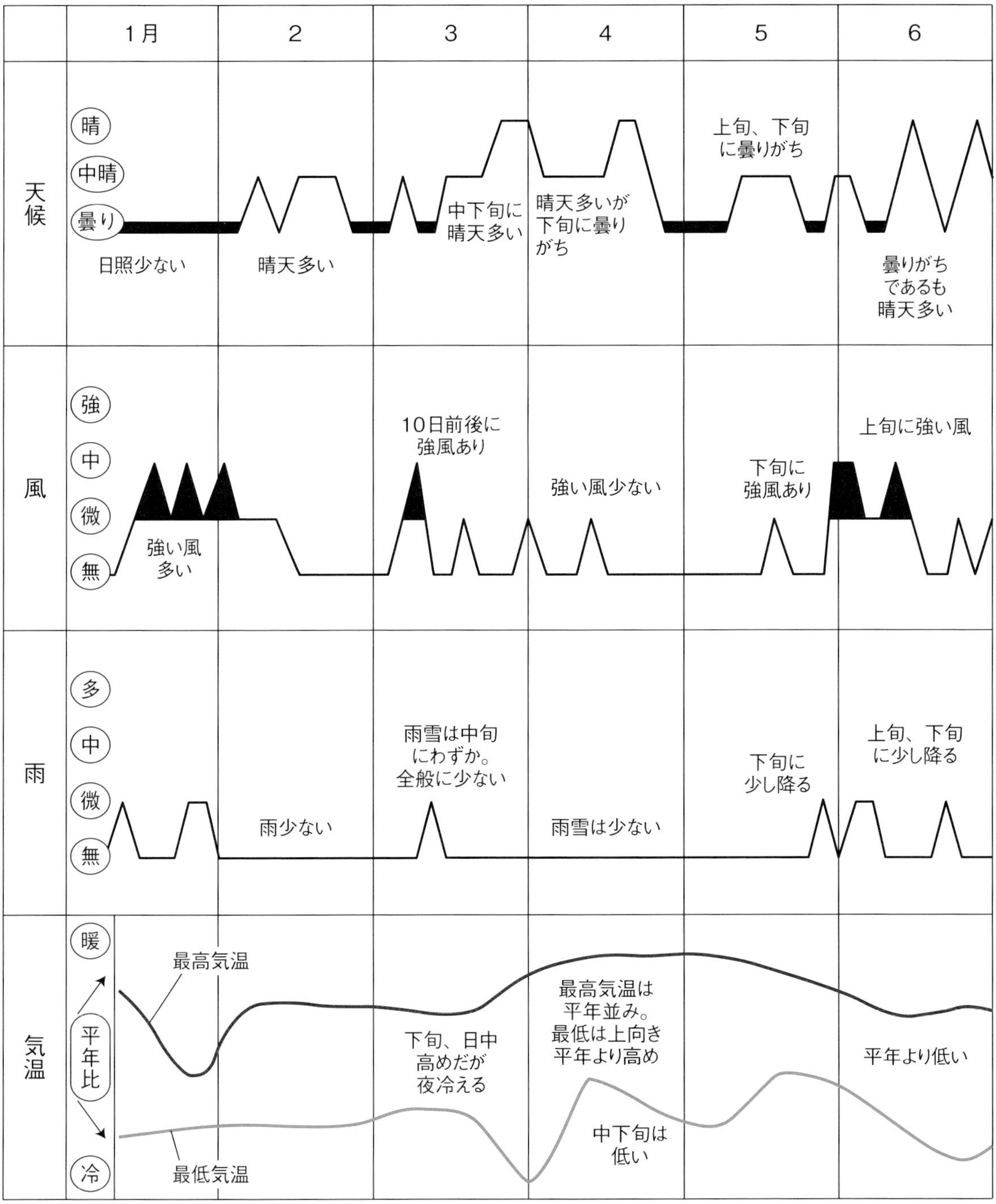

※気温のグラフは、上向きのときは平年より暖かく、下向きのときは寒いとみる。
最高最低気温の幅が広いときは日較差ありと見る（1月6日の小寒から2月4日の立春までの観測による）

二〇一八年

寒だめしの地元データは気象庁より当たるっちゃ

九州男児が本気でうまい米づくり

福岡県宮若市●安河内《やすこうち》豊孝さん、山本 隆さん他　編集部

金賞米を
食べてみらんね

安河内豊孝さん（51歳）。イネ19ha（うち、飼料米10ha）、裏作ムギ38ha
（写真はすべて依田賢吾撮影）

「東北の米には勝てん」と思っていたが……

福岡県宮若市にて「うまい米づくりコンクール」が始まったのは、二〇一六年。

「東北の米には勝てん」「暖地でうまい米はとれん」と半ばあきらめながらイネつくりをしていた九州男児が、にわかに色めき立っている。今では「東北には負けん」という自負と気概をもって腕を磨き合っているのだ。特筆すべきは、コンクール上位入賞者のほとんどが、江戸時代から伝わる「寒だめし」による「農事気象予測」を栽培管理に役立てていることである。

インターネットやスマホを使えば、いつでもどこでも最新の気象情報が得られるこの時代。いにしえの「占い」にも似た気象予測法が果たして役に立つのか？　明るくて豪快・快活な九州男児が、一見地味な「寒だめし」を本気で信じてやっているのか？　大変失礼な疑問を抱きつつ、宮若の農家に会いに行った――。

市長、食味計を買うてください！

「うまい米づくりコンクール」の発端は、二〇一五年に市内の大規模農家である安河内豊孝さんの「にこまる」が、米・食味分析鑑定コンクール国際大会で金賞に輝いたことである。並みいる稲作名人の米をおしのけ、初出品にして全国五人のなかに選ばれる快挙である。

「会場の石川県小松市に行くときは、行政も知らん顔。まー、甲子園に出場できたと思って、家族と従業員一人を連れて行ってきたよ。山形の人たちなんかは黄色いハッピを着て大挙してきとる。完全アウェーやね。最初はまさかと思うたけど、交流会で酒を飲みながら受賞者が呼ばれていくのを聞くうちに、どうしても欲しくなってきてね

ー。そしたら最後の最後、最高の金賞で呼ばれた。会場四〇〇人いたけど、一番太か声で『やったーっ！』とガッツポーズをしたよ」

宮若に戻ると、さっそく市長に表敬訪問。そのとき、同席した認定農業者協議会の山本隆会長が切り出した。

「市長、ちょっとお願いがある。食味計を買うてくださいー！」「いくらするとや？」

それからは速かった。すぐに見積もりを出させ、地方創生関連の予算で購入。

「直談判したら五〇〇万円、ポンッと出してくれた。これは有効に使わんといかん」と山本さん。こうして認定農家が旗振り役となり、市をあげての「うまい米づくりコンクール」が開催されることとなった。

初年度は一五二品、二回目の昨年は一四八品がエントリー。食味値のスコアをもとに順位づけされ、秋の「ふるさとまつり」イベント内で発表・表彰された。上位数名の金賞受賞者の米は、直売所「四季彩館」にて一kg七〇〇円の高値で販売されたり、ふるさと納税の返礼品として採用されたりする。

科学と経験、両方を道しるべに

全国のコンクールで金賞に輝いた豊孝さん。じつはその年、寒だめしの情報が大いに役立ったという。

「あの年は冷風が早く入る、秋が早いって予測やったね。あんまり気温が上がらんってことやけ、追肥を控えた。出穂一八日前の八月頭に打つ穂肥。もちろん、葉色を見ながらやけどスーパー有機くん三号を一〇aで二〇kg（チッソ一kg）やるところ、一〇kgにした。天気が悪くてチッソを消化しきらんといかんけん。刈り取り時期も通常より一週間以上遅らせて十月二十七、二十八日頃にしたよ」

もちろん寒だめしが「すべてやない」。最新の気象予測も参考にしながら、科学技術と経験由来の技術、両方を道しるべにできるの

1日4回、空を
見上げるっちゃ

山本隆さん（63歳）。イネ8ha、花き50a。寒だめしでは、裏山の竹の揺れ具合を観察しながら風の強さを測る

平尾さんのお米。ほとんどを直売所で売り切る

山本さん（右）と平尾孝一さん（54歳）。平尾さんも家の前で寒だめしを実践。鶏糞栽培でイネを12ha栽培し、米・食味分析鑑定コンクール国際大会で特別賞受賞の経験もあり

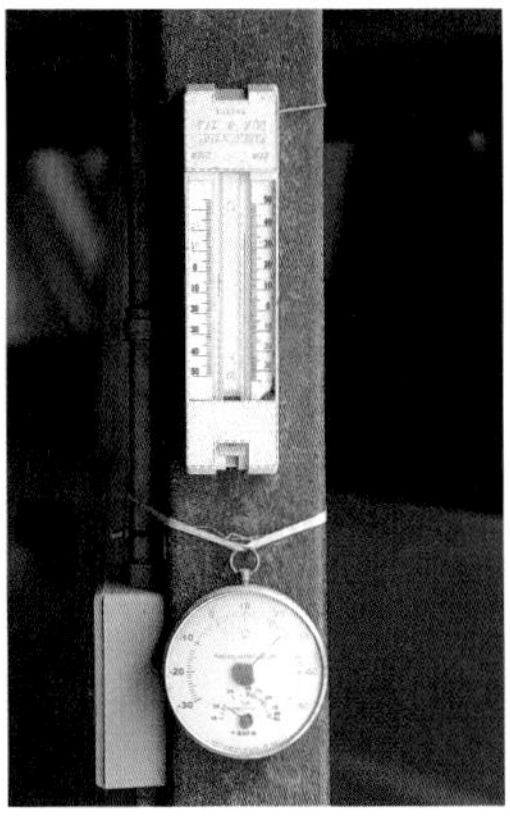

山本さんの倉庫の柱にある最高最低温度計と温湿度計。寒だめしで利用

が現代の農家の強みである。

小寒から立春の一カ月、コツコツ記録

宮若で寒だめしを利用する農家は、口をそろえていう。「全国情報やなくて、地元に合った情報やけん、いい」と。寒だめしは二十四節気の小寒（二〇一八年は一月五日）から立春（二月四日）までの気象を自宅で観測し、一カ月の天候を一年の暦に置き換えて活用する。自宅周辺のピンポイント長期予測である。これを市内で最初にやり始めたのも、認定農家の山本会長だ。

一日四回、朝六時、昼一二時、夕方一八時、夜中二四時の六時間ごとに記録。天気は晴天か中晴れか、曇りか、暗雲か。風は無風か、微風か、中風か、強風か。雨や気温はどうか？

穂肥の量も、寒だめしを参考に！

松村茂和さん（58歳）。兼業でイネ7ha。肥料がよく飛ぶ「ひねり雨どい噴口」を自作して追肥に使う

客観的な数値だけでなく、身体で感じる気象でもある。

「風なんかは裏山の孟宗竹の揺れ具合を見ながらつけとるよ」と山本さん。酒飲みした夜も一二時には自宅前に立って空を見上げ、風を感じる。朝も六時には起きてコツコツ記録。

「四、五年前に寒だめしと出会う前は気象のことを自分で考えたことなんかなかったよ。ラジオの天気予報を参考にしてただけ」

イネ八haのほかに、トルコギキョウやキクを作る花農家の山本さん。台風被害でこれまで何度もハウスをつぶされてきたという。

「東シナ海から台風がのぼってきて、五島列島のあたりで方向が変わって対馬海峡を通るときが一番やばい。強い南風をまともに受けるけん。東シナ海ルートをたどりそうな予報が出ると、もう気が気でない。ハウスは九棟。甥っこと二人でビニールをはがすでしょ。で、台風が通り過ぎたらまた張り付ける、かなりしんどいよー。最近は年とったけん、ハウスの上にも上がりきらんし……」

それがここ何年かは寒だめしの予報をもとに、ビニールをはがさずにすんでいる。「去年もきそうでこんかった。寒だめしで大丈夫の予報やったけん、慌てずにすんだ。地元情報は貴重やね」

同じ宮若市内でも谷が違えば気象は変わる。だから、寒だめしは山本さんのほか、別々の地区に住む三人の農家が記録する。四カ所のデータをもとに春と秋に二〇人ほどが集まって勉強会を開き、分析・共有。山本さんに寒だめしや月の満ち欠けなどの農事気象予測を紹介してくれた久留米市の資材屋、㈲丸富の富松利夫さんも毎回講師にきてくれるそうだ。

なまじっか当たるから、怖い存在

農事気象予測の利用者の声をもう少し聞いてみよう。

市の第一回コンクールで食味値八五(品種:元気つくし)を記録して最高順位の市長賞をとった松村茂和さん。自動車修理会社を経営する兼業農家だが、五、六年前から奥さんの家の田んぼを本格的に管理するようになった。一・五haだった田んぼを七haにまで拡大中だ。

「科学がこれだけ進歩しとる今の世の中ですよ。寒だめしとか、旧暦とかいわれてもねー、最初は半信半疑でしたよ。それが一昨年のコンクールのとき、防除のタイミングがピタッとあったんです。ちょうどその一、二年前にヘリ防除をやめて、自走式の動力散布機を買ったんですが、満月の二、三日後に散布したらウンカもカメムシもかなり被害が減った。穂肥の量も、九月は雨が多そうやからって、控えめにしたのがよかった。なまじっか農事気象

地元の
寒だめしデータは
当たるっちゃ
安河内龍一さん（63歳）。イネ18ha

金丸）

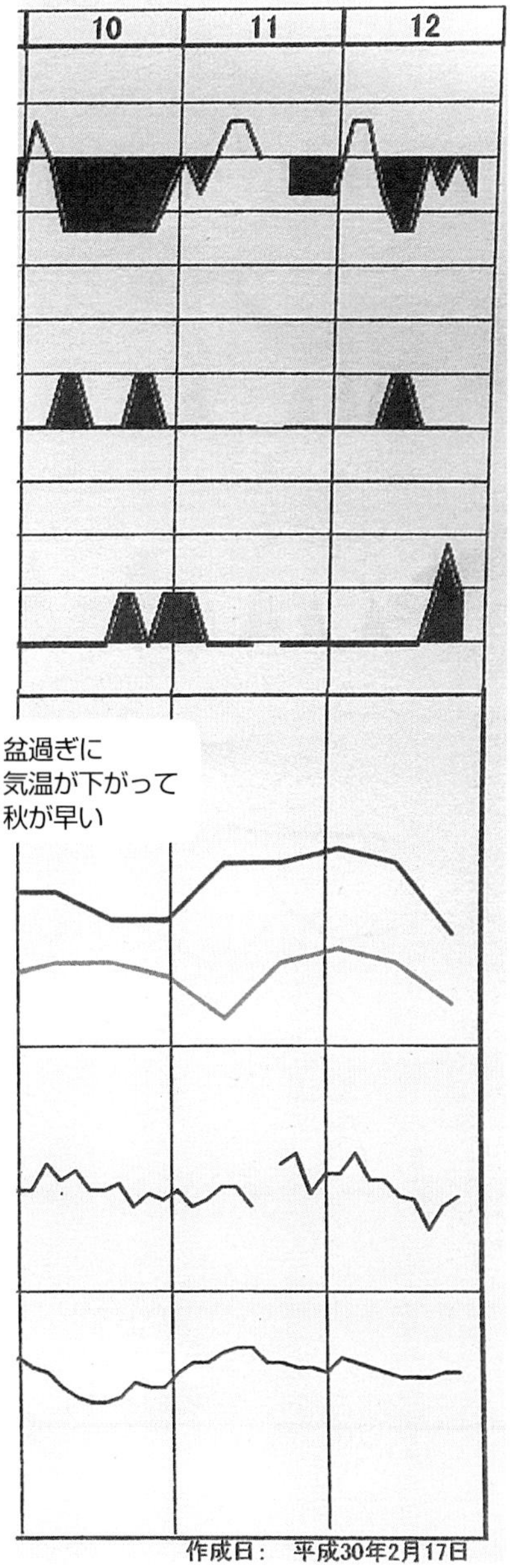

予測が当たりゆうもんやから、今ではチョット怖い存在ですねー」

第二回コンクールで食味値八八（品種：にこまる）を記録して市長賞を受賞した安河内龍一さん。豊孝さんの親戚ではないが、近所に住んでいてムギや飼料米は一緒に立ち上げた法人で管理している。

「寒だめしのいい点は、台風前の刈るか刈らんかの判断やね。地元の寒だめしデータはやっぱり合うっちゃ。去年の台風も寒だめしのおかげで早刈りせずにおいておけた。十月半ばに収穫する夢つくしは例年七、八俵やったのに、初めて一一俵いったよ」

飛躍的に収量が上がったのは裏作ムギで大量投入している牛糞と鶏糞堆肥の効果のようだが、最後までしっかり登熟させて、残肥をうまく使い切れたからこその結果である。

季節外れの台風に備え、ムギ刈りの算段

さて、最後に気になる今年の天候について、山本さんに聞いてみた。

「五月終わりから六月初めに大雨、大風。台風がくるんやなかろうか。六月終わりから七月初めは空梅雨で、夏は猛暑。七月終わりから雨が多くて八月上中旬に台風がきそう。気象庁でも猛暑の予報やけど、自分たちの予測では盆明けは涼しくなって、秋の訪れが早そう」

まず、気がかりだったのは、六月初めのムギ刈りだ。大雨が降れば、穂発芽して全滅しかねない。花農家の山本さんも、今年は三八haでムギをつくる豊孝さんの応援に出向いた。山本さんのコンバインも動員して一気に刈ってしまう算段だ。幸い季節はずれの台風は一〇日ほど後ろにずれたが、しっかり備えて刈り取りできた。

今後は八月の台風の進路を見極め、ハウスのビニールをどうするか。秋の早まり、九月後半からの曇天に備えてイネの追肥をどうするか……。

農家の天気を読む力が試される季節が、今年もやってきた。

（『現代農業』二〇一八年八月号）

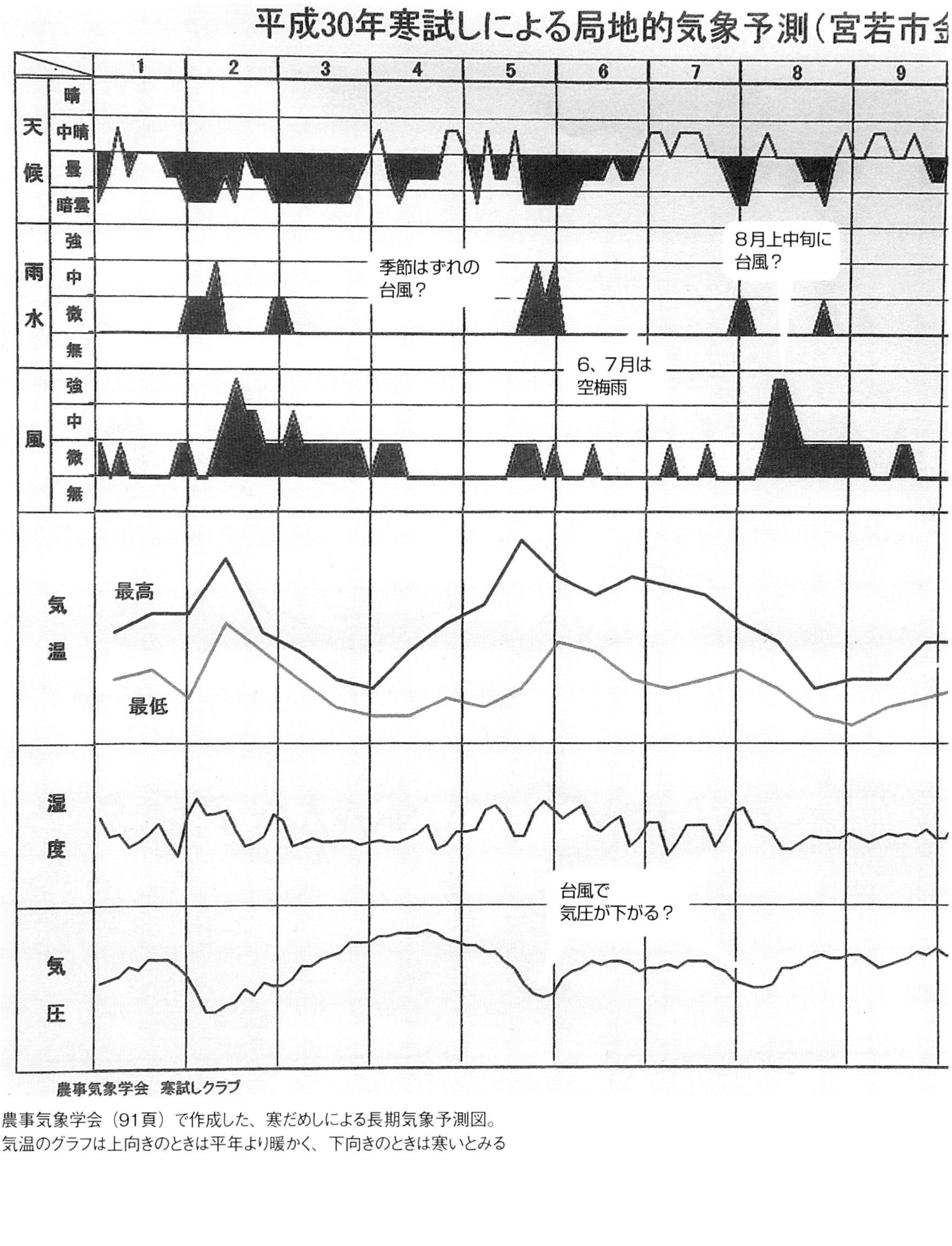

農事気象学会（91頁）で作成した、寒だめしによる長期気象予測図。
気温のグラフは上向きのときは平年より暖かく、下向きのときは寒いとみる

私が使う

長期予測法

春の遅霜、夏の暑さ

山野草・野生動物を見る

北海道●池尻 明

雪が残っているのに、芽を出していた

現在六五歳。乳牛三八頭を飼い、五四haの畑でさまざまな作物（小麦やビート、飼料作物など）を作っています。また、ハンターを始めて一九年になります。

私はハンターを始めてから、冬山でもギョウジャニンニクが出てくる場所を見つけることができるようになりました。コクワ（サルナシ）やブドウなど、つる性の植物が巻き付いた木のふもとには、八〇～九〇％の割合でギョウジャニンニクがあるのです。

毎年五月、雪が解けて林道が歩けるようになるとギョウジャニンニクを採りに行きます。ギョウジャニンニクは雪が解けたところから顔を出します。

ところが二〇一〇年は、雪が残っている場所からギョウジャニンニクが出ていて、葉が開いていました。私は自分の目を疑いました。十数年同じ場所に通っていたのですが、このようなことは初めてです。

これは、天気に関係していると思いました。ギョウジャニンニクは、その年が高温になるのがわかって、雪があっても芽を出したのかもしれないと考えました。

ダイズの株間を広げ、肥料を減らした

高温になれば、ダイズが倒伏する確率は高くなります。そこで、ダイズの株間を通常は二一cmにするところ、三〇cmとって播きました。また、元肥も通常の人の半分、反当たり二〇kgに減らしました。平年並みの気温となっても、追肥すればリスクを減らせると考えていました。

隙間だらけの畑を見て、何をしてい

るのかと周りの農家は見ていたようです。ところが、その夏は本当に暑くなり、周りの畑ではダイズを倒してしまったのです。私の畑だけが倒伏ゼロ。収穫してみれば、反当たり四五〇kgとれたのです。結局、追肥もそれほど必要ありませんでした。

キタキツネ
2月になって
ようやくキタキツネの
夫婦を見た
エゾジカ
11月上旬になっても
雄ジカが一頭で
歩いていた

たまたまなのかもしれません。私の予測がすべて正しいとも思いません。しかし、植物は自然の変化を感じ取って対応していると思います。

小麦の分けつ予測は当てにならなくなった

じつは昭和四十年代から五十年代前半までは、小麦を見てその年の天気を判断していました。根雪前に小麦の分けつが多いと、翌年七月までの気温が低いという年が多かったのです。これはけっこう当たり、それを基に気象を予測し、肥料の量を調整していたのです。

ところが、小麦の品種改良が進んだためか、または温暖化が進んだためか、小麦の分けつだけでは予測できなくなってきました。その点、山野草は品種改良されていません。そこでそれからは、山野草の変化に気を付けて見るようにしていたというわけです。

二〇一五年は遅霜に注意!?

それにしても近年の天候は、本当に予測困難なことが多くて大変だと思います。でも、それが農業の面白みでもあります。経験と勘が生きるからです。山に筋雲がかかると明日は雨とか、トンビが空高く回っていたら二〜三日後の天気は下り坂とか、そういう知恵が生きるからです。

ちなみに二〇一五年は遅霜になるような気がしています。昨年の秋、エゾジカの発情が例年に比べて七〜一五日遅くなっていました（ハーレムをつくらず、一頭で歩いているシカばかりだった）。このようなことは初めてです。エゾジカも自然界に生きる動物ですので、分娩の時期が寒くなるのをわかって、例年より遅く出産するようにしたのではないかと思います。また、キツネが二頭で走り回るのも、例年より一〇日ほど遅いようでした。

今年は遅霜があるかもしれないと念頭に置いて、小豆の播種を少し遅らせようと考えています。

（北海道清水町）

（『現代農業』二〇一五年四月号）

台風、雨量

ハチの巣の位置を見る

愛媛県松山市●山田憲二さん　編集部

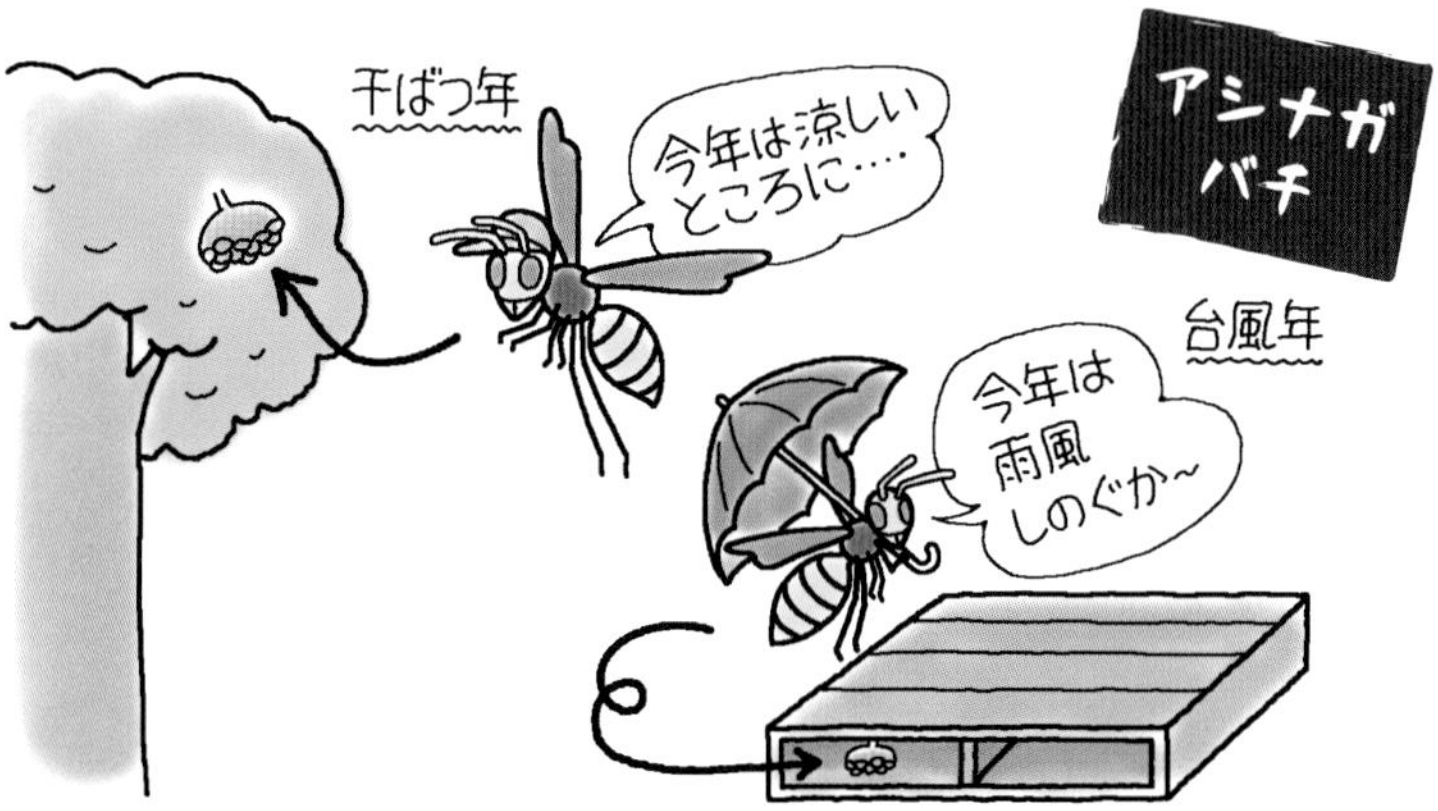
アシナガバチ
干ばつ年
今年は涼しいところに…
台風年
今年は雨風しのぐか～

不思議と当たります

長年、ＪＡの営農指導員として現場指導を行なってきました。定年後にイネや露地野菜を七〇ａほどつくり、直売所やスーパーを中心に出荷しています（地域で営農指導も続けている）。

愛媛には西日本最高峰の石鎚山（一九八二ｍ）があります。私の住む地域からは東にあり、山が頂上まではっきり見えると近日中に雨が降ります。南のほど近い場所にある障子山（八八五ｍ）は、ぼんやりして見えないと雨が降るという予測を立てますが、これが不思議とはずれません。

高い位置なら干ばつ、低いと台風・大雨

五～六年ほど前からは、毎年アシナガバチの巣の位置に注目し、指導にも役立てています。庭木のせん定をしていると、高い位置に巣を発見することがありますが、別の年には訪問した農家のハウスにあったフォークリフト用のパレットの中（低い位置）にあり、「不思議だな～」と話をしていました。

そこで毎年七～八月にアシナガバチの巣を探して観察を続けると、高い位置にある年は台風が少なく高温干ばつ、低い位置にある年は台風が多く雨の多い災害年となる傾向がわかり、おおむねその通りになっています。巣を守ろうとするアシナガバチの本能かと推測します。

秋冬野菜の排水対策、定植に活かす

干ばつの年にはかん水量を増やすなどの対策となりますが、低い位置にくる災害年はとくに注意を払うよう農家に呼びかけています。

ちなみに、昨年は庭木の下枝に巣があるのを確認し、秋冬野菜の定植は早めに高ウネをつくり、本葉五枚の適期の晴れ間に、なるべく早く植えるよう指導しました。やはり、台風や雨が多く、十月に入ると定植がずれこむ人が多くあったため、収穫期に品薄となりました。

毎年巣を探すのは大変ですが、直射日光の当たりにくい常緑樹に多い傾向にあり、今年も続ける予定です。

（『現代農業』二〇一五年四月号）

5

最新のツールを使いこなす

二週間前に収穫日がわかる、ロス激減

ホウレンソウ生育予測システム

福井●川村鉄兵

ホウレンソウを周年栽培

私は、農業生産法人・光合星《こうごうせい》の川村鉄兵（三五歳）と申します。この法人は、地元の若手農家三人で立ち上げました。ハウス三五棟（一・二ha）でホウレンソウを周年栽培しています（年に五～六作）。出荷調製や袋詰めはJAのパッケージセンターに持ち込んでおり、光合星では栽培に特化した運営を軸にしています。

さて、今回ご紹介する「ホウレンソウ生育予測システム」は、今年で六年目になる光合星の立ち上げ当初、直面した問題を解決するために独自に開発したものです。

収穫しきれないハウスが続出

直面した問題とは、収穫が重なってしまうことでした。ハウス三五棟を段播きしていくので、収穫時期もずれるはずですが、天候によっては生育日数に狂いが出て、どこかで収穫時期が重なってしまうのです。

近隣のホウレンソウ農家もだいたいの生育日数はわかっています。農家の勘というやつで、それを基に播種しています。しかし、三五棟のハウスで周年栽培となると、勘では対処できません。収穫が重なる棟数が多くなり、作業がこなせなくなってしまいます。ハウス一〇棟分くらいを泣く泣く廃棄した年もありました。

また、収穫時期が重なると、パッケージセンターの処理能力がオーバーするのです。予冷庫で一日保管するため、収穫コンテナが返ってこないという事態も起きました。

両者ともに、すぐにパートさんを増員することはできません。これを解決するために、生育予測できないかと真剣に考え始めました。

筆者。パートさんがホウレンソウを収穫しているハウスにて

気象台のデータで生育予測したが…

最初はインターネットで調べてみま

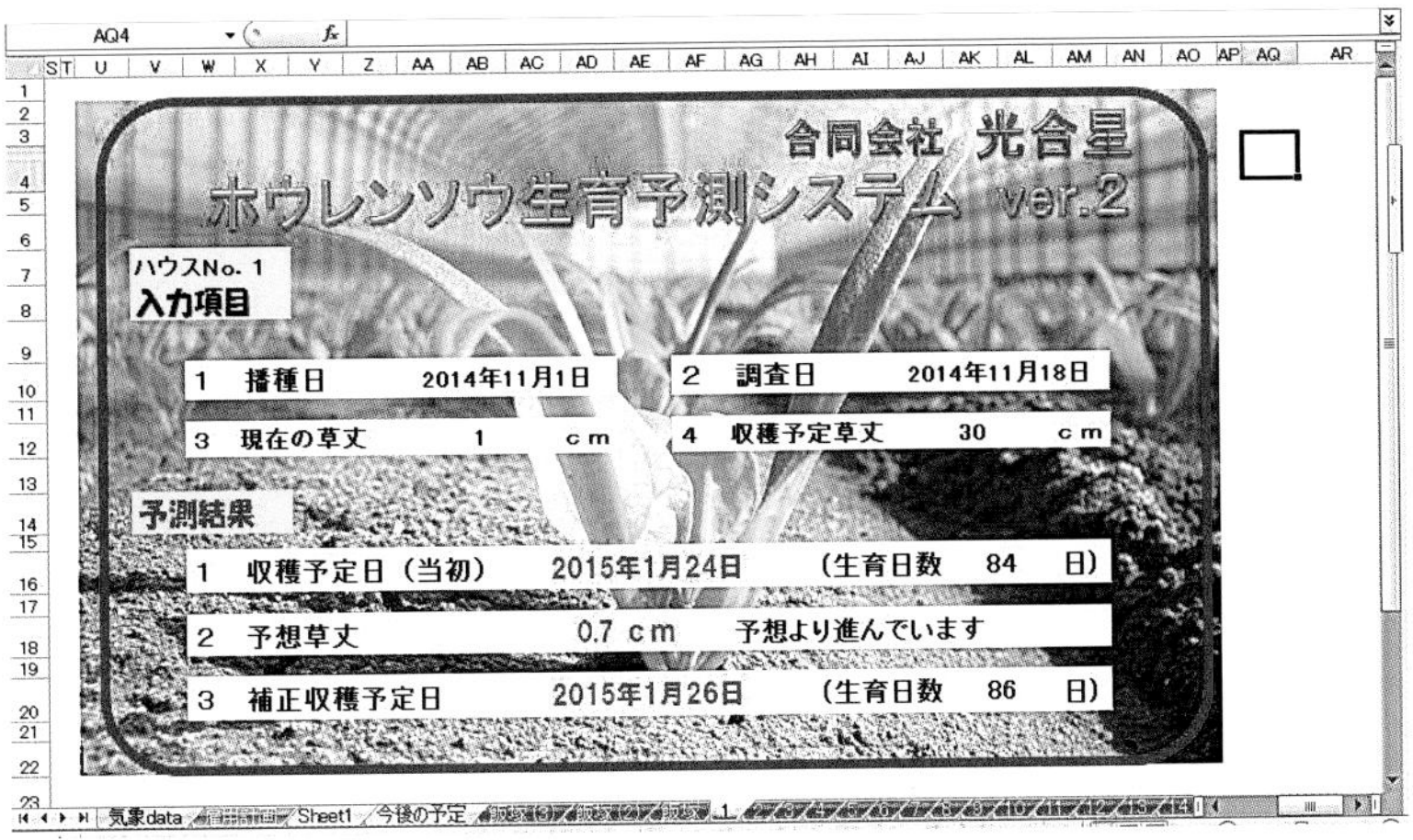

「ホウレンソウ生育予測システム」の画面。上段の入力項目欄に播種日などを入力すると、下段の予測結果に収穫予定日が自動計算されて出てくる。生育途中で草丈などを追加していくと、より正確な「補正収穫予定日」が出せる

した。誰かがそんなシステムを作っているだろうと思っていましたが、他県で少し研究事例がある程度。現場で使えるものはありません。そこで地元の福井農林総合事務所に相談し、とりあえずは福井地方気象台の気温データを使って生育予測ができないか、試験することになりました。

まず、ホウレンソウの生育実態調査です。播種日、生育中の草丈、収穫日など、できるだけのデータを一年間集めました。そして一年後、そのデータと福井地方気象台の積算気温データとの関連性を見てみました。が、どのような関連性があるのか、さっぱりわかりませんでした。これを見つけるのが一番苦労した点です。

夏場は積算温度 冬場は日照時間

当初の目論見では、ホウレンソウを播種してから、積算温度が九〇〇度になると収穫できると考えていました。しかし、気象台のデータと照らし合わせても合致しないのです。積算温度であれば夏でも冬でも変わらないはずですが、時期によっては収穫までが八〇〇度だったり、一二〇〇度だったり…。月ごとに細かく比較したりしながら原因を探っていくなかで、わかってきたのは、ハウス栽培ゆえの問題点でした。

基準となる気象台のデータは外気温です。ハウスは無加温とはいえ温度が違います。この問題をどうクリアするか。その後も悩みましたが、見えてきたのは、冬場は積算温度ではなく、日照時間を基準にしたほうがいいということでした。冬場のハウス内温度は、外気温よりも日照時間によって大きく変化するからです。

結論的に言えば、夏場（四～九月）は積算温度にして九〇〇度ほど、冬場（十～三月）は日照時間にして二〇〇時間ほどで、ホウレンソウはおおむね収穫できるだろうという見方です。

農家の勘を上回る精度！

この関連性を基に作った計算式をパソコンの表計算ソフト「エクセル」に入れ、開発したのが「ホウレンソウ生育予測システム」です。

ちなみに、私はエクセルに詳しいわけではありません。いろいろな人に関数を使った自動計算の仕方を聞いて覚えた程度です。

使い方は以下の通りです。上の写真を見てください。まず「播種日」を入力すると、過去五年分の気象データの平年値から収穫予定日が表示されます。しかし、平均値だけではその年の天候に対応できません。そこで、二週間に一回程度、生育中の草丈や直近の

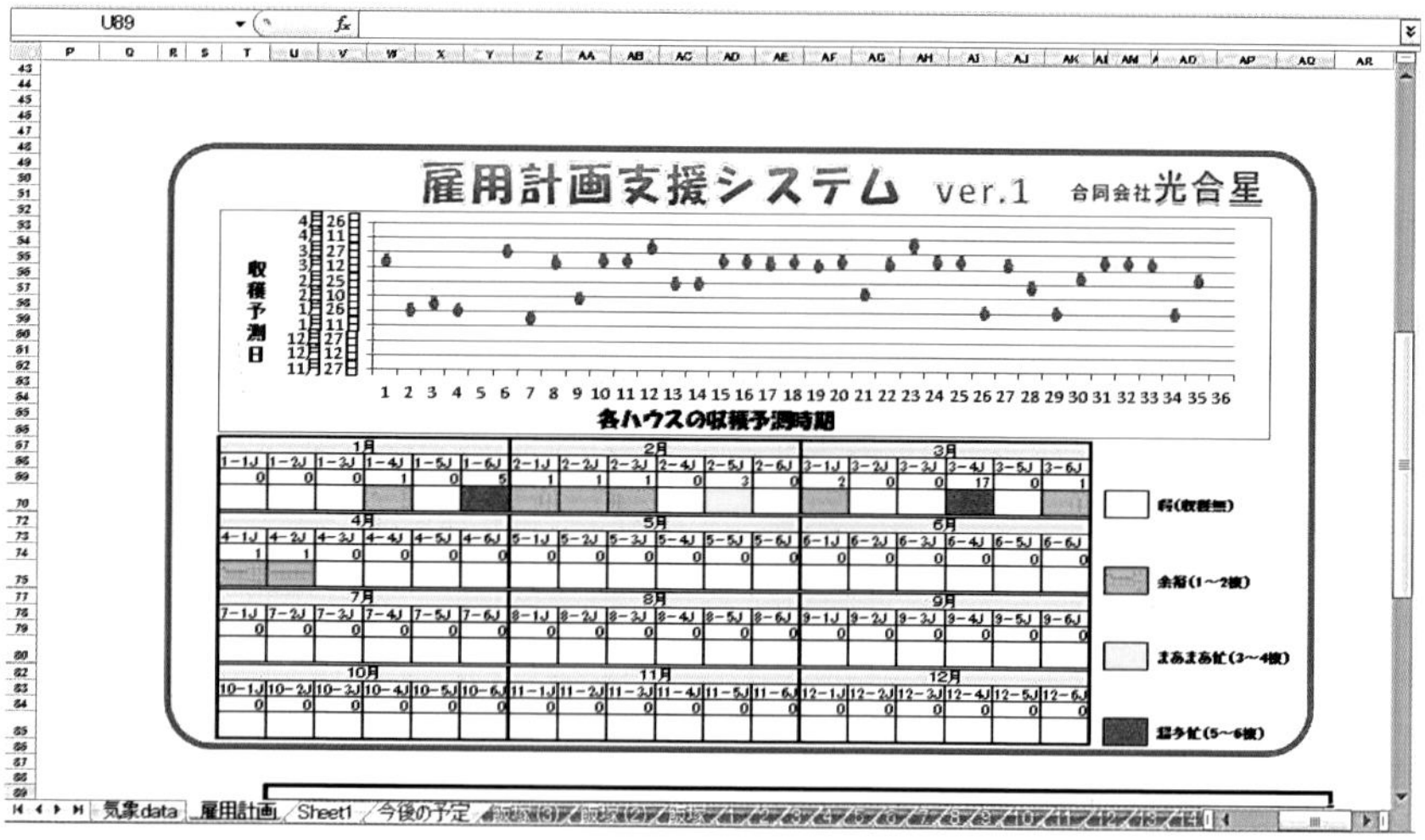

「雇用計画支援システム」の画面。上段は35棟あるハウスの収穫日がそれぞれわかるようになっている。下段はカレンダーで、忙しさの度合いが色分け表示される。たとえば、収穫が1～2棟で「余裕」があるときは青、5～6棟で「超多忙」のときは赤になる

気象データを追加し、予定日を修正していきます。

画面上では「現在の草丈」「調査日」「これまでの気象データ」を入力します。写真には「これまでの気象データ」を入力する項目が映っていませんが、これは地域の平均気温や日照時間を気象庁のホームページから二週間分ほどコピーし、別途張り付けて連動するようにしています。

このように入力すると、直近の気象データや生育状況を反映した補正収穫予定日を出すことができます。この予測は異常低温時などもピタリと当たるので、精度としては農家の勘を上回るものだと感じています。

雇用計画もラクに立てられる

さて、これで収穫予測ができるようになりました。しかし、目的は雇用に結びつけることです。そこで「雇用計画支援システム」も開発しました。各ハウスの収穫予定日を出し、それをカレンダーに反映させたものです。その日の忙しさがひと目でわかるように色分けして見られるようにしました。

生育予測システムによって、およそ二週間前に収穫日がわかります。ですから忙しさも二週間前に把握できます。忙しくなる時は、事前にパートさんに「休まないで」と伝えることができます。パートさんも自分の都合をつけやすいみたいです。忙しくなった時、いつもの人がいないというのが一番堪《こた》えますからね。

落ち着いて作業できる

この二つのシステムを作ったことで、的確な人員配分ができ、収穫ロスも激減しました。また、忙しくなる日を前もって知ることが心の準備にもなり、落ち着いて作業できるようになりました。これが私にとっては一番の成果かもしれません。

農業は自然相手です。天候に振り回されるのが普通かもしれません。「今年は暑かったから仕方ねえな」と言えばみんな納得します。しかし、それでは収入になりません。

気象変動は変えようがありませんが、過去の気象データと向き合うことはできます。過去のデータを一つひとつ積み重ね、それを目に見えるようにしていくことが、天候と付き合っていく一つの道だと思っています。

（『現代農業』二〇一五年四月号）

翌日の降霜を昼に予測

気象ロボット

神奈川●柳下《やぎした》浩幸

神奈川県厚木市でブドウ、ナシ、カキを一二〇a、施設野菜八a、養蜂三〇群の複合経営をしております。

当地域は厚木市の最南端に位置し、相模湾からの距離がおよそ一〇kmで海の影響を強く受けます。夏は、内陸部では降雨があれど、わが地域では雨に見放されてしまうような状況です。

ピンポイント気象観測ができる

果樹の品質、収量を安定させるためにはまず適正なかん水が必要です。そのためには降水量を正確に把握する必要があります。ある日、自動で気象観測をする「気象ロボット」というものがあることを知り、二〇〇八年五月に

ヴァンテージプロ2の測定部。自宅前の庭に設置

室内に置いてある表示部は、測定部からケーブルを通じてデータを受信する。今は無線式のものも発売されている

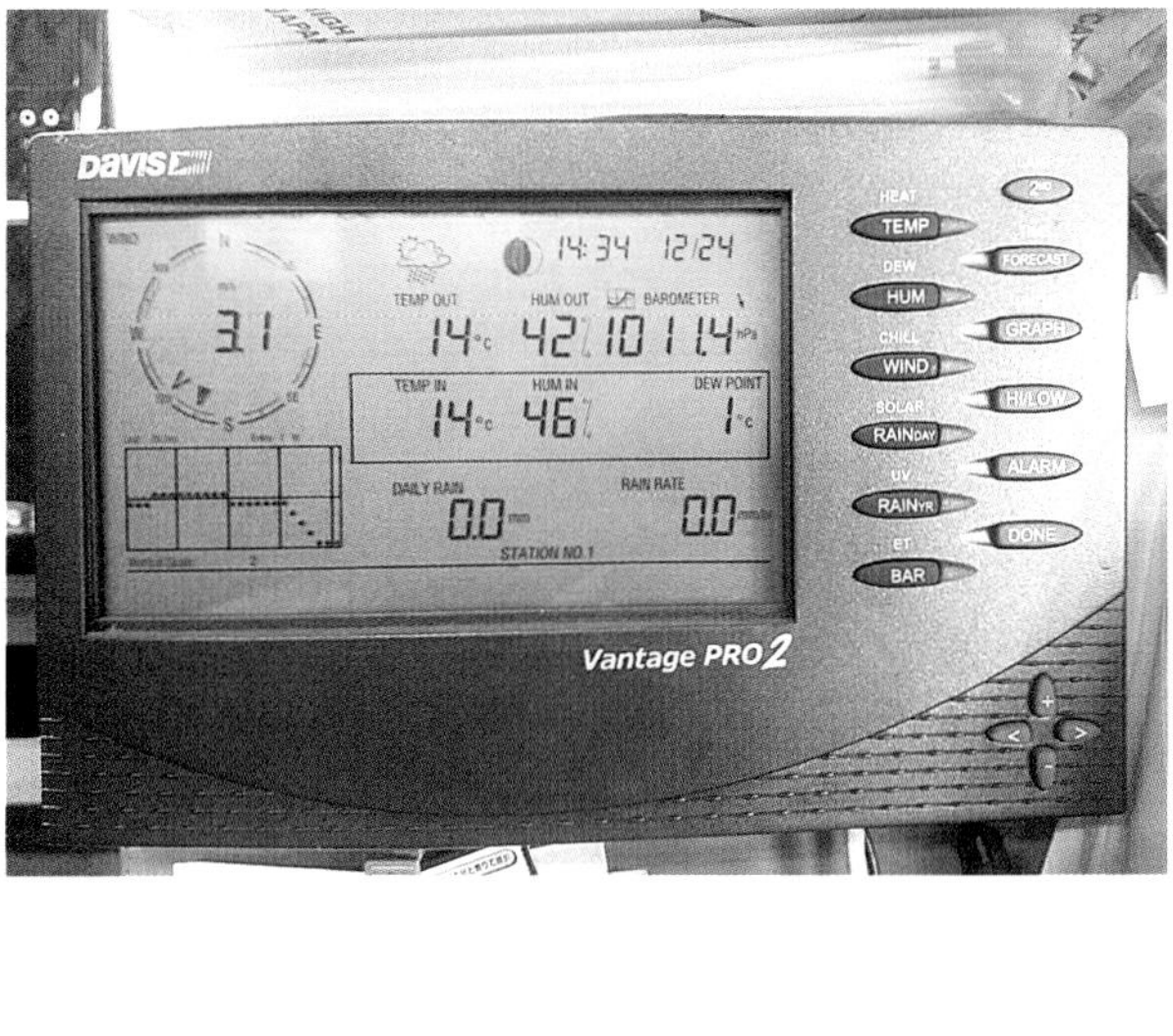

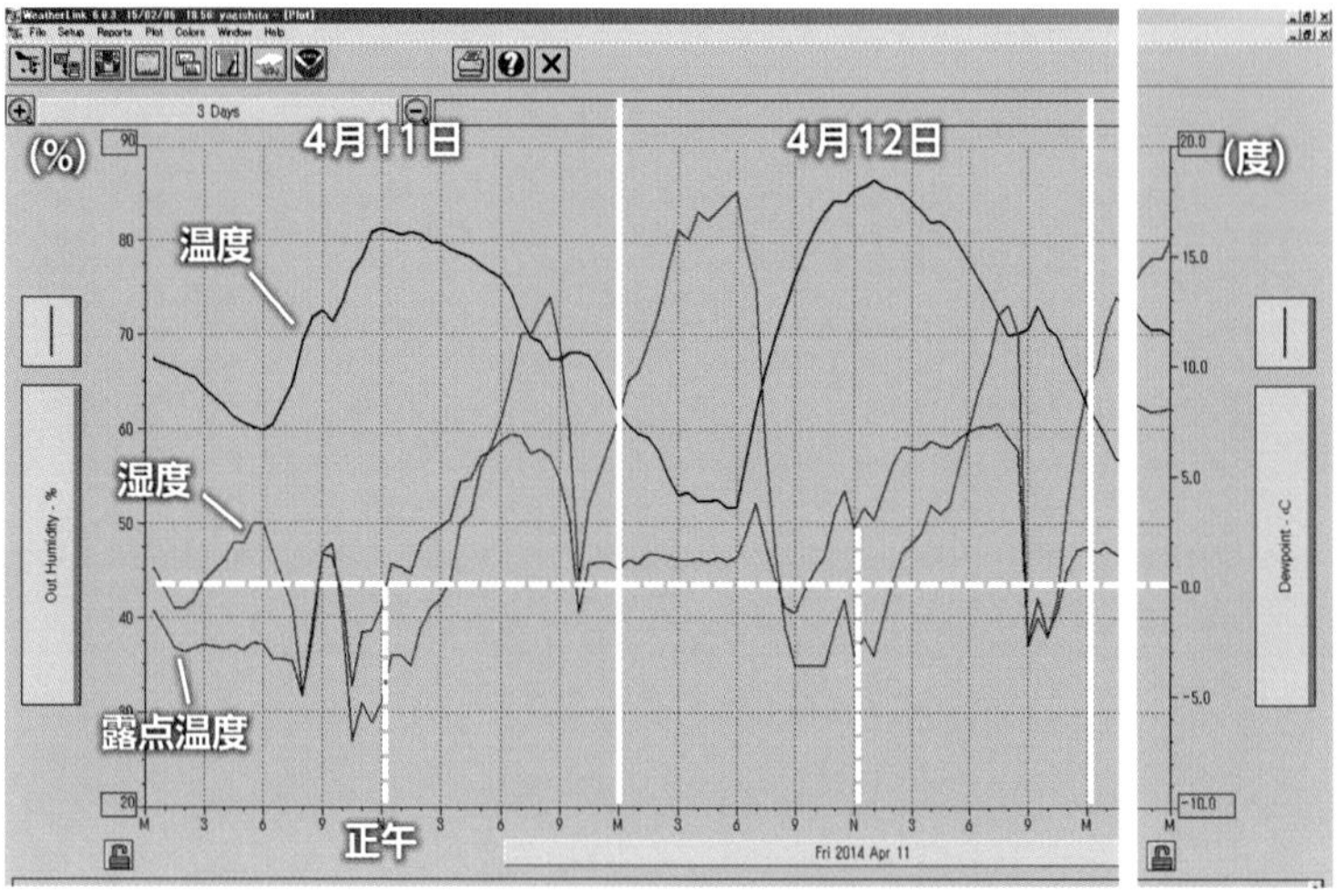

測定データはパソコンに蓄積される。2014年4月11日の露点温度は低く推移し、正午には0度を下回っていたが、曇天で風もあったため霜対策はしなかった
※「ヴァンテージプロ2」は㈱AORより販売。価格は14万6800円（税別）

導入しました。導入したものは、DAVIS社の「ヴァンテージプロ2」というアメリカ製のものです。

温度、湿度、気圧、風向、風速、雨量、露点が正確に計測できます。オプションを加えれば、日射量や土壌水分、紫外線量も計測できます。

計測データは、測定部とつながった表示部からUSBアダプター経由でパソコンに取り込み、ウェザーリンクという専用ソフトでパソコン画面上に表示できるようになっています。パソコンで処理できるので、過去のデータも参照できます。

計測間隔は、五分刻みで自由に設定できますが、私は三〇分間ごとに測っています。また、特に注意したい項目についてはアラームの設定ができます。

昼にわかる、翌日の降霜

果樹にとって適正な水管理ができるほかに、開花期からの積算温度を知れば、作業のタイミングや収穫期の予測ができます。害虫の発生も、幼虫から成虫になるまでの有効積算温度から予測ができるでしょう。

そしてもうひとつ、導入後に気がついたのですが、翌朝の降霜の予測ができそうなことがわかりました。晴天で風のない日の正午頃に露点温度が零度を下回っていると、翌朝は霜が降りることが多いです。そのため、遅霜が心配される三月下旬からは、露点が零度を下回ったらいつでもアラームが鳴るように設定しております。昼、自宅に帰りアラームが鳴っていたら、正午以前の露点グラフの傾向や午後からの風の有無、天気も参考に「霜ガード」を散布するかどうか決めています。

通常、天気予報で霜注意報が発表されるのは夕方四時以降で、それ以後の対策となってしまいますが、昼には予測がつくので、午後の時間で霜対策ができます。地域柄、強い霜が降りないということもあるかもしれませんが、導入以降、晩霜で被害にあったことはありません。

メンテナンスは週に一回程度、雨量升にゴミが詰まっていないかの確認と、日射計などは表面の埃を拭う程度です。パソコンが壊れてしまうとせっかく蓄積したデータを失ってしまうので、外付けハードディスクなどに自動バックアップするとよいでしょう。

（『現代農業』二〇一五年四月号）

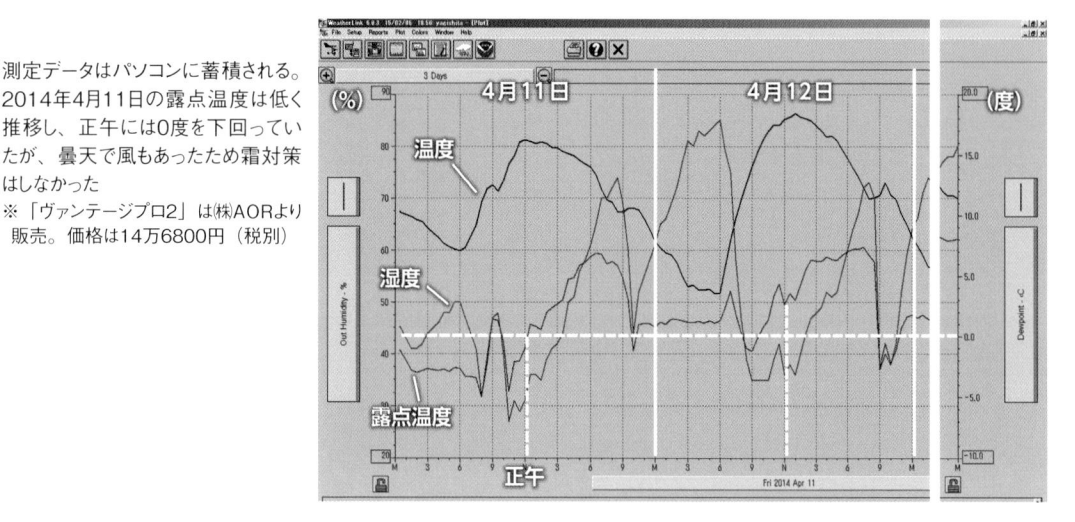

天気予測に便利なサイト

お天気ナビゲータ

ケータイで風の動きが読めるのが便利

青森県弘前市●田沢俊明さん　編集部

青森でリンゴをつくる田沢俊明さんが「三六五日使ってる」というのが、ケータイ天気予報サイト「お天気ナビゲータ」。天気に関するさまざまな情報がわかるサイトで、田沢さんがよく使うのは、一時間ごとの風向き、風速、風の強さなどがわかるページだ。

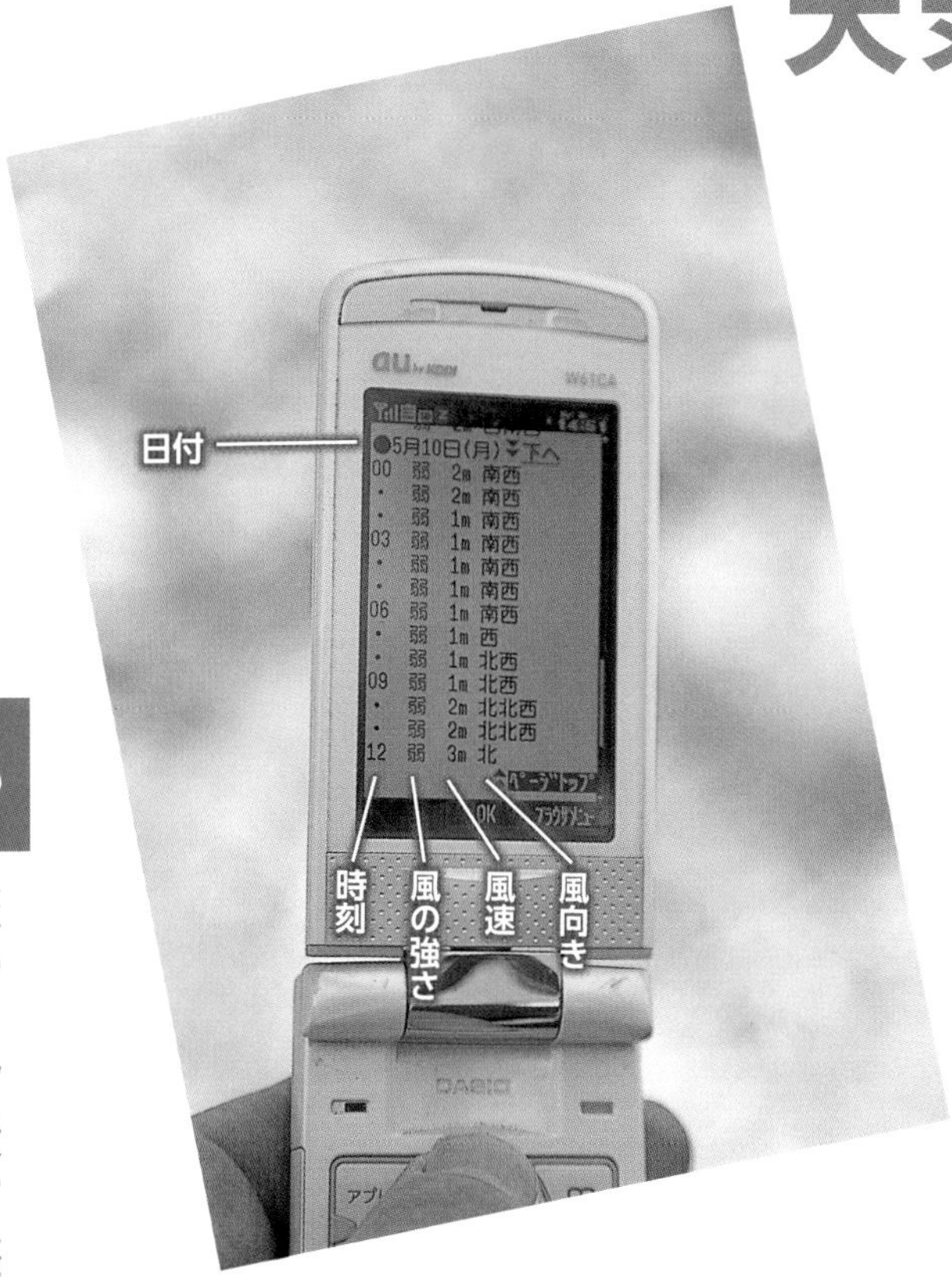

「お天気ナビゲータ」。全国1万以上の地点の天気全般に関する情報のほか、1時間ごとの風向き、風速、風の強さの予報が2日先までわかる。田沢さんは天気全般の情報に加えて災害情報などもわかる「PROコース」を見ている。有料で月額262円（税別）。スマートフォンからも見ることができる（写真は赤松富仁撮影）

作業の段取りを組むときにとても役立つという。

たとえば、農薬散布のとき、その日の朝に風速予報をチェックすれば、何時頃に風が吹くかがわかる。風速三mまでなら問題ないが、風速五mを超えるとドリフトするので、強い風が吹くときは別の作業をしたほうがいいなど、事前に見当がつくのだ。

また、散布した後に、湿ったままだと薬害が出るような農薬を使うときは、田沢さんはあえて風速一mくらいの時間帯にかける。乾きがよくなって薬害も出にくくなるからだ。

台風が接近したときも使える。「大型の台風です。外に出るのはやめましょう」などとニュースキャスターが言っても、風速予報をチェックしていると、自分の地域では意外に風が弱いことがわかったりする。警戒しつつも作業を続けることができる。

このほか、一〇日先までの天気予報が三時間ごとに更新されるページなども、とても使えるそうだ。

（『現代農業』二〇一五年四月号）

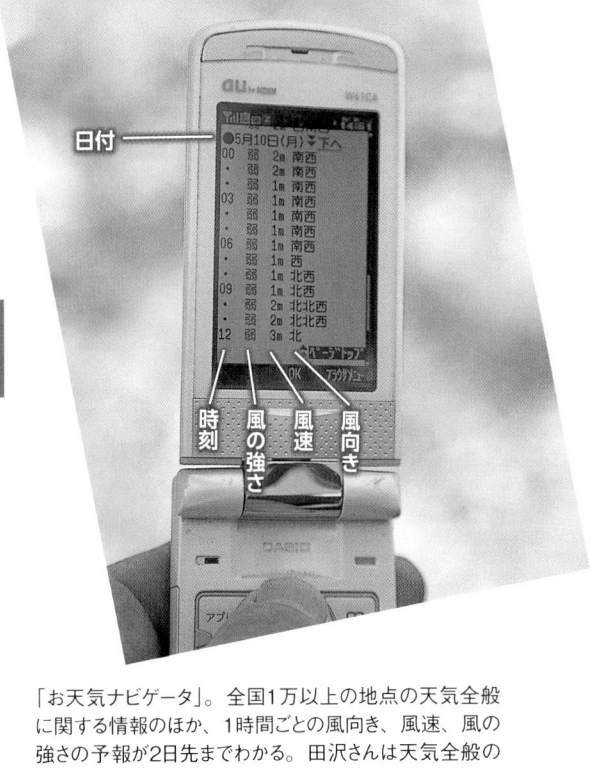

気象庁の便利予報　http://www.jma.go.jp/

●編集部（『現代農業』2015年4月号）

高解像度降水ナウキャスト
――雨雲の動きと1時間先の降水予想に

全国各地の雨と雨雲の動きを、3時間前から1時間先まで5分単位で見ることができる。動画の表示も可能。地図を自在に拡大することもできる。パソコンのブラウザで、あらかじめ見たい場所（領域）を登録しておくと、次回アクセスしたときにその場所が表示されるようになる。

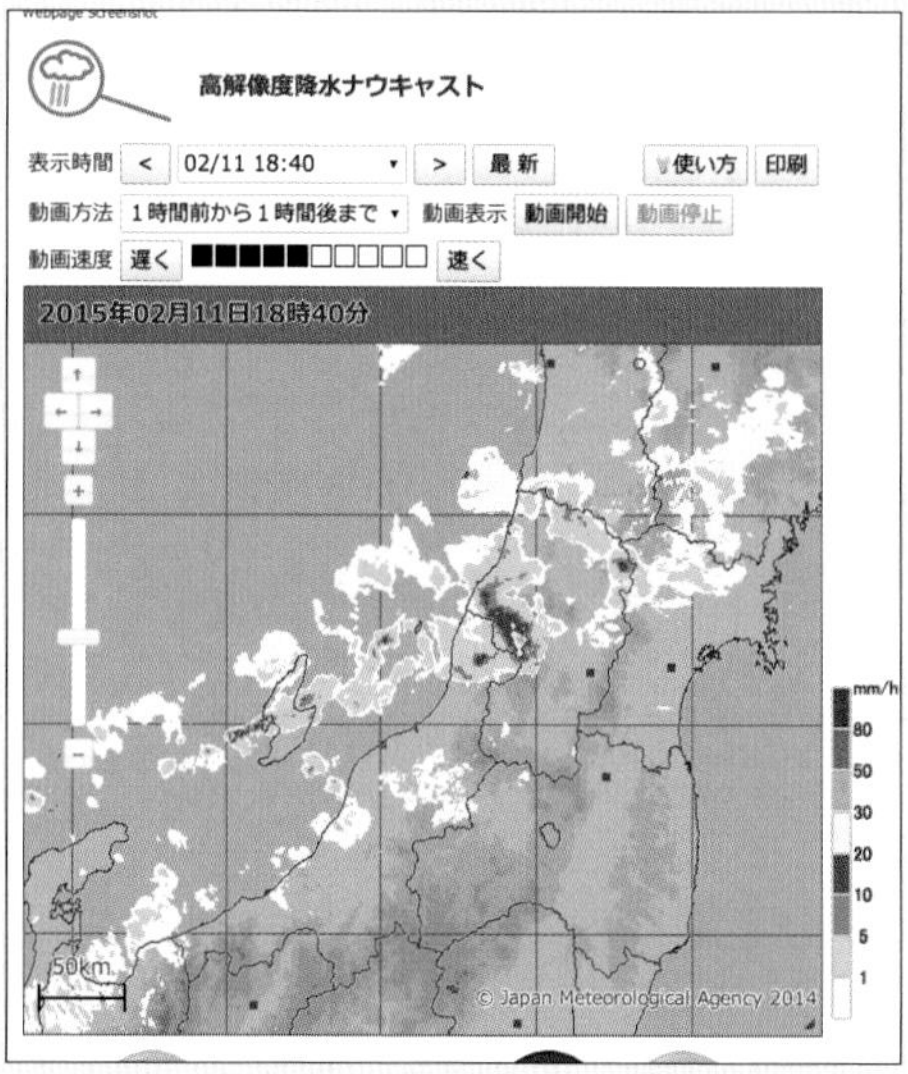

東北地方南部を表示した例。表示領域は自在に変えられる

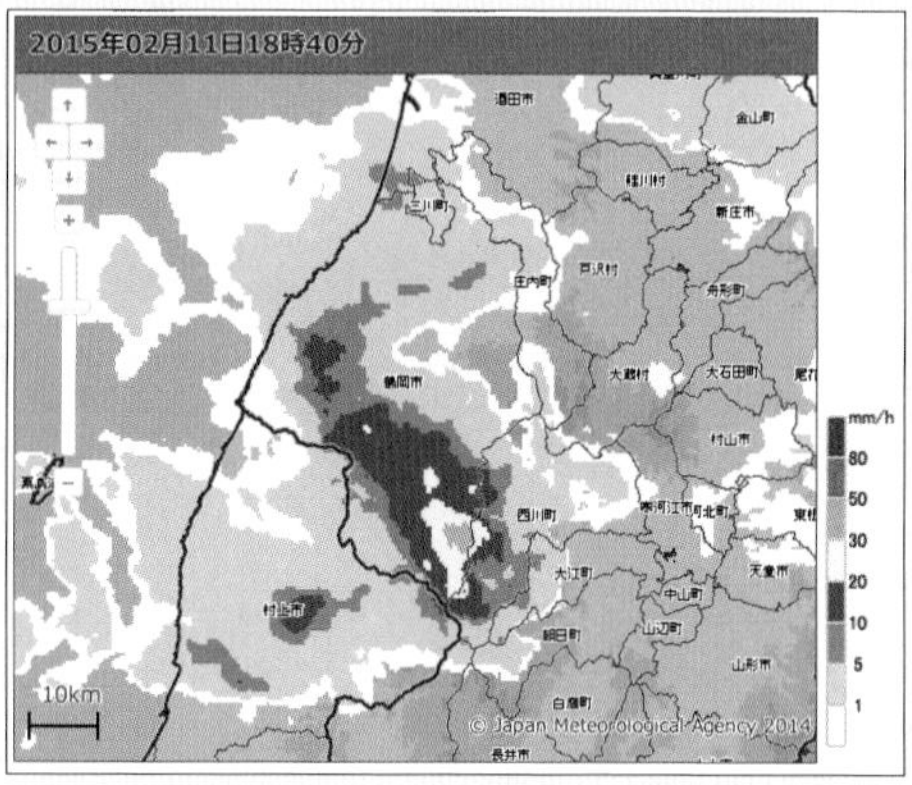

拡大も可能。自分の家や圃場がどこか判別するために、市町村名や道路・鉄道などを表示させることもできる

異常天候早期警戒情報
――2週間先までの高温・低温対策に

週間天気予報よりさらに1週間先までの平均気温について、平年との隔たりを「かなり低い」「低い」「平年並み」「高い」「かなり高い」という5段階で表示。警戒情報が出ているときは、地図に色つきで表示される。春の低温・霜害対策、夏の異常高温やイネの障害型冷害対策などに活かせる。

（注）現在、異常天候早期警戒情報は、160頁の図4の2週間気温予報に代わっている。

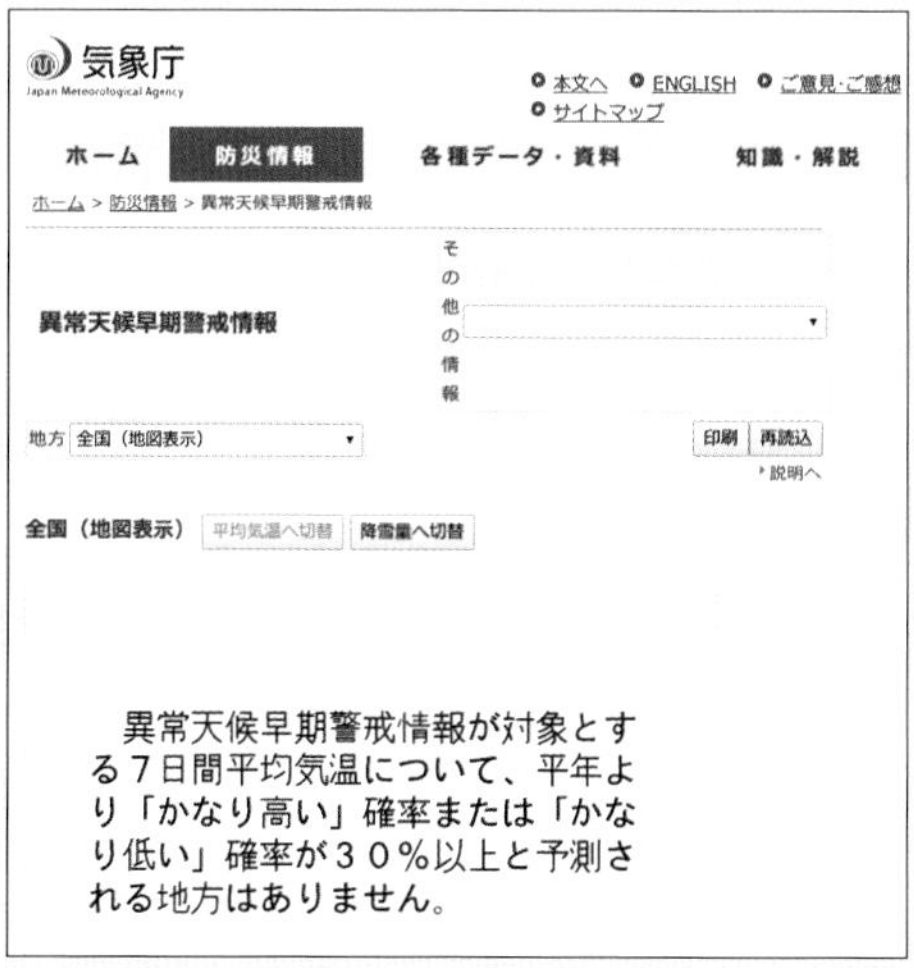

日本地図に色分けした早期警戒情報は、対象とする期間の7日間平均気温が「かなり高い」「かなり低い」となる確率が30%以上と見込まれる場合に発表される

リンゴ農家おススメ

スマホで調べる台風進路予測

青森県鶴田町●下山康祐さん　編集部

進路予報はアンテナを広く

リンゴ農家にとって、収穫期に発生する台風は大きな恐怖だ。収穫前のリンゴは落ちないか、樹は折れないか、台風が発生するたびに不安が頭を離れなくなる。

一番気になるのは進路予報だが、天気予報の情報はちょくちょく変わってしまう。そこで下山康祐さんは、ニュースで見る気象庁発表以外の情報も参考にしている。想定の幅を広げて、なるべく悪い状況にも対応できるようにするためだ。

比較的利用しやすいのは米軍の台風警報センターの進路予測で、インターネットで無料で閲覧できる。またスマホの「ウェザーニュースタッチ」というアプリは、有料で独自予報を公開している。このアプリは、独自予報と気象庁、米軍の予報と三つ並べて表示してくれるので、比較しやすくて便利だという。

過去の台風の進路も参考になる。今発生している台風が、過去のどの台風と似ているのか。調べればいくらでも情報は出てくるが、下山さんがよく利用するのはTBSのお昼のテレビ番組「ひるおび！」だ。ほかの番組と比べて天気予報に時間を割いて、過去の台風との比較などさまざまな情報を放送するので注目するという。

対策の優先順位を決める

台風の進路が予測できれば、自分の地域での風の吹き方が想定できる。風の向きによって、どの園地に強く吹くかが変わるので、危険な園地から収穫するなど対策を打つ。枝を支える支柱は、少し緩めたほうが果実が落ちにくいそうだ。もちろん日頃から防風ネットなどの備えも欠かさない。

下山さんはSNSを使って、自分が所属する勉強会の仲間と情報を共有している。台風が来れば、進路予測についての情報や、過ぎ去ったあとは、どんな被害があったかも積極的に報告している。離れた地域の仲間同士で結果を報告しあえば、経験が2倍、3倍になり、次の台風に向けて勉強になるのだそうだ。

（『現代農業』二〇一八年八月号）

下山康祐さん（35歳）。リンゴ農家の工藤秀明さんが主宰する勉強会「The EARTH（アース）」に所属（赤松富仁撮影）

気象庁以外の台風進路情報

米軍の台風情報

米軍合同台風警報センター（JTWC）のホームページより無料で入手できる。時刻は協定世界時で表示され、9時間足すと日本時間になる。例えば21/00zは協定世界時で21日0時、日本時間では21日9時。

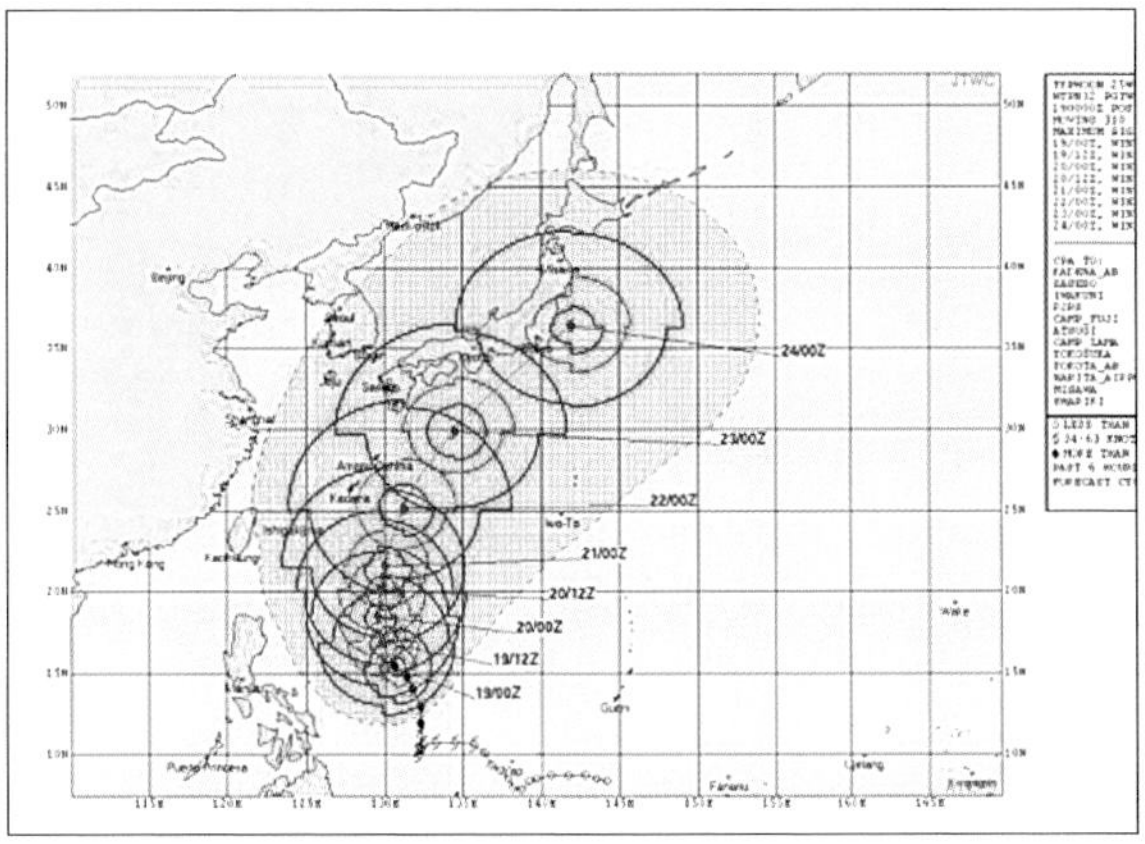

米軍合同台風警報センターのホームページより。
写真は2017年10月の台風21号の予想進路図
（URL：http://www.metoc.navy.mil/jtwc/jtwc.html）

ウェザーニュースタッチ

民間の気象情報会社が提供するスマホアプリ。アプリは無料だが、独自の台風進路予報は有料（月額約300円・税別）。台風進路の独自予想や、気象庁発表、米軍発表と3つを比較できるページなど、豊富なコンテンツがある。

スマホアプリ「ウェザーニュースタッチ」の2017年10月の台風21号の予想進路図。21日時点での予想（編集部で一部加工）

天気予測、防災対策に便利なインターネットサービス

●編集部

一五時間後まで予測できる雨雲レーダー

雨雲レーダーとは、地図上に網目状の色で降水量を示すインターネットのサービスのこと。現在の雨雲の位置と今後の動きの予測を、パラパラマンガのように見ることができる。

各社がいろいろなサービスを提供していて、気象庁の雨雲レーダーは、民間のものと比べるとこれまでちょっと使いづらかった。ところが二〇一八年六月二十日にリニューアルして、大幅に性能がアップしたという。

最大のポイントは、これまで予報は六時間先までだったのが、一五時間先までわかるようになったことだ。たとえば夕方一六時の段階で、翌朝七時の降雨状況までわかる。朝まで晴れるかどうかで、トンネルの開閉を決めなければならない、そんな状況で効果を発揮するだろう。パソコンからもスマホからも、気象庁ホームページの「今後の雨（降水短時間予報）」で見ることができる。

川の水位が確認できる「川の防災情報」

ゲリラ豪雨や河川の氾濫の危険が迫ったときに使えるのが、国土交通省が

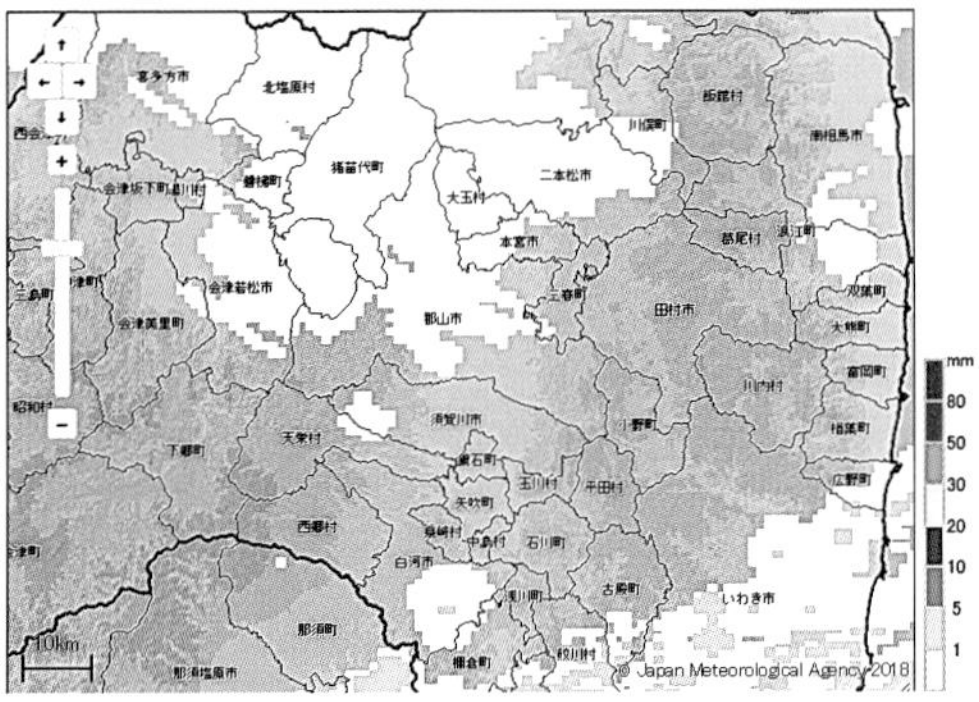

10時現在の雨量。緑の地域は晴れている（提供：気象庁、以下も）

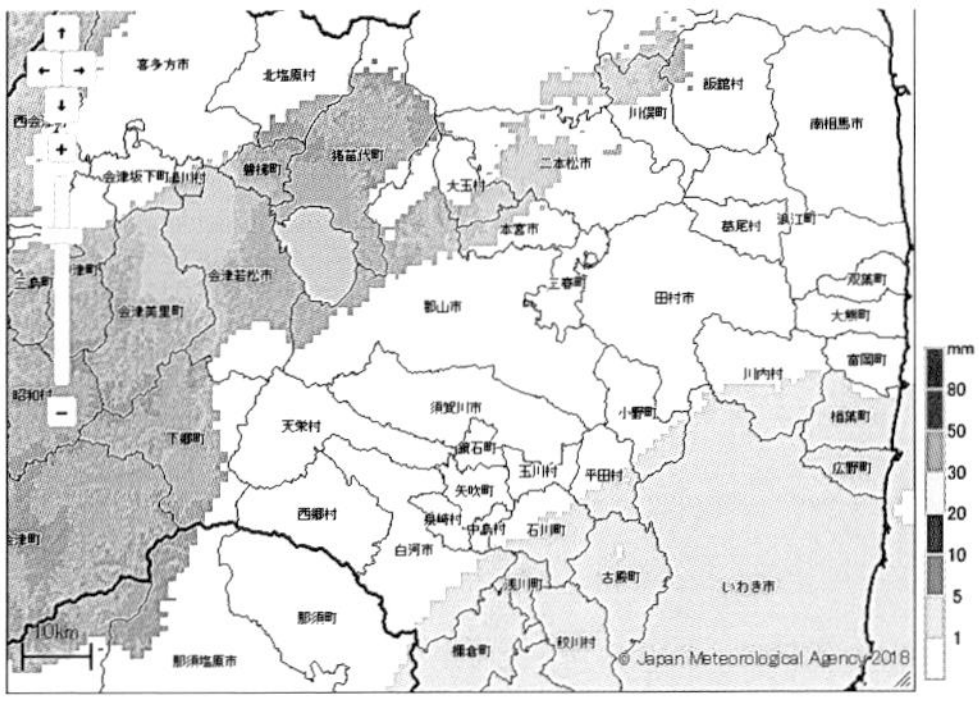

6時間後の16時の予報。東部は雨が降るようだ。今まではここまでしかわからなかった……

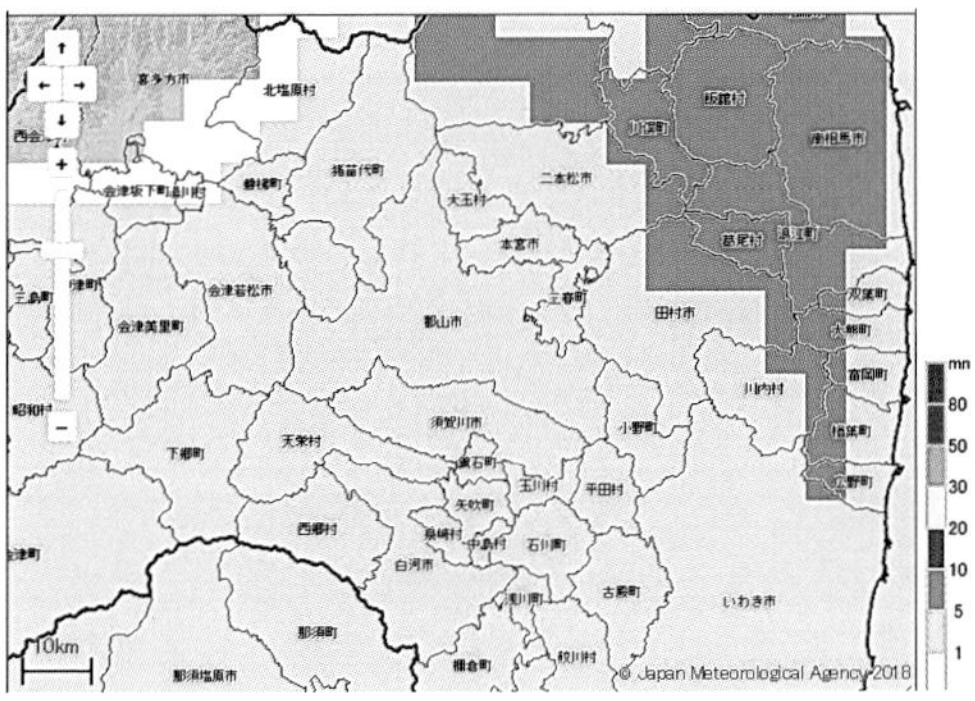

今回見られるようになった15時間後の深夜1時の予報。全域で雨が降り、東北部は強まるようだ。URLは https://www.jma.go.jp/jp/kaikotan/

提供する「川の防災情報」だ。雨量レーダーに予測機能はなく現在の情報だけだが、時間差が少なく、ほぼリアルタイムの情報を入手することができる。

さらに河川の水位観測所と情報がつながっているので、河川の水位、氾濫の危険性を家にいながら知ることができる。パソコンからもスマホからも見ることができる。

（『現代農業』二〇一八年八月号）

リアルタイムに近い雨量レーダー。△が水位観測所の位置を示す。国土交通省・川の防災情報ホームページ（http://www.river.go.jp/）をもとに編集部で加工、下も

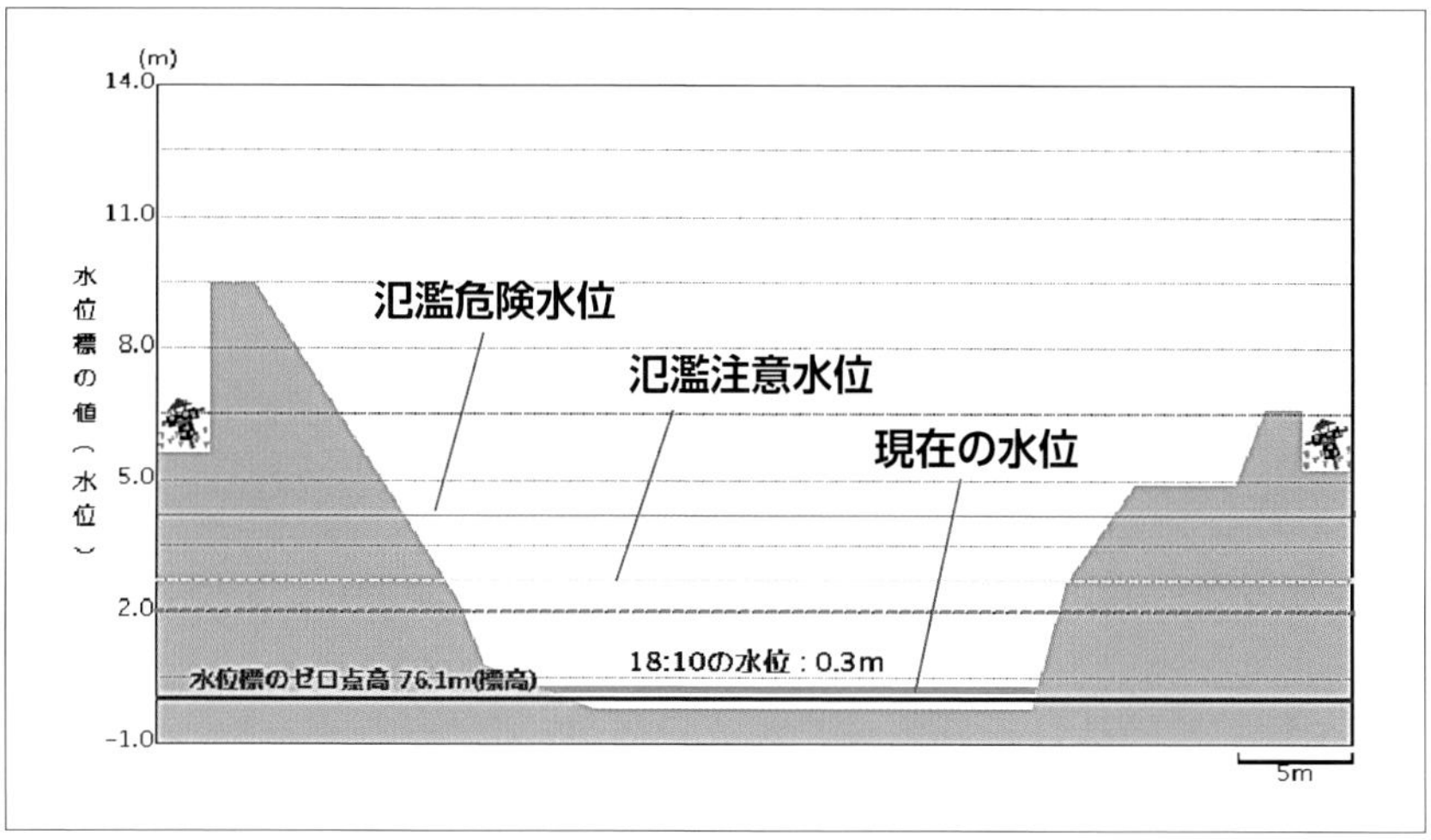

水位観測所の位置をクリックすると、現在の河川の断面図が表示される。氾濫危険水位に対して、どのくらいなのかがわかる

関連図書紹介

月と農業

中南米農民の有機農法と暮らしの技術

ハイロ・レストレポ・リベラ 著／AB変型、176頁、3,000円+税、農文協刊

果樹の接ぎ木は満月に向かうときに、根菜の播種は新月に向かう時期に…。月に導かれ豊かに生きる中南米農民の伝統的農法と暮らし方の知恵を素朴な絵で紹介。ラテンアメリカのおもしろ農業！　有機農業の知恵満載

●目次

6

農家天気予報に挑戦

廣幡泰治（廣幡農園経営、気象予報士）

天気予報のしくみ

農業と天気予報には一つの大きな共通点があると思う。それは両者ともたいへん複雑な自然現象を相手にしているということだ。

夏の青空を背景に湧き上がるカリフラワーのような積乱雲、人工衛星から見下ろす地球上の雲、不規則に生成と消滅を繰り返す雨雲レーダーのエコーの動きなど、その複雑さは人知を超えているように思える。同様に、作物は同じ品種でもそれを取り巻く環境条件により生育は様々で、気象現象よりもはるかに複雑な世界だ。同じ複雑系の未来予測の方法には共通点があるのだろうか。そこにはお互いにとって有益なヒントがあるのかもしれない。

天気図から悪天域がわかる

「観天望気」という経験則による天気予測が古くから行なわれていたが、その予想は数時間から一日先が限界だった。時代は進み、悪天は低気圧（気圧の低いところ）がもたらすということがわかり、各地の気圧を測定し天気図を描くことで、悪天域の位置とその移動の様子を知ることができるようになった。

しかし、その後の天気図がどのように変化するかという未来予測については、やはり予報技術者のノウハウや経験則に頼るしかなかった。とはいえ、同じような天気図が何度も現われるわけではないのだから、経験則を活かせる場面は決して多くはなく、数日先の予測となるとほとんど不可能だったようだ。そこで登場したのが現在の予測手法（数値予報）だ。

小さな空気の塊に注目

天気図の変化を決める法則はないが、小さな空気の塊一つひとつに注目すれば、その動きや状態の変化（気温・湿度・圧力など）を決めているのはシンプルな物理法則なのだ。空気塊の現在の状態を観測し、それに基づいて変化を予測したうえで、頭上の空気塊の重さをすべて加えたものがその地点の未来の気圧になる。これを地球全体で描けば未来の天気図（＝予想天気図）となるわけだ。天気図から空気塊へという発想の転換が予報技術の飛躍的な進歩を生んだ。

過去の天気をもとに現在を把握する

地球を取り巻く大気を鉛直方向に六〇層に、水平方向に二〇kmごとに分割したもの。その一つひとつの網目が、天気予測のための空気塊に相当する（下図）。

未来を予測するには、まず数千万個にものぼるすべての空気塊について現在の状態を知りたい。だが現実は、観測点がまばらなうえに観測には必ず誤差が含まれる。洋上や上空の観測データはさらに悪い状況となる。未来予測では少しの誤差が大きな誤差に発展するから、現在の状況をいかに正確に把握するかに最大の努力が払われているのだが、この方法がなかなか興味深い。

完全に数学的手法なのだが、不正確を覚悟で簡単に説明するなら、「個々の空気塊について、現在から未来を予測する技術と同じ手法で、ある過去の時点から現在を予測する。条件を少しずつ変えながら何度も計算し、現在の状況がきちっと説明できた時点で、その予測値を現在の状態と判断する」というものだ。観測されたデータそのものではなく、「予測値」が現在の「真の観測値」となるところが面白い。

篤農家の生育診断も同じではないか

作物の栽培管理でも同じことが言えるのではないだろうか。たとえば篤農家が田んぼ全体の様子を眺めたうえで、穂の一つひとつまでを丹念に観察する。さらに、そうなった過去の経過、時には昨年の状況までも含めて思いを巡らし、一見しただけでは見誤りそうな生育の変化を診てとる。そのうえで生育の状況が一貫して理解できて、初めて正しい観察ができたことになるのだろう。

以下、農家による農家のための天気予報に挑戦する。その中で、天気予報は巷に溢れるが、自分の圃場の天気は自力で予想するしかないと提案しようと思う。同様に、作物の栽培管理でも生育予測を自力でやることがとても大切である。気象予報技術の考え方にヒントを得て、栽培面にも活かしていただければ幸いである。

（『現代農業』二〇一二年十月号）

天気予報の予測計算の対象となる小さな空気の塊

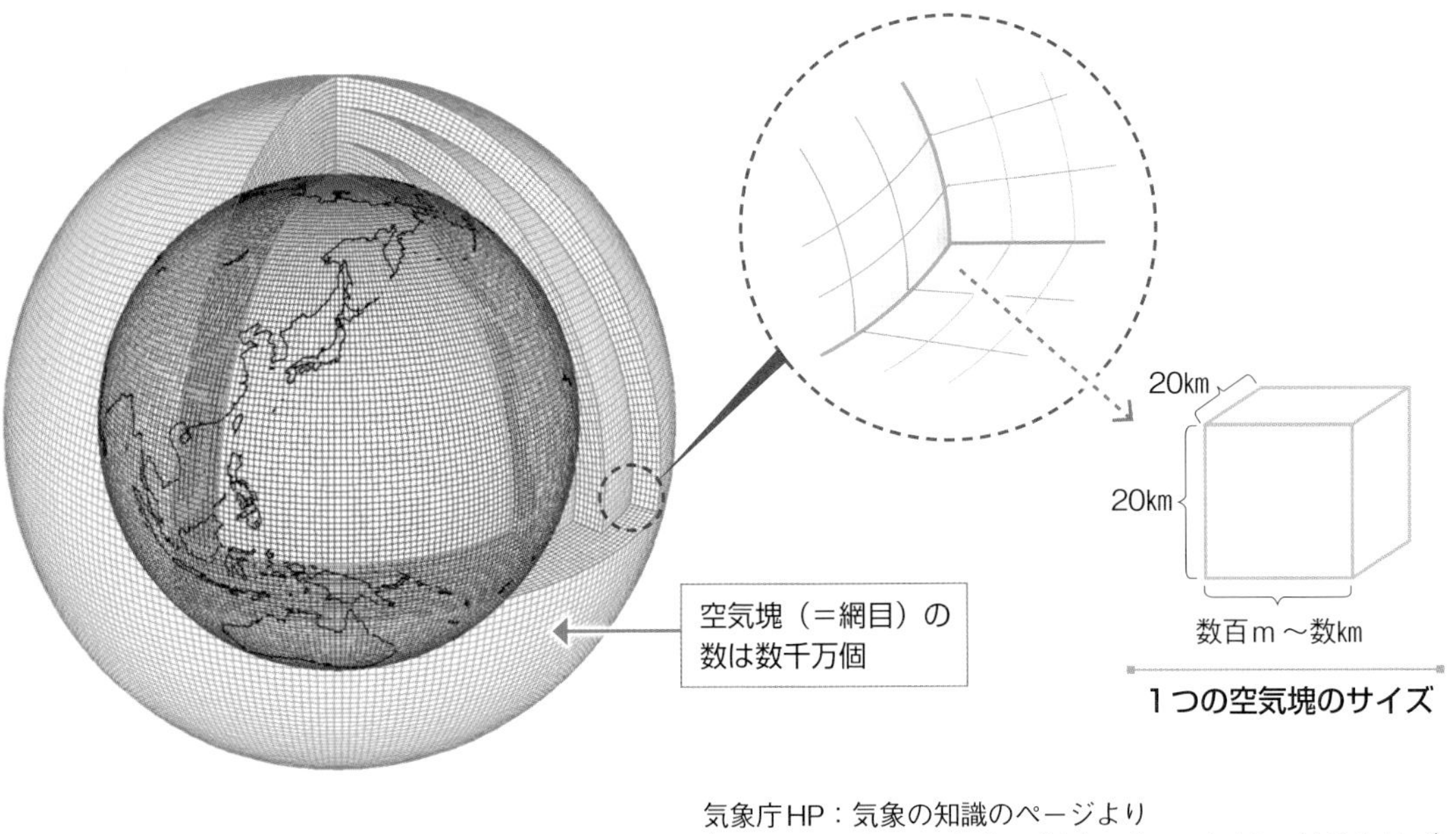

気象庁HP：気象の知識のページより
（http://www.jma.go.jp/jma/kishou/know/whitep/1-3-1.html）

風のない日を予想する

ブドウを植えるのといっしょに気象予報士資格を取得

下の写真は、わが家の前に広がる田園風景である。奥に見える山々は那岐《なぎ》山《さん》を中心とする中国山地である。中腹まで垂れ下がっている雲を「風枕」と呼ぶが、古くから広戸風《ひろどかぜ》という恐ろしい突風が吹く前兆とされてきた。どの程度の強風になるか事前に予測できていれば、風枕はとても綺麗で農作業の疲れを癒してくれる。

自己紹介を少し。私は横浜の電子機器メーカーに二〇年間勤めた後、早期退職して実家（岡山県）の広い畑の片隅でブドウ栽培を始めた。それまで気象とは無縁であったが、気まぐれな天気に農家がたいへんな苦労を強いられてきたのを子供の頃から見て育った。もちろん、それ以上に恩恵も受けていたはずで、農業を始めるに際し「気象の知識は必ず役に立つ」という思いから、ブドウの樹を植え付けたのと同じ年に気象予報士資格を取得した。

その後六年が経過し、ブドウ樹のほうはやっと経済年齢に達しつつある。予報も最初ははずしてばかりだったが、最近は同じはずすにしても大ケガをしなくなった。これからもブドウ栽培と天気予報、ともに技術研鑽していきたいと考えている。

天気マークや降水確率より天気図

最近の天気予報はずいぶん当たるようになったが、週間予報に関しては「コロコロ変わって当てにならん」との評価がまだ主流のようである。しかし、一見「コロコロ変わって」いるようでも、じつは「少しずれた」という表現が近い場合も多い。換言すれば、ずれ幅を見込んでおけば十分正確なのである。この「ずれ」は天気図を毎日見て初めてわかるもので、お天気マークや降水確率の数字の列を見るだけではけっしてわからない。

風枕。岡山県勝央町下町川から中国山地を望む（2009年5月29日、午後1時27分）

わが家の農作業を手伝ってくださる近所の「愛ちゃん」は天気番組を欠かさず見るそうだ。彼女は「予報より天気図を見たほうがわかりやすい」と言う。天気図が持つ情報量の多さを知っていて、「天気のずれ」はもちろん、雨の降り方さえも天気図から読み取っているようだ。皆さんもぜひ天気図をある程度読めるようになっていただきたい。

週間天気予想図を見てみよう

その天気図だが、北海道放送㈱（HBC）という地方テレビ局のホームページに、気象予報士が使う専門天気図が掲載されている。その中に「週間アンサンブル予想図（FEFE19）」というものがある。名前は難しそうだが、えらく大雑把で簡単そうな天気図である。これを頼りに一週間先までの風が最も弱い日を予想してみよう。

週間アンサンブル予想図

（日本気象予報士会提供、HBCのホームページ　http://www.hbc.co.jp/weather/pro-weather.htmlより）
注）実際は6枚の天気図（8日後まで）が掲載されているが、誌面の都合により⑥は割愛

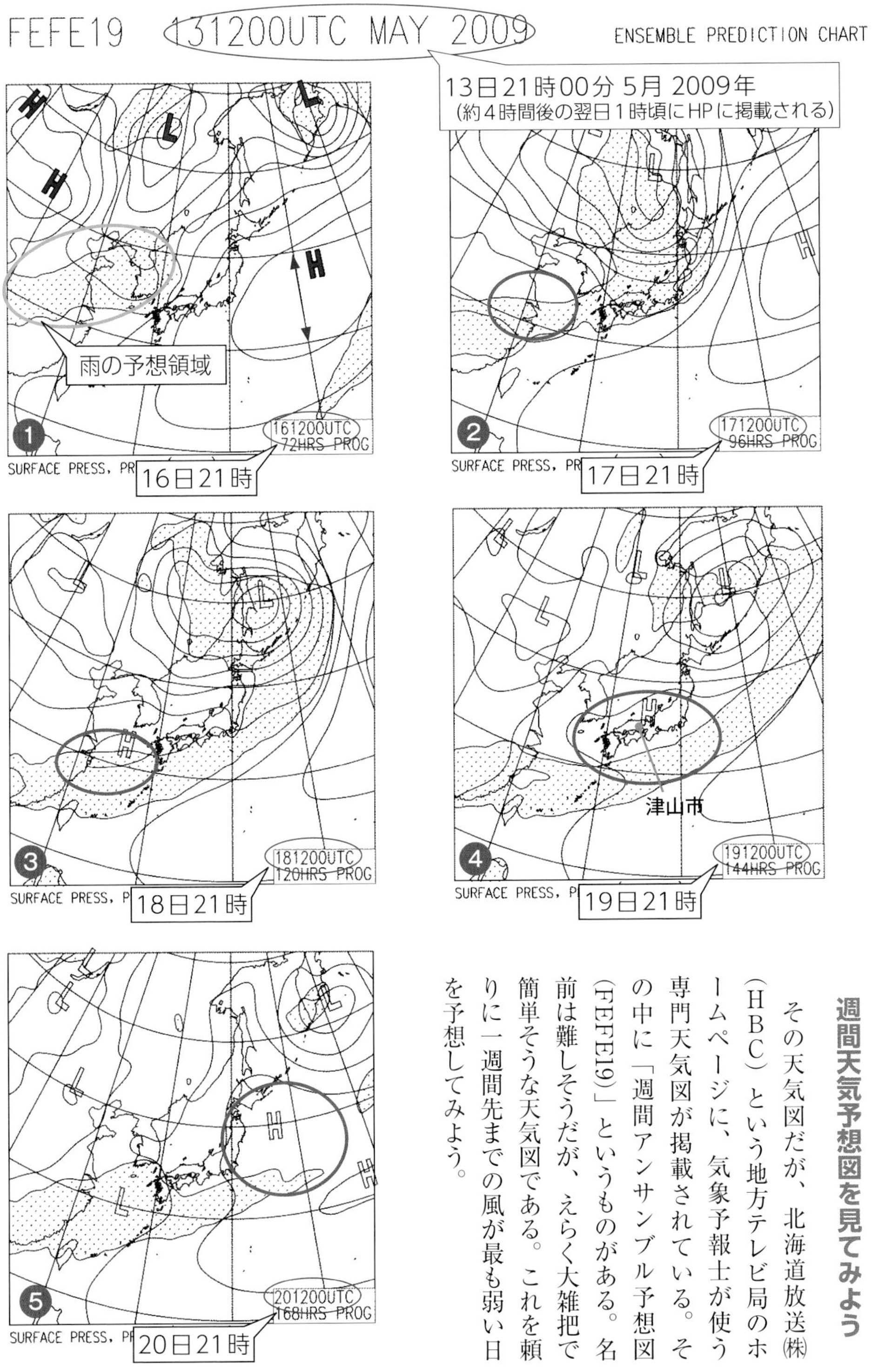

前頁の図の数字と英文字が並んだ「13120OUTC MAY 2009」は「十三日一二時〇〇分世界時　五月二〇〇九年」という意味だ。「一二時世界時」は日本時間の二一時（＝一二＋九）に

2009年5月17日～21日の天気（岡山県津山市）

日付	平均風速 m/s	最大風速 m/s	最大瞬間風速m/s	天気	最高気温 ℃	最低気温 ℃	降水量 mm
17日	1.4	3.0	4.2	雨	18.8	15.0	9.0
18日	1.8	6.2	10.4	晴れ	25.8	10.8	－
19日	1.1	3.0	5.0	晴れ時々くもり	26.7	10.3	－
20日	1.3	4.7	7.2	晴れ後くもり	30.7	10.9	－
21日	2.6	7.5	14.5	くもり夜雨	25.2	16.4	1.0

あたる。つまり、この天気図は、五月十三日二一時（初期時刻）に得られた最新の気象データをもとに、八日先までの日々の天気を予想したということになる。❶は初期時刻から三日後の十六日二一時の予想天気図であり、❷は四日後の十七日二一時の天気図……と続く。

天気図の知識をお持ちの方はよくご存じだろうが、風の強さは等圧線の混み具合で、風向は等圧線の走る方向で決まる。地上風速のおおよその目安として、等圧線の間隔が天気図の南北の一目盛（天気図❶の青矢印の間隔で約一一〇〇km）の場合には一～二m／sの風が吹くとされる（海上や沿岸は除く）。この一目盛に等圧線が三本入っていれば三倍の強さ（三～六m／s）の風が吹くことになる。ただし、高気圧の中心（Hマーク）付近は風が弱く、低気圧の中心（Lマーク）付近は風が強いことが多い。

高気圧がやって来る日は？

予想対象地域を岡山県の内陸部に位置する津山市とする（天気図❹の緑矢印）。天気図❸～❺を見ると、十八日から日を追うごとに高気圧（Hマーク）が東に移動している。薄い紫色の円で囲んだ部分はH周辺の風が弱い領域である。

この風が弱い領域が津山市を通過するのは十九日の予想だが、タイミングが半日から一日程度ずれたり、あるいは移動コースが南北にずれる可能性もある。日程決めを一、二日延期できるなら、十九日は仮決めとして様子をみるのがコツだ。ちなみにこのときは、二日後、十五日二一時時点の予想を見ても十九日の日中に津山市を通過するのは間違いなさそうだった。

さて、実際の天気はどうだったのだろうか。十七～二十一日の天気と風の実況を上の表にまとめた。この五日間の中では十九日の風が最も弱く、予想は当たったことになる。

今回は大成功だったが、いつもこのようにうまくいくわけではない。じつは天気図FEFE19だけでは不十分で、他の天気図も併用するとさらに精度が上がる。今後、機会があったらご紹介したい。

（『現代農業』二〇一〇年五月号）

大雪を予想する

年が明けて立春を過ぎる頃には日増しに昼の時間が長くなり「光の春」を迎える。だが「気温の春」はまだ遠く、二月が最寒月となる地域も多い。大雪でも降ろうものなら畑はなかなか乾かず、農作業の計画は大幅変更を余儀なくされる。

頼りの週間天気予報には雪マークはあっても降水（雪）量についての予想が見当たらない。量的な予測を発表するには予報精度が不十分なのだが、予想天気図や資料からは数日先の大雪のシグナル（気配）を読み取れる。

大雪が降る天気図三パターン

大雪が降るパターンには次の三つがあり、それぞれ特徴的な天気図となる。

①**冬型（山雪型）**…日本海側の山岳部を中心とした大雪になることが多い（図1C）。

②**袋型（里雪型）**…日本海側の平野部を中心とした（大）雪になることが

図 1　大雪時に現われる特徴的な天気図
（2005 年 12 月 16 ～ 18 日）

Ⓐ 袋型

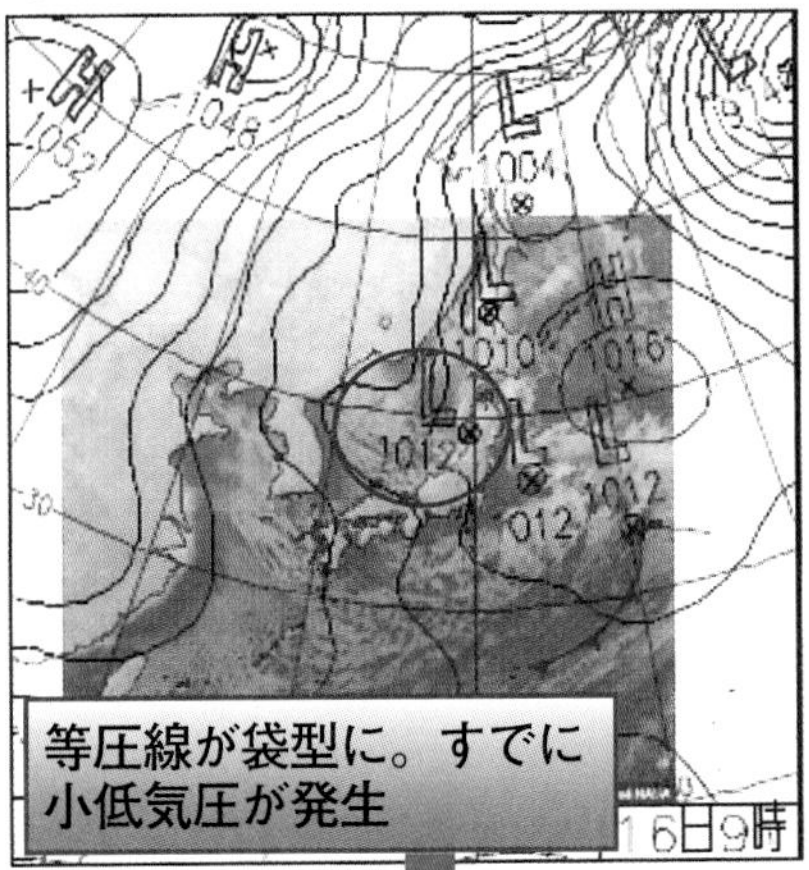
等圧線が袋型に。すでに
小低気圧が発生
16日9時

16 日（金）
記録的積雪量
西日本は冬型の気圧配置。青森県酸ヶ湯で積雪173cm。ここ数日の降雪により約20カ所で12月の最深積雪の記録を更新。福井県等で雪下ろし中に屋根から転落し4名死亡

Ⓑ

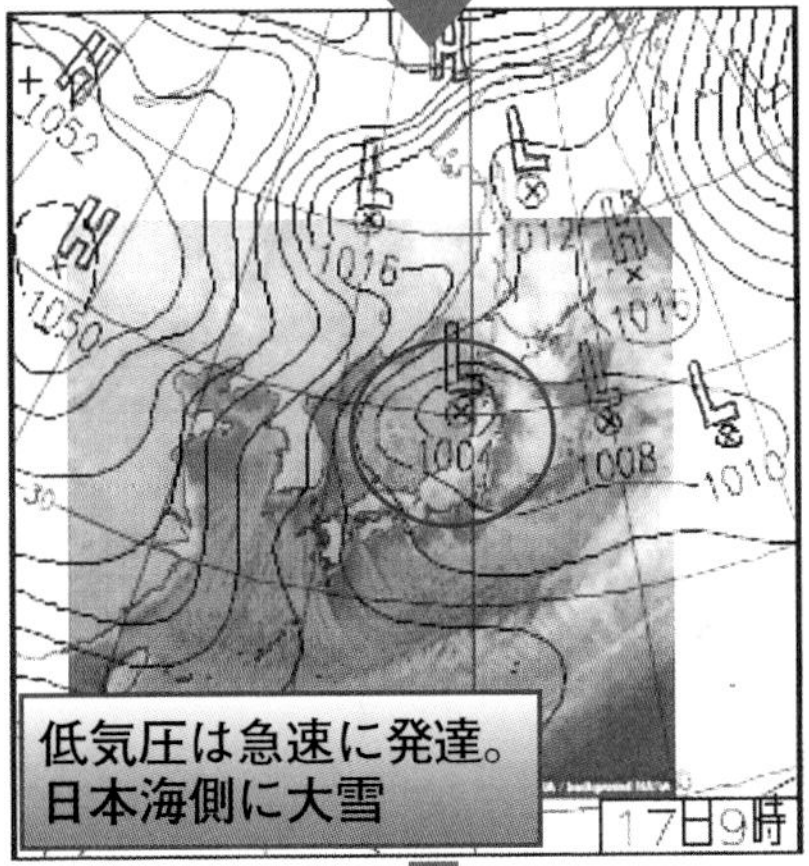
低気圧は急速に発達。
日本海側に大雪
17日9時

17 日（土）
帯状対流雲 発生
日本海西部には走向の違う筋状雲が帯状対流雲を構成し北陸・山陰を指向し、広島県庄原市で47cm／24h（23時）の降雪。西日本・沖縄の最高気温は、平年より3 ～ 7℃低く真冬並み

Ⓒ 冬型

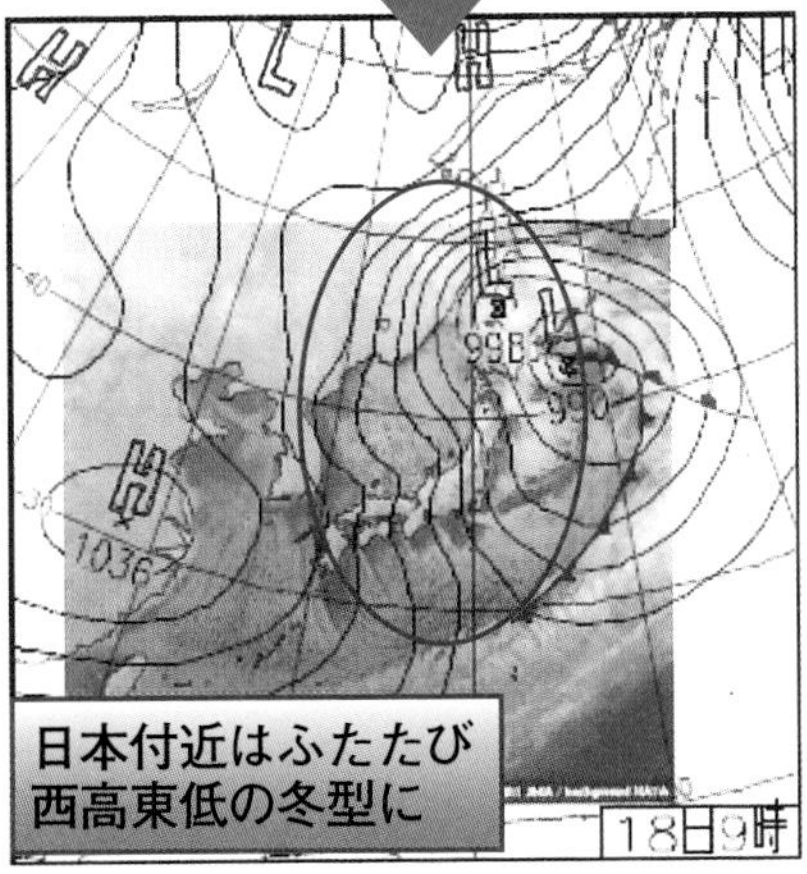
日本付近はふたたび
西高東低の冬型に
18日9時

18 日（日）
館野（つくば市）
上空 －41℃の寒気
北日本から東日本の上空5200m付近には－40℃以下の寒気が入り、冬型が強まる。群馬県みなかみ町藤原で9時までに42cm／24hの降雪。東京都八丈町で平年より33日早い初雪

天気図は気象庁HPの「日々の天気図」（右側のコメント含む）、衛星画像は高知大学「気象情報頁」より転載。
天気図中のH：高気圧、L：低気圧

多い（図1A）。

③南岸低気圧型…二〜三月に多く、太平洋側が大雪となる（図2）。

冬型では日本付近の等圧線が南北に立った形で混んでおり、こういうときは日本海から内陸に向かって非常に強い風が吹く。これが山脈にぶつかって激しい上昇気流が発生することで雪雲（積乱雲）が発達する。山間部は吹雪いて大雪になるが、日本海に近い沿岸や平野部では比較的少ない場合が多い。山雪型と呼ばれる所以《ゆえん》だ。

冬型が緩んでくると、等圧線の間隔が広くなり、袋のように西に膨らんだ形になることがある（図1A）。この領域の海上ではミニ台風のような小さな低気圧が発生しやすく、上陸すると沿岸や平野部でも雷や突風をともなった大雪となる。台風と同様に上陸するとしだいに弱まることが多いことから里雪型の降雪となる。この里雪型と山雪型の二つの型は数日間隔で交互に現われることがある。

図2　南岸低気圧型

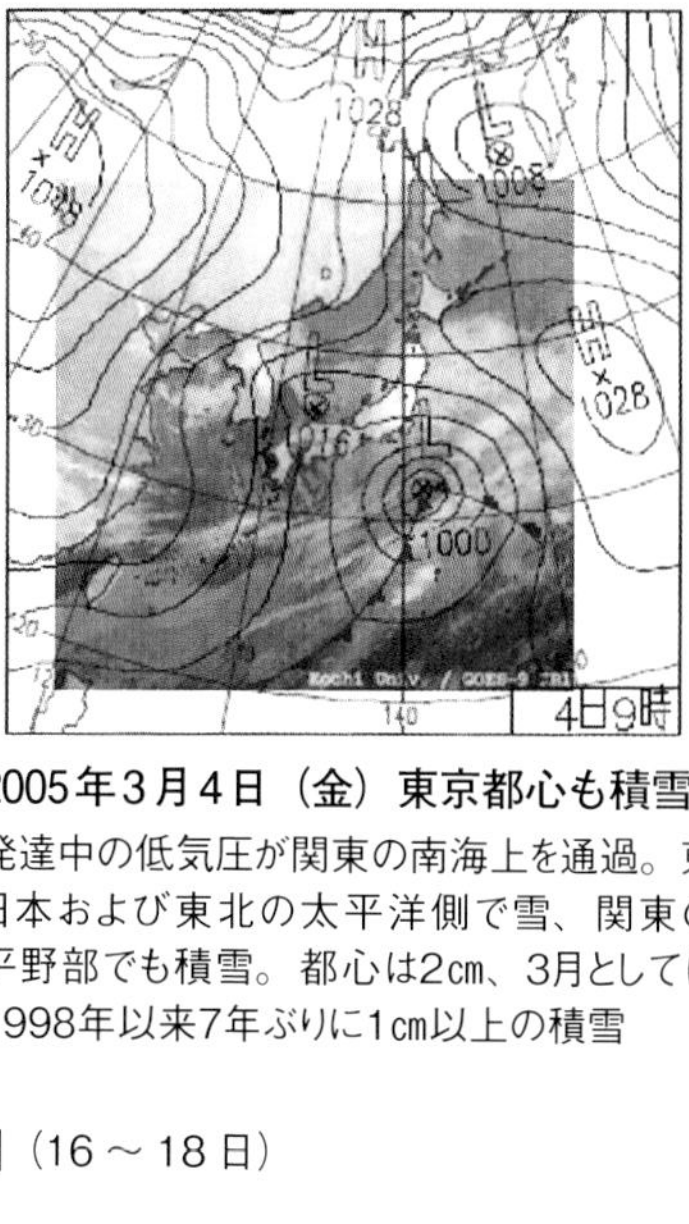

2005年3月4日（金）東京都心も積雪

発達中の低気圧が関東の南海上を通過。東日本および東北の太平洋側で雪、関東の平野部でも積雪。都心は2cm、3月としては1998年以来7年ぶりに1cm以上の積雪

一方、③の南岸低気圧型は太平洋側が（大）雪になるパターンで、冬型や袋型に比べて降水（雪）量は少ないが、雨になるか雪になるかの予想がたいへん難しい。雪に不慣れな太平洋側の都市部では数cmの積雪でも大混乱をきたすため予報士泣かせの現象だ。

では、図1で紹介した袋型〜冬型パターンを週間天気予報ではどのように予想していたのだろうか。

図3は二〇〇五年十二月十四日に発表された予想天気図だが、十六日には日本海の等圧線が西に大きく膨らみ袋

図3　2005年12月14日発表の週間天気予想図（16〜18日）

※網掛け部分は日降水量5mm以上が予想される領域

(FEFE19 13120OUTC DEC 2005)

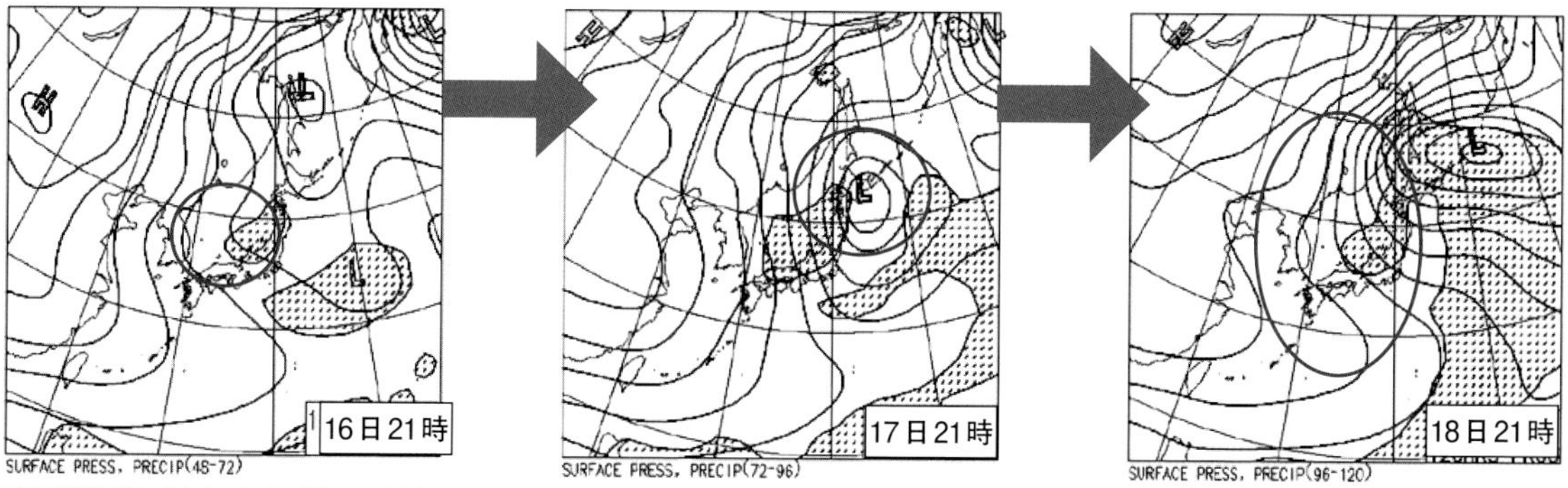

等圧線間隔が広く、西に膨らんだ形。日本海側の東北地方に降水が予想されている。この付近に小低気圧の発生が予想される

太平洋側で低気圧が急速に発達。低気圧の西側は冬型が強まり始めている

低気圧はさらに発達し、日本付近は東北地方を中心に強い冬型に

注：週間天気予想図（FEFE19）はHBCウェザーセンターのホームページで入手できる

型に近い形を予想していることがわかる。この部分に小低気圧が発生し、急速に発達しながら東進。十八日には強い冬型になる予想となっている。大まかではあるが実況（図1）をうまく予想していたと言える。

「上空の強い寒気」も目安

大雪を予想する際、もう一つ重要な目安がある。テレビでもおなじみの「上空の強い寒気」だ。図4は高度一五〇〇m付近（正確には八五〇hPaの気圧になる高度）の気温を予報した同日発表の資料だが、北陸地方より北は大雪の目安とされるマイナス一二度以下の非常に強い寒気に覆われている。

週間天気予報に雪マークがあり、信頼度情報（一三一頁参照）がAである場合は、ぜひこれらの予報資料を利用して大雪に備えていただきたい。

（『現代農業』二〇一一年二月号）

図4　850hPa（高度1500m付近）の寒気が北陸地方より北を覆っている

（週間予報支援図：FXXN519）

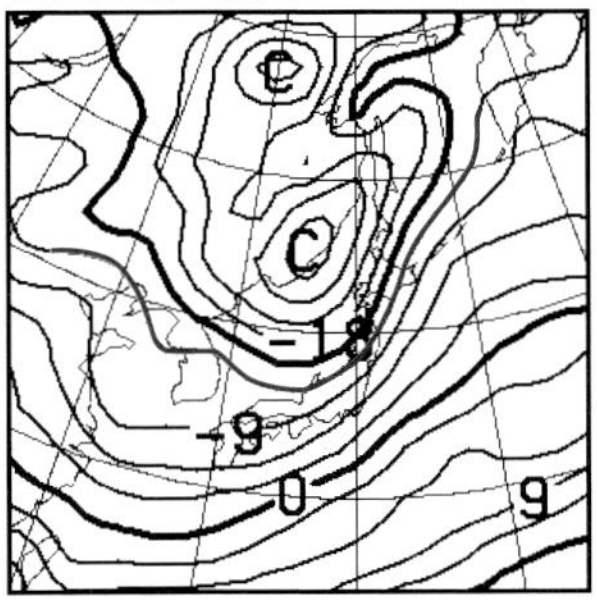

目安：雪は−6℃、大雪は−12℃（図中の赤線）。テレビでは5000m付近の目安である、−30℃（雪）と−36℃（大雪）がよく紹介される

参照：地球気（専門気象情報）
http://www.n-kishou.com/ee/exp/exp01.html?cd=fxxn519&cat=e3

春一番と災害

立春から春分の間で、その年に初めて吹く南寄りの暖かい強風を「春一番」と呼ぶ。わが家では、二月になるとブドウの大型ハウスの屋根をビニールで被覆する作業を始める。また、三月は全国的にも野焼きが多い季節でもある。ともに強風の中ではたいへん危険な作業となるため、強い風が予想される日は避けて計画したい。

一二〇頁では、週間予想天気図を利用して風の弱い日を予想したが、今回は風の強い日を予想してみよう。

風は気圧の低い側を左斜め前に見るように吹く

本題に入る前に、天気図と風の関係について復習しておく。風は空気の流れだが、よく川の流れにたとえられる。地形の標高差が大きいほど（地図の等高線が混んでいるほど）水の流れは速い。同様に風は気圧差が大きいほど（天気図の等圧線が混んでいるほど）強く吹く。

また、風は低気圧に向かって真っすぐ吹くのではなく、気圧の低い側を左斜め前方に見るように吹く（図1）。これは、転向力（コリオリの力）という不思議な力が風を右に曲げるためだ。だから、高気圧の周辺では風が右回転しながら高気圧から吹き出すように、また低気圧周辺では左回転しながら低気圧中心に吸い込まれるように吹く。図3の表や図1の中に風向風速の見積もり方法を示したが、風は地形や気象条件によっても大きく変化する。

等圧線が混んでいて微風だった例、突然強風が吹いた例

実際の例を見てみよう。

図2は二〇〇九年二月十三日の実況天気図だが、等圧線から判断すると西日本一帯は秒速一〇m前後の南よりの強風が吹くことがわかる。この日は全国的に春一番が吹き荒れたが、私の住む岡山県の内陸部では終日微風だった。

瀬戸内地方は、四国山地と中国山地に挟まれた大きな盆地のような形状をしている。日中の天気は曇りだったが、前日から未明にかけて晴れていたため、夜間の放射冷却で盆地内には重い冷気が溜まっていた。上空を流れる空気は暖かく軽いために地上に降りて来ることができなかったのだ（図3）。

翌年二〇一〇年三月二十日の実況天気図（図4）も、前述の二月十三日の天気図にとてもよく似ている。しかし、午前中は微風だったが、昼過ぎから一転して強い風が吹き始めた（図5）。この日は日中もよく晴れていて、朝から気温が順調に上昇したため「冷気湖」はしだいに解消していった。盆地内の空気が上空と同程度に軽くなると、風は地上付近まで降りて来やすくなり、いきなり突風が吹くようになる。

二つの事例を紹介したが、強風が吹く四～五日前に発表された週間予想天気図を見ると、両事例とも日本付近の等圧線は混みあっていて、強風が吹く

図 1　等圧線と風向風速の関係

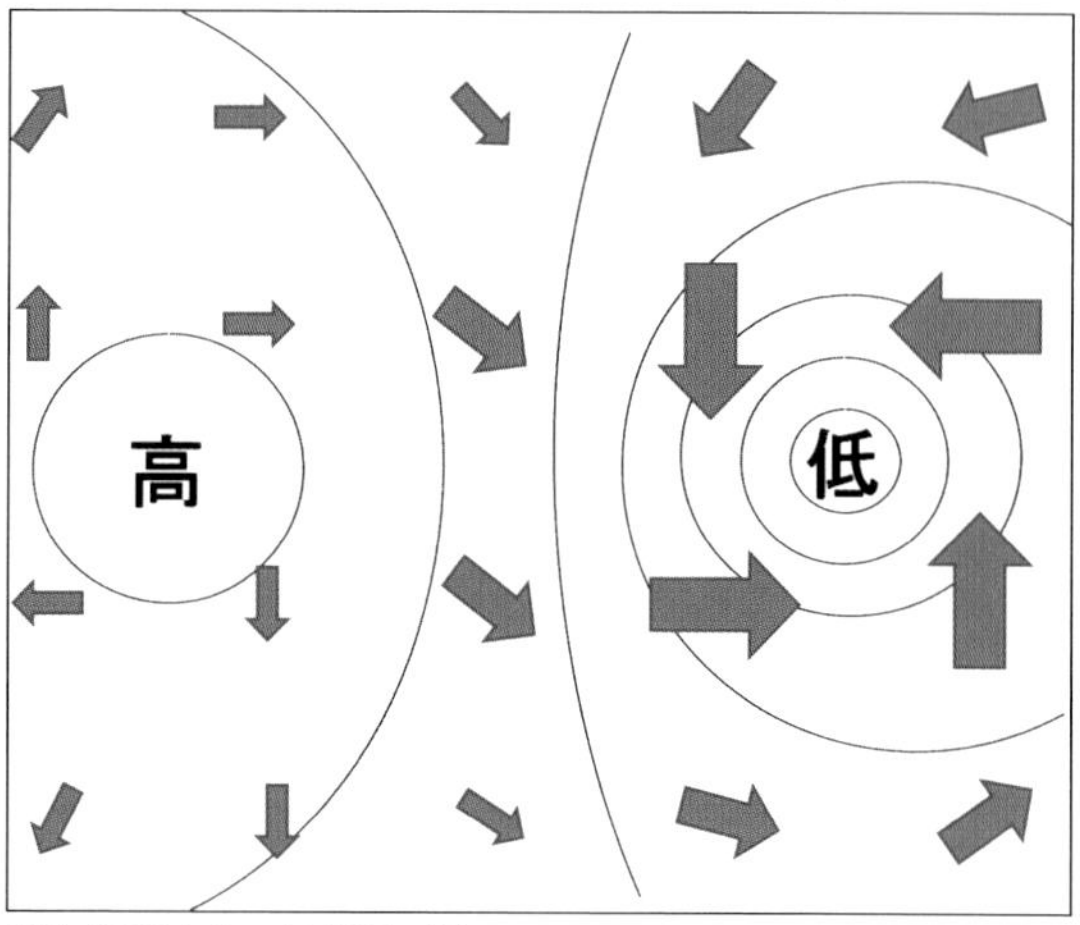

※矢印が大きいほど風が強い

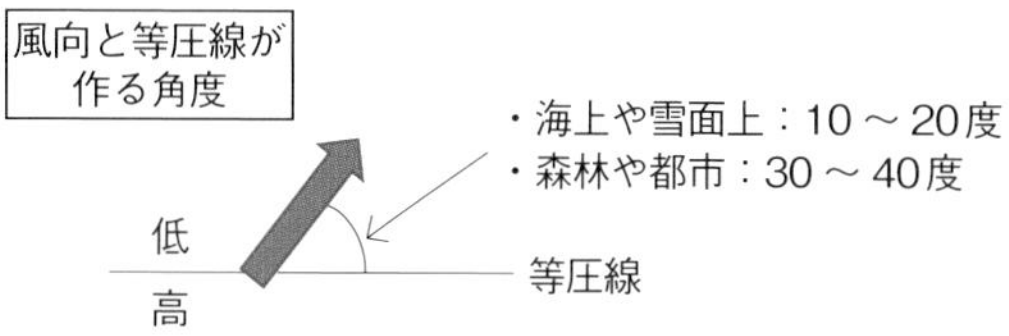

図 2　2009 年 2 月 13 日実況天気図

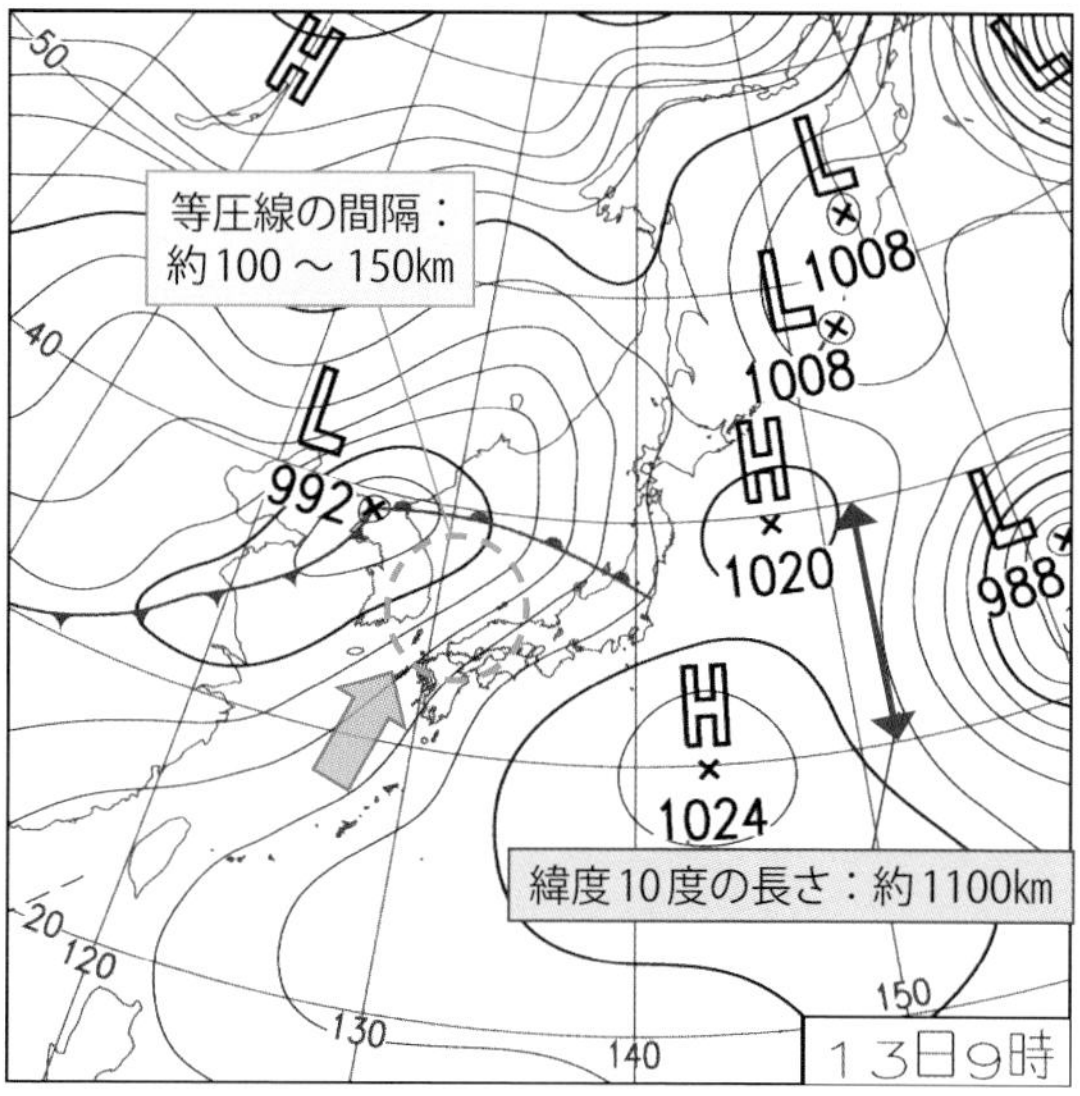

全国各地で春一番
日本海の低気圧が発達・東進。全国的に暖かな南風が強く吹きこみ（青矢印）、気温上昇。九州、四国などで大雨や暴風。熊本県南阿蘇村で最大瞬間風速35.8m/s
H：高気圧、L：低気圧
（気象庁HP「日々の天気図」より転載、加筆）

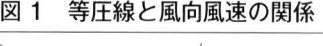

ことはしっかり予想できていた（図4右）。ただ、風が吹き始めるタイミングは、溜まった冷気の強さと日中の日差しの強さによって大きく異なるため、予想するのはたいへん難しい。

三月二十日の事例では、富士山の自衛隊演習場で野焼きに参加していた男性三人が炎に巻き込まれて焼死するという痛ましい事故があった。農家は天気を読むプロでもあるのだから、天気図から明らかに強風が予想されるときは、朝のうち風が弱いからといって油断せず、上空で吹く強い風の気配に注意を払うべきだ。

（『現代農業』二〇一一年三月号）

図３　瀬戸内地方の上空を通過する風の流れ

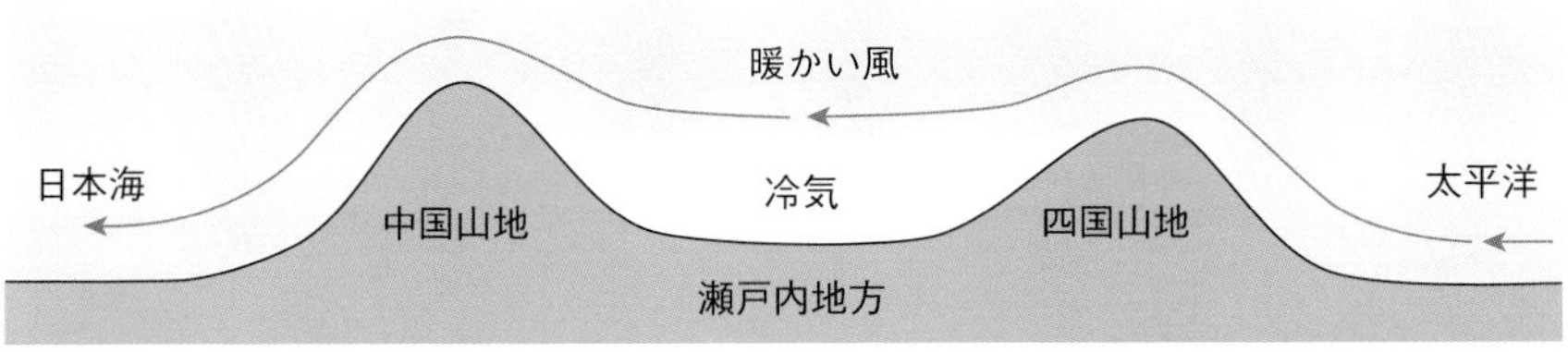

夜間の放射冷却で盆地内に「冷気湖」が形成される。冷たい空気は重いため、暖かい風は冷気湖の上を素通りする。夜が明けて盆地内の気温が上昇して冷気湖が解消されると、上空の強い風が一気に盆地内に進入するようになる

等圧線の間隔と地上風速

等圧線の間隔	風速［m/秒］	
	陸上	海上
1000km	1～2	2～3
500km	2～4	3～6
200km	5～10	8～15
100km	10～20	15～30

（等圧線が4hPaごとの標準天気図の場合）

図４　2010年３月20日９時の実況天気図

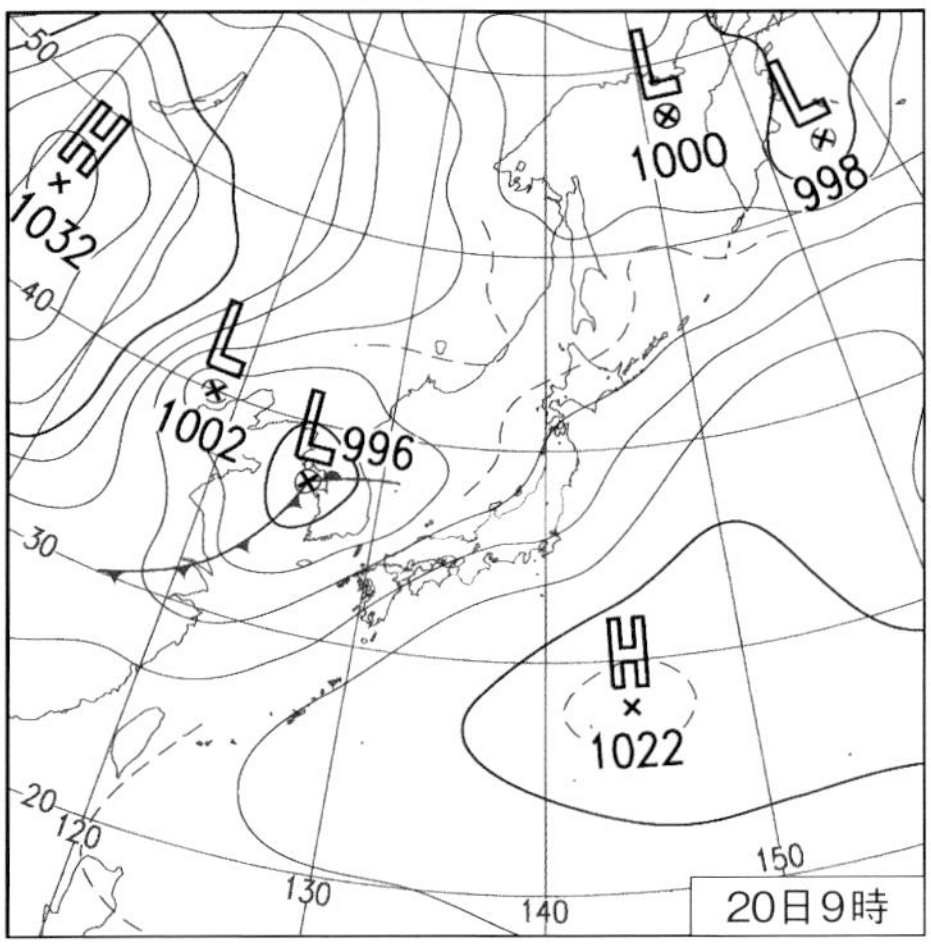

朝鮮半島付近にある低気圧と太平洋の高気圧との間で、日本付近は気圧の傾きが大きくなり、南寄りの強い風が吹いた

（気象庁HP「日々の天気図」より転載）

３月16日発表　20日21時の週間予想天気図

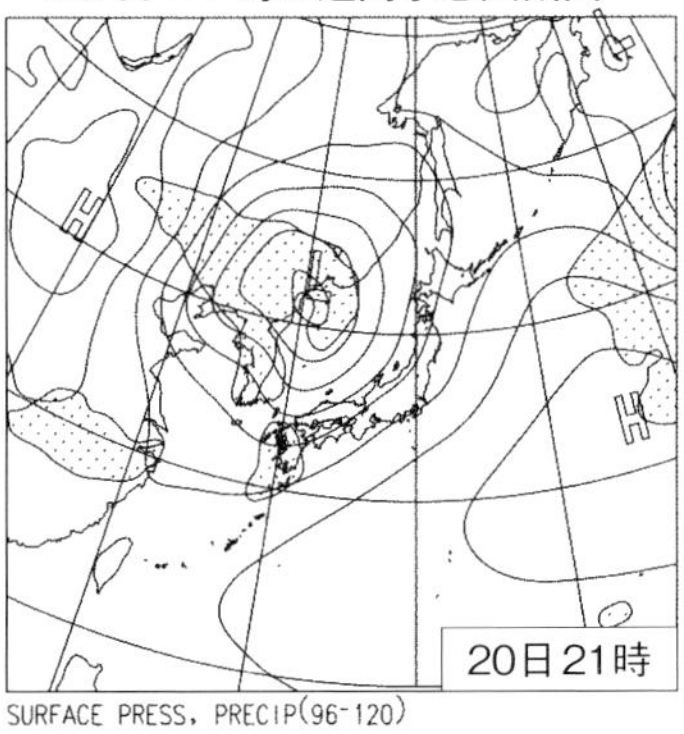

強風が吹く3月20日の4日前（3月16日）の朝に発表された週間予想天気図。左の実況天気図の12時間後の気圧配置を予想したもの（121頁参照。週間予想天気図はHBCウェザーセンターのホームページで入手可能）

図５　気温と風速の関係（2010年３月20日）

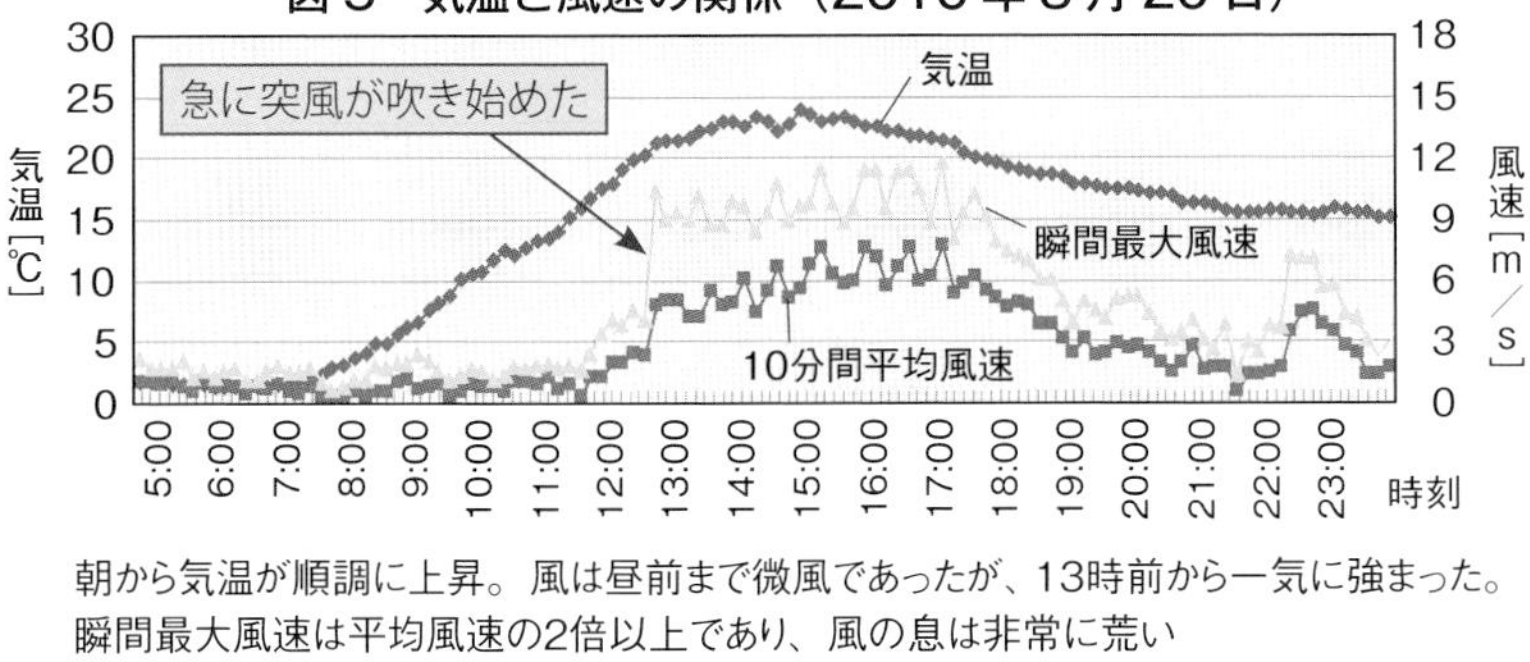

朝から気温が順調に上昇。風は昼前まで微風であったが、13時前から一気に強まった。瞬間最大風速は平均風速の2倍以上であり、風の息は非常に荒い

梅雨末期の豪雨

七月に入ると梅雨末期が近づき、各地で激しい雨に襲われることが多くなる。数時間のうちに月間降水量の平年値を大きく超えるような雨が降ると、わが家のような中山間地では、散布したばかりの肥料が流されるだけでなく、肥沃な表土が流亡してしまう。残念ながら、週間天気予報には雨量予測がない。数日先にある雨マークが、大雨の予兆かどうかで作業の優先順位が変わるだろう。

梅雨前線の南側で猛烈な雨

図1の三つの天気図はすべて六月十三日の天気図だが、Aは当日朝九時の実況天気図であり、Bは五日前の六月八日に発表された予想天気図だ。両者を見比べると、予想図Bの雨域は梅雨前線によるものであることがわかる。

図Cは今回新しく使う予想天気図だ。これは、暖かく湿った空気の分布を示す図で、図中の等値線の値が二八五以下は真冬の非常に冷たく乾燥した空気を示し、三三〇以上なら真夏の暖かく水蒸気をたっぷり含んだ空気であることを示している。予想図Cを見ると、日本の南海上には三三〇以上の暖かく湿った空気があり（薄い水色部分）、とくに西日本の南海上や東シナ海には、三四五以上の熱帯地方のような空気がある（濃い水色部分）。この熱帯性の空気は、日本の南東海上にある太平洋高気圧の周辺を回る風（図Aの青矢印）が熱帯の海から運んできたものだ。

また、日本の南海上に等値線の混み合った帯状の領域が東西に伸びているが（緑色破線で囲んだ領域）、じつはこの領域の南端を梅雨前線と呼んでいる（茶色破線）。「前線が活発になって大雨が」などと言うが、この等値線が南北に混み合うほど前線活動が活発になる。

予想図Cの前線は実況天気図Aの前線の位置に近いことから、一週間も先の前線位置がほぼ予想できていたことになる。

予想図BやCからは、前線の北側に位置する西〜東日本でも雨が予想されているが、比較的水蒸気が少ないため激しい雨が降る可能性は低い。一方、前線の南側（沖縄など）には水蒸気をたっぷり含んだ熱帯性の空気があり、この部分で猛烈な雨が降る。

前線の位置を見て集中豪雨に備える

図2は、梅雨末期の七月十四日の天気図だ。梅雨前線は太平洋高気圧に押し上げられるようにして大きく北上し、本州付近かやや北側にある。六日前の七月八日に発表された予想天気図Cを見ると、三四五の等値線が九州や西〜東日本の太平洋沿岸にかかっている。大量の水蒸気が日本列島に送り込まれ前線（図Cの茶色破線）が活発になると予想される。事実、この日は西日本各地で激しい雨となった（図A下段のコメント欄）。

このような集中豪雨の発生は非常に局地的であることが多く、時間や場所を正確に予測することは現在の予報技術をもってしてもなかなか難しい。ただ、これまで述べたように可能性の高い領域は数日前から予測することができるのだから、大雨への対策を済ませる時間的余裕はあるはずだ。間違っても「想定外」だったなどとは言いたくない。

（『現代農業』二〇一一年七月号）

図１　梅雨入り頃の天気図

6月13日実況天気図

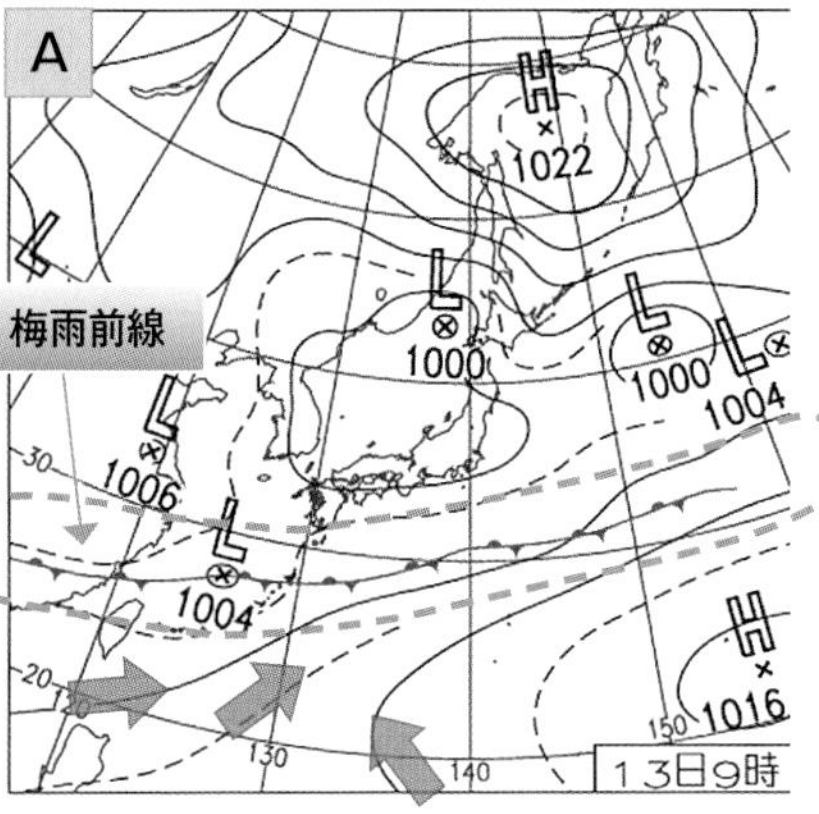

6月13日（土）沖縄で大雨続く
前線が停滞し、南西諸島は激しい雷雨が続く。沖縄県石垣市伊原間で1時間に75㎜の降雨。本州付近は晴れの所が多いが、西日本～東北は寒気をともなった気圧の谷が通過し、所々で雷雨

この年は、6月9日から10日にかけて西～東日本で梅雨入りが発表された。

5日前に発表された予想図

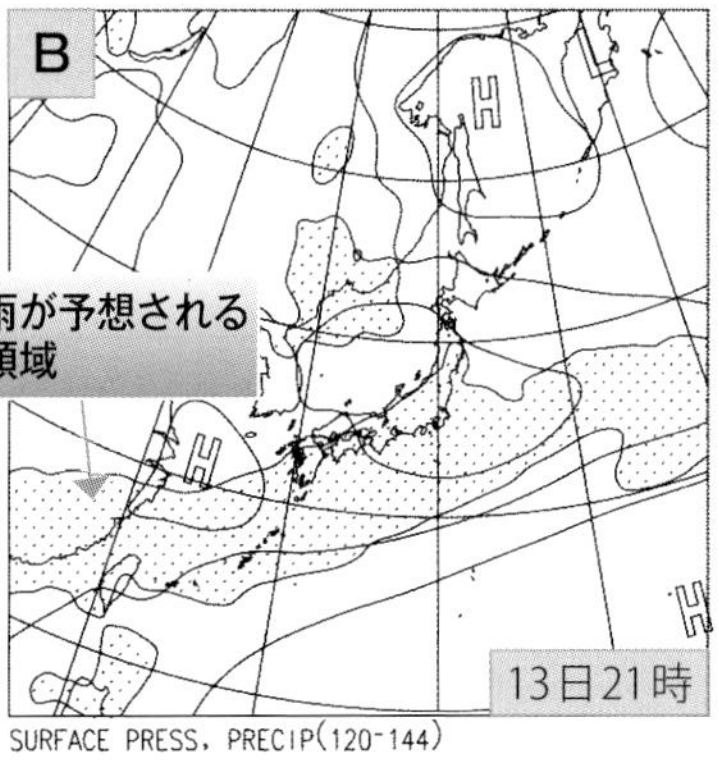

SURFACE PRESS, PRECIP(120-144)

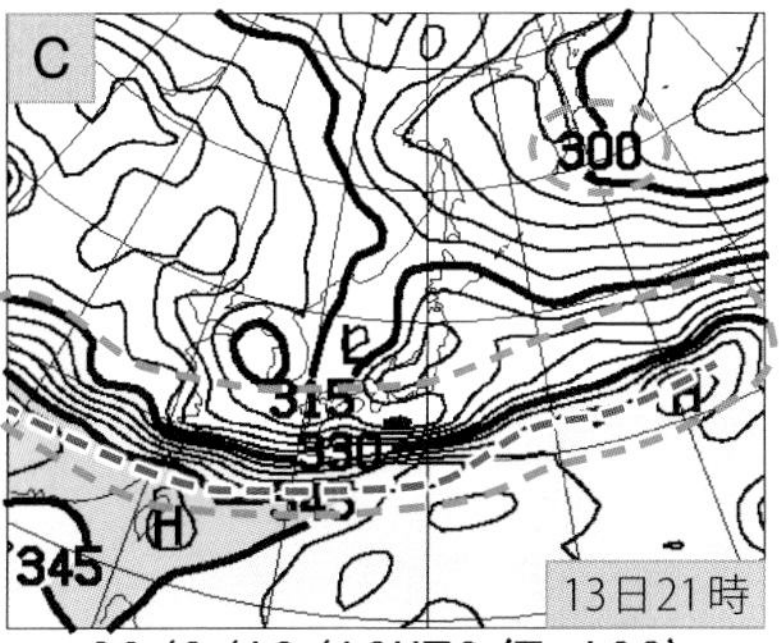

09/6/13/12UTC (T=168)

図２　梅雨末期の天気図

7月14日実況天気図

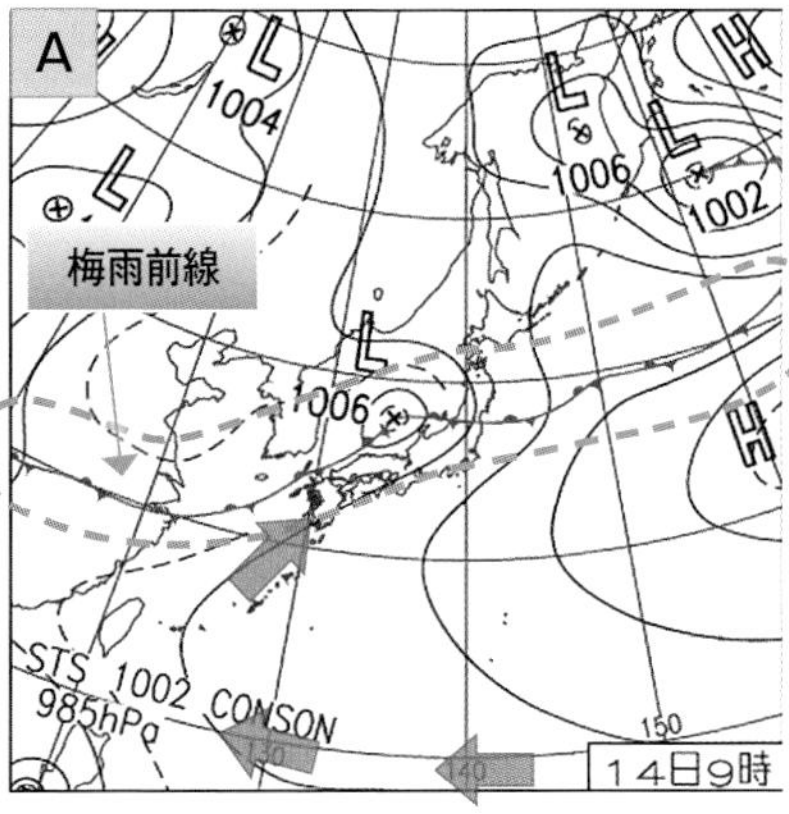

7月14日（水）西日本 梅雨末期の大雨
梅雨前線の活動が活発になり九州北部を中心に西日本各地で激しい雨。佐賀市北山で1時間に80㎜の非常に激しい雨。福岡県小倉南区頂吉で日雨量232.5㎜

前線の位置や形、太平洋高気圧の位置など、よく予想できている。

6日前に発表された予想図

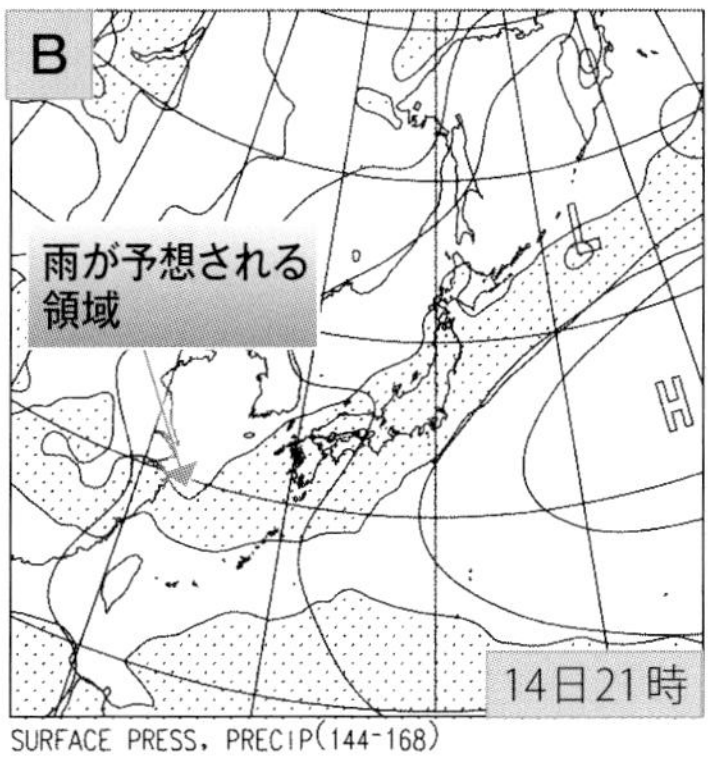

SURFACE PRESS, PRECIP(144-168)

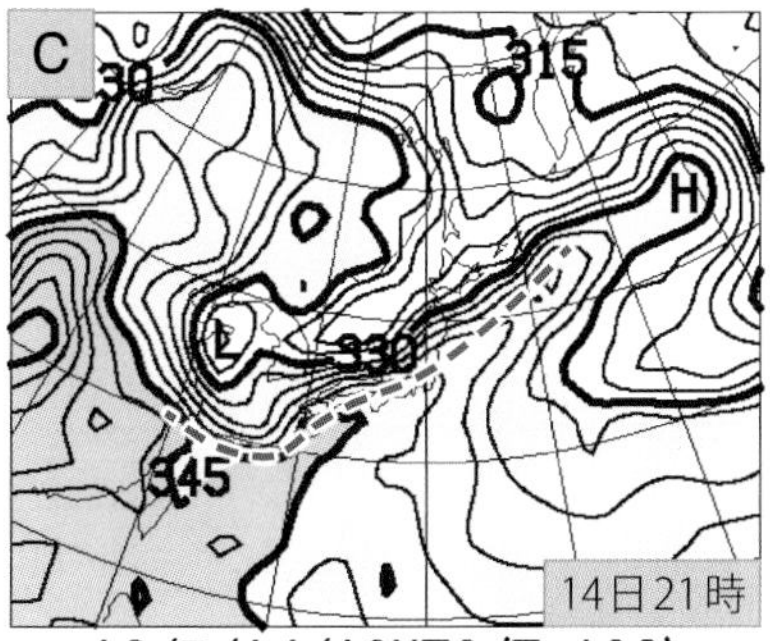

10/7/14/12UTC (T=168)

※予想天気図C（週間予報支援図）の入手先
http://www.hbc.jp/tecweather/FZCX50.pdf

週間予報の信頼度を読む

週間予報の信頼度に三ランク

週間天気予報の六日目や七日目の予報に降水確率三〇％の晴れマークが出たとして、はたして信じてよいのだろうか。裏切られることの多いこの期間後半の予報が、どの程度信頼できるかを事前に知ることができるなら、人の手配や作業の準備への取り組み方も違ってくる。

図1の週間天気予報は、私がこの原稿を執筆中の三月四日から六日に気象庁から発表されたものであるが、降水確率の下の欄に信頼度情報（A・B・C）というものが記載されている。これはテレビの天気番組ではほとんどお目にかからないが、インターネット上では気象庁などの予報サイトで見ることができ、その予報の自信の程度を知ることができる。

信頼度情報の考え方は以下の通りだ。

A…確度が高い予報。降水の有無の予報が翌日に変わる可能性はほとんどない。

B…確度がやや高い予報。降水の有無の予報が翌日に変わる可能性は低い。

C…確度がやや低い予報。降水の有無の予報が翌日に変わる可能性は信頼度Bよりも高い。

なんだかわかりにくいうえに、仮に「降水確率一〇％（または九〇％）」で「信頼度C」となれば、明らかに矛盾があるように感じるだろう。

五〜六日先でも信頼度Aの理由

じつは、降水確率と信頼度情報はある程度連動する。

・確率一〇％（または九〇％）や二〇％（または八〇％）ではAとBがあり得る。

・三〇％（または七〇％）はA・B・Cのどれもあり得る。

・五〇％はCしかない。

たとえば降水確率七〇％で雨マークがあり、信頼度がAであれば、翌日の

図1　3月4〜6日に発表された岡山県の週間天気予報、および予想対象日の天気実況
（気象庁HP http://www.jma.go.jp/jp/week/340.htmlより）

	予報対象日	3月6日	3月7日	3月8日	3月9日	3月10日	3月11日	3月12日	3月13日
4日発表	予想天気	くもり時々雨	くもり一時雨	くもり	くもり一時雪	くもり一時雪	くもり時々晴れ		
	降水確率	70%	60%	40%	50%	60%	30%		
	信頼度情報	—	B	C	C	C	B		
5日発表	予想天気		くもり時々雨	くもり	くもり一時雪	くもり一時雪	晴れ時々くもり	くもり時々晴れ	
	降水確率		80%	40%	60%	60%	20%	30%	
	信頼度情報		—	B	B	B	A	B	
6日発表	予想天気			くもり時々晴れ	くもり時々雪か雨	くもり時々雪	晴れ時々くもり	晴れ時々くもり	くもり時々晴れ
	降水確率			30%	70%	70%	20%	20%	30%
	信頼度情報			—	B	B	A	A	B
	日付	3月6日	3月7日	3月8日	3月9日	3月10日	3月11日	3月12日	3月13日
	実際の天気	雨後くもり	くもり、未明に雨（雪）	くもり	雨（雪）	くもり一時雨（雪）	晴れ時々くもり	くもり時々晴れ	晴れ一時雨（雪）
	降水量	10.5㎜	2.0㎜	0.0㎜	17.5㎜	0.5㎜	0.0㎜	0.0㎜	0.5㎜
	日照時間	1.3時間	0.0時間	0.8時間	0.0時間	4.8時間	8.0時間	3.0時間	5.2時間

予報で雨マークが消える可能性は低い。

通常、予報対象日が先になるほど信頼度は下がり、期間後半はCが増えてくることが多い。だが、三月五日発表の予報のように、後半にもかかわらずAが出る場合もある。なぜだろうか？

次頁の天気図（週間予想図、入手法と見方については一二一頁参照）を見るとその理由がわかる。今回の予想対象地域も岡山県津山市（図2の❶中の緑矢印）として考えてみよう。

天気図中の網かけ部分（水色）は、二四時間（たとえば天気図❶の場合、前日の七日二一時から八日二一時まで）に五㎜以上の雨が降ると予想される領域である。

期間前半（天気図❶〜❸）では、低気圧（L）が日本の南岸を二つ通過するが、十一日から十二日にかけて西日本は高気圧（H）に広く覆われる予想だ。多少ずれたとしても津山市に雨域がかかる可能性は低いだろう。このように大きな高気圧に覆われる場合や、天気の予想が非常に安定している季節などは、期間後半でもAが並ぶことがある。

さて、この間の天気の実況を見てみよう（図1の最下段）。六日発表の五

図２　週間予想図（FEFE19）

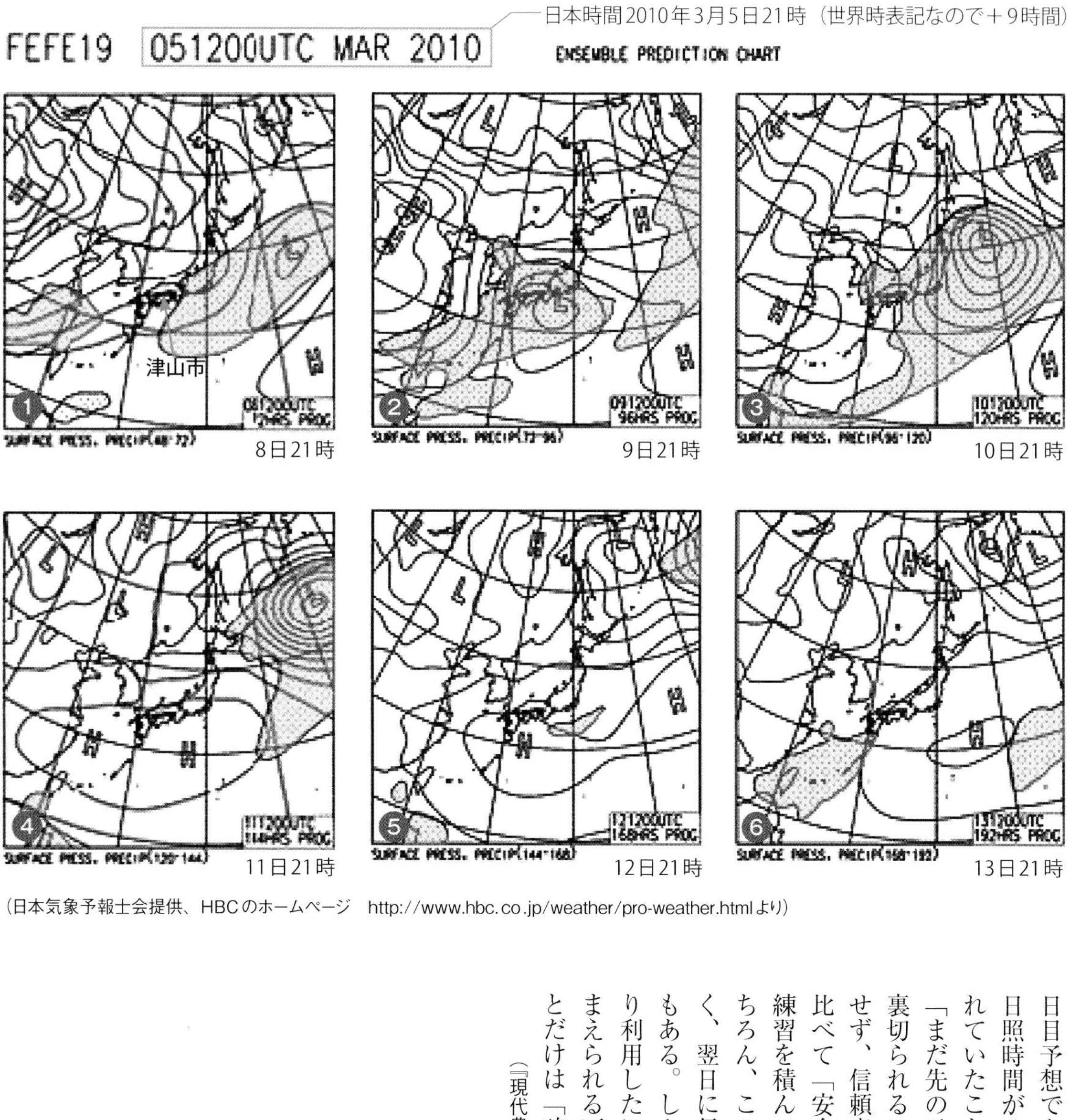

（日本気象予報士会提供、HBCのホームページ　http://www.hbc.co.jp/weather/pro-weather.htmlより）

日目予想である三月十一日は、日照時間が八時間で終日ほぼ晴れていたことがわかる。

「まだ先の予報だから、どうせ裏切られるに違いない」と無視せず、信頼度情報と天気図を見比べて「安全日」を見つけ出す練習を積んでいただきたい。もちろん、この方法も万全ではなく、翌日に信頼度が下がることもある。しかし、利用しないより利用したほうが、晴れ日を捕まえられる可能性が高くなることだけは「確か」だ。

（『現代農業』二〇一〇年六月号）

梅雨時期の週間予報の読み方

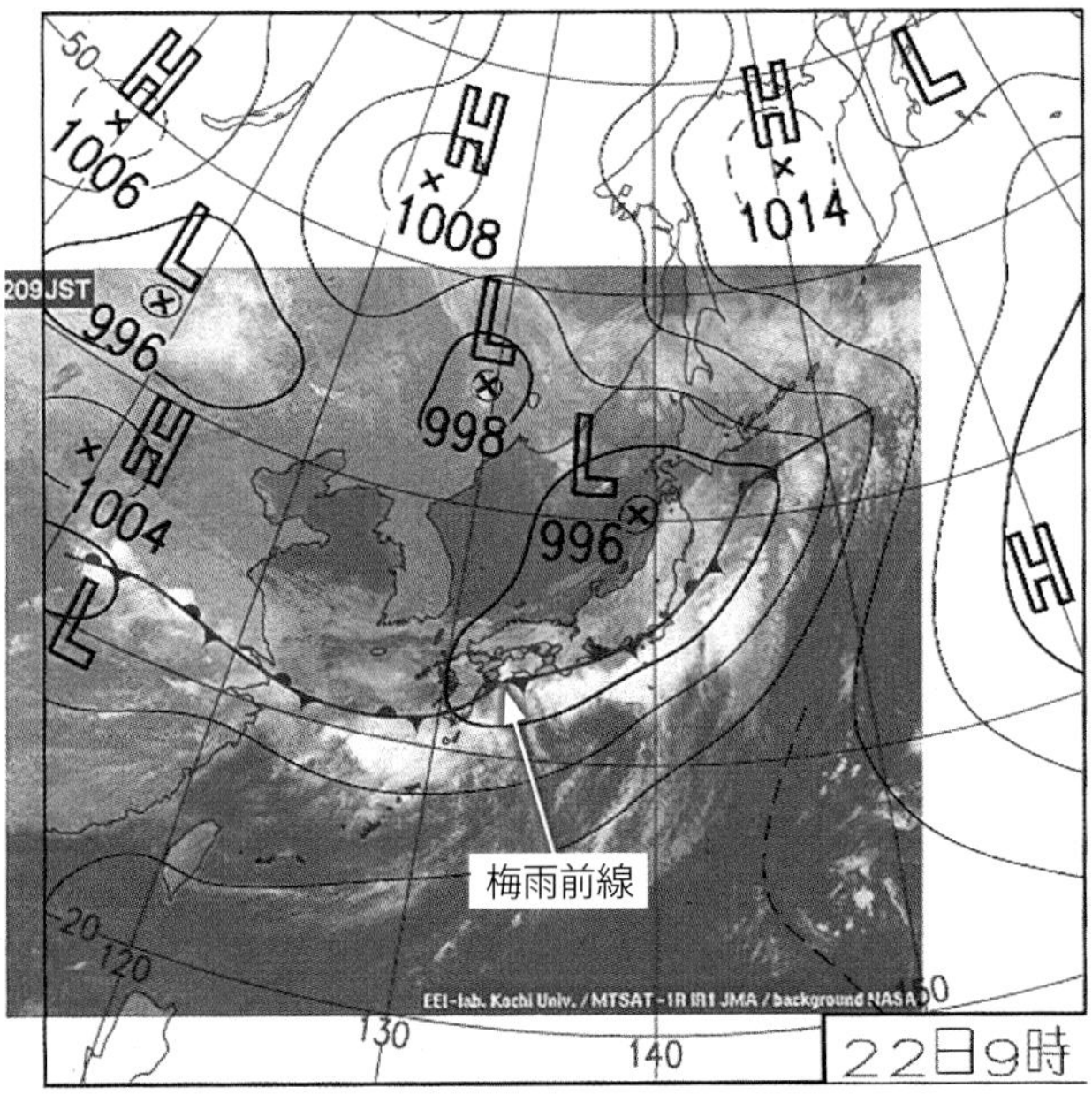

2009年7月22日9時の衛星画像（高知大学提供）と当日の天気図（気象庁提供）とを重ね合わせたもので、梅雨前線に沿って雨雲が発生している様子がよくわかる（H：高気圧、L：低気圧）

梅雨時期の予報は難しい

梅雨は作物の生育、とくに水稲には不可欠の季節だが、予報士にとっては一年を通じてもっとも憂鬱な季節でもある。降水の有無の予想もさることながら、雨の降り方も様々で、シトシトと冷たい長雨になることもあれば、大きな被害をもたらすゲリラ豪雨となることもある。

春や秋の雨雲は高低気圧の移動にともなって数日おきに西から東に移動するため、天気の予想は比較的やりやすい。一方、梅雨期には前線が日本付近に停滞し、ゆっくりと北上または南下しながら不規則に盛衰を繰り返すため、その動向を正確に予想することは非常に難しい。

その難しさがどの程度のものか、一三〇頁でも紹介した週間予報の信頼度情報からうかがい知ることができる。信頼度の考え方をやさしい言葉で言い換えると以下のようになる。

信頼度A＝予報に自信がある
信頼度B＝予報に少し自信がある
信頼度C＝予報にあまり自信がない

図1は予報全体に占める各信頼度の出現率（頻度）を示したものだ。冬季（十二～二月）には、予報全体に占める信頼度Aの割合は三三％（一〇〇回の予報のうち三三回は自信あり）だが、梅雨期を含む夏季（六～八月）になると自信のある予報はわずか一七％と半減し、予報の半分は自信がないという情けない状況になる。次頁の表はその一例だ。

「信頼度A」はどのくらいあてになるか

ところで、信頼度Aの予報には自信があるというが、実際にBやCに比べてよく当たっているのだろうか？　各信頼度における予報適中率（図2）を見ると、夏冬両季節ともにAの適中率がCに比べて格段に大きく、やや成績の劣る夏季でもAについては八三％を超える高い適中率を維持している。また、図3の日変わり率（予報の雨マークの有無が翌日に変わる確率）を見ると、Aについては夏冬ともに三％以下に抑えられていて、Cに比べて予報が非常に安定していることがわかる。

梅雨期の週間天気予報は現在の技術をもってしてもなかなか当たらないのが実情だが、予報の信頼度を事前に知ることができるようになったのは大きな進歩といえる。信頼度情報に沿った予報の利用により最大の利益を得ることができる。梅雨期の貴重なA予報をぜひ有効に活用していただきたい。

（『現代農業』二〇一〇年七月号）

梅雨時期の週間予報は「信頼度C」が多い
（岡山県津山市、2009年7月25～28日発表）

予報発表日＼予報対象日	28日	29日	30日	31日	1日	2日	3日	4日
25日	B	C	C	C	C			
26日		C	C	C	C	C		
27日			C	C	C	C	B	
28日				C	C	B	A	B

26日発表の予報はすべて「C」

28日発表の予報では後半に「A」がある！

※8月3～4日、各地で梅雨明けが発表された

図1　週間予報は夏より冬のほうが適中しやすい
――「信頼度A」の発生頻度は冬のほうが多い

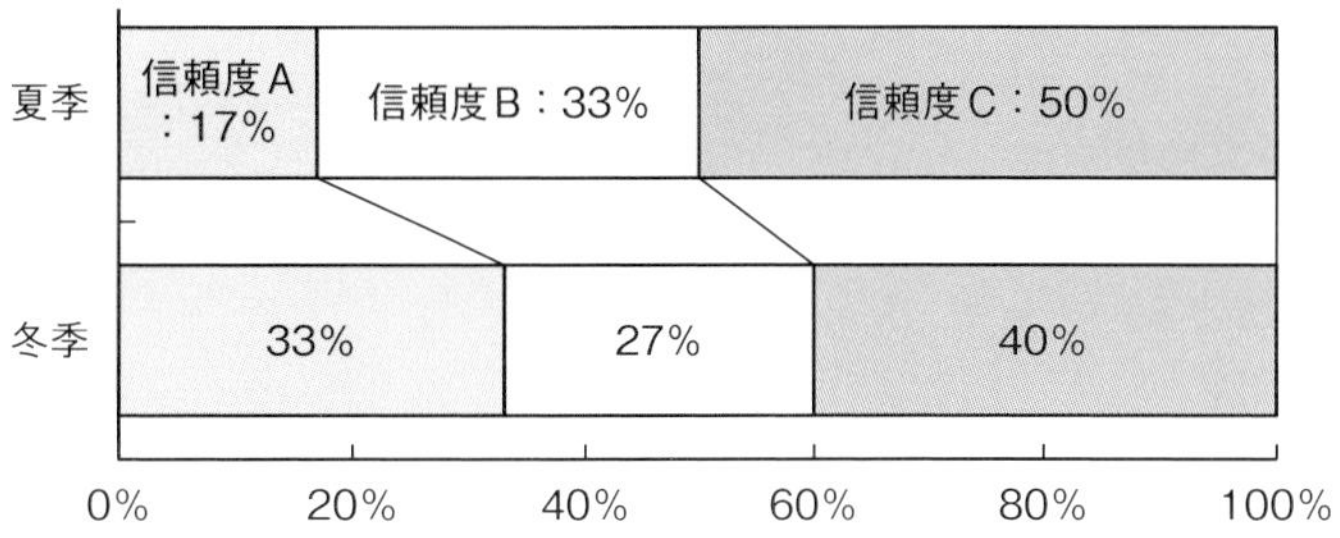

注）夏季：6～8月、冬季：12～2月、図2、3も。信頼度A～Cは気象庁ホームページの週間予報などで見ることができる

図3　信頼度A～Cの日変わり率（%）

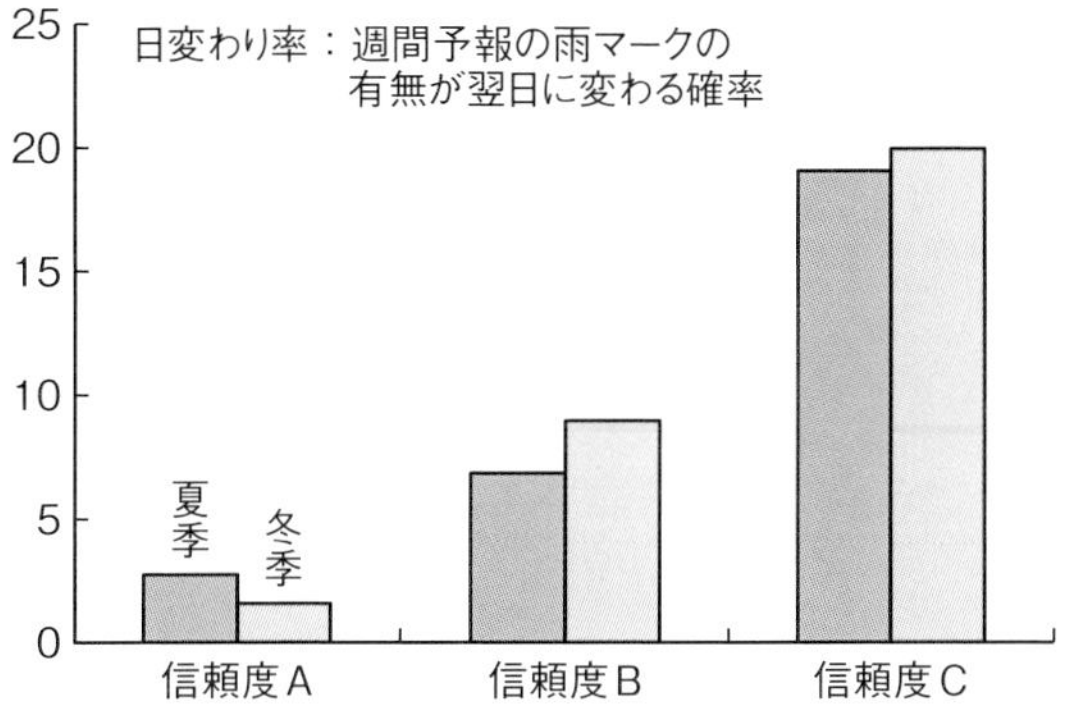

図2　信頼度A～Cの適中率（%）

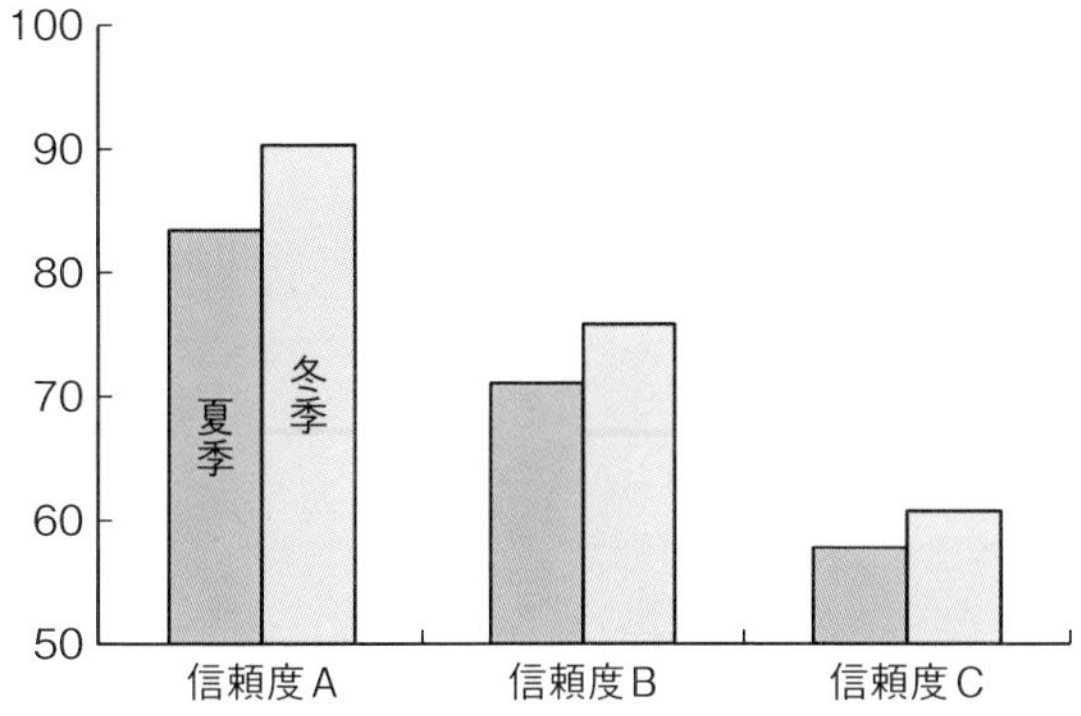

参考ホームページ

・高知大学気象情報頁　http://weather.is.kochi-u.ac.jp/
・気象庁日々の天気図　http://www.data.jma.go.jp/fcd/yoho/hibiten/index.html
・信頼度情報に関して　http://www.jma.go.jp/jma/kishou/know/kurashi/shukan.html

台風進路の急変を読む

台風の七二時間予報が始まった一九九七年当時、その予報誤差は七二時間（三日）先で五〇〇km程度であった。その後の予報技術の進歩により、現在は五日先の誤差が同水準に達したため、二〇〇九年度から七二時間予報に加えて「台風五日進路予報」（図1）が発表されるようになった。これで農家は、十分な準備期間をもって台風対策に取りかかることができるはずなのだが……。

一日の間に予報が激変

図2に示す台風は、九月二十七日三時現在、フィリピンの東海上にあり北西に進んでいる。四日先と五日先の

図1　台風5日進路予想図

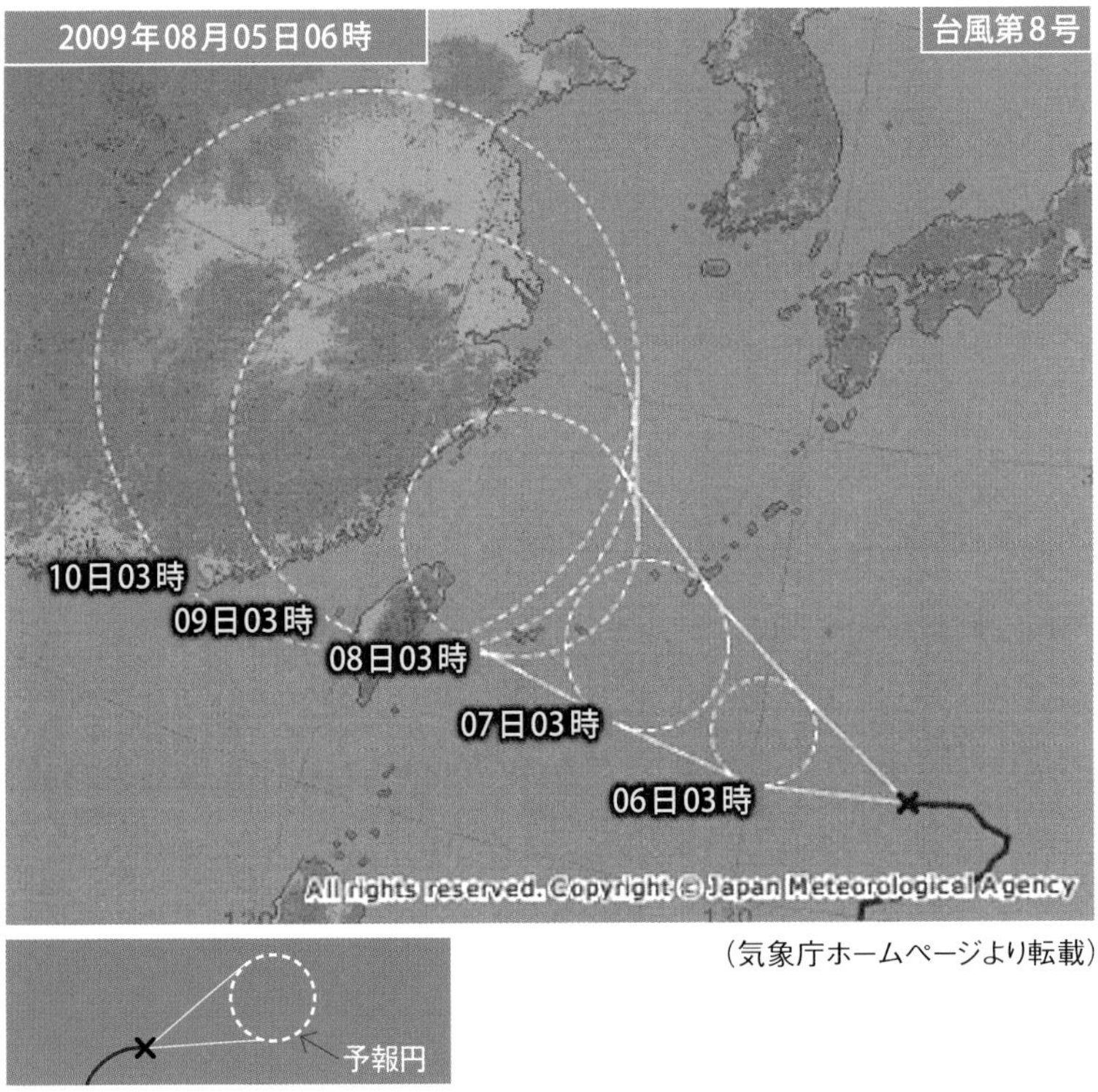

（気象庁ホームページより転載）

注1）予報した時刻に台風の中心が円内に入る確率は70%
注2）5日予報では強さの予報は行なわない

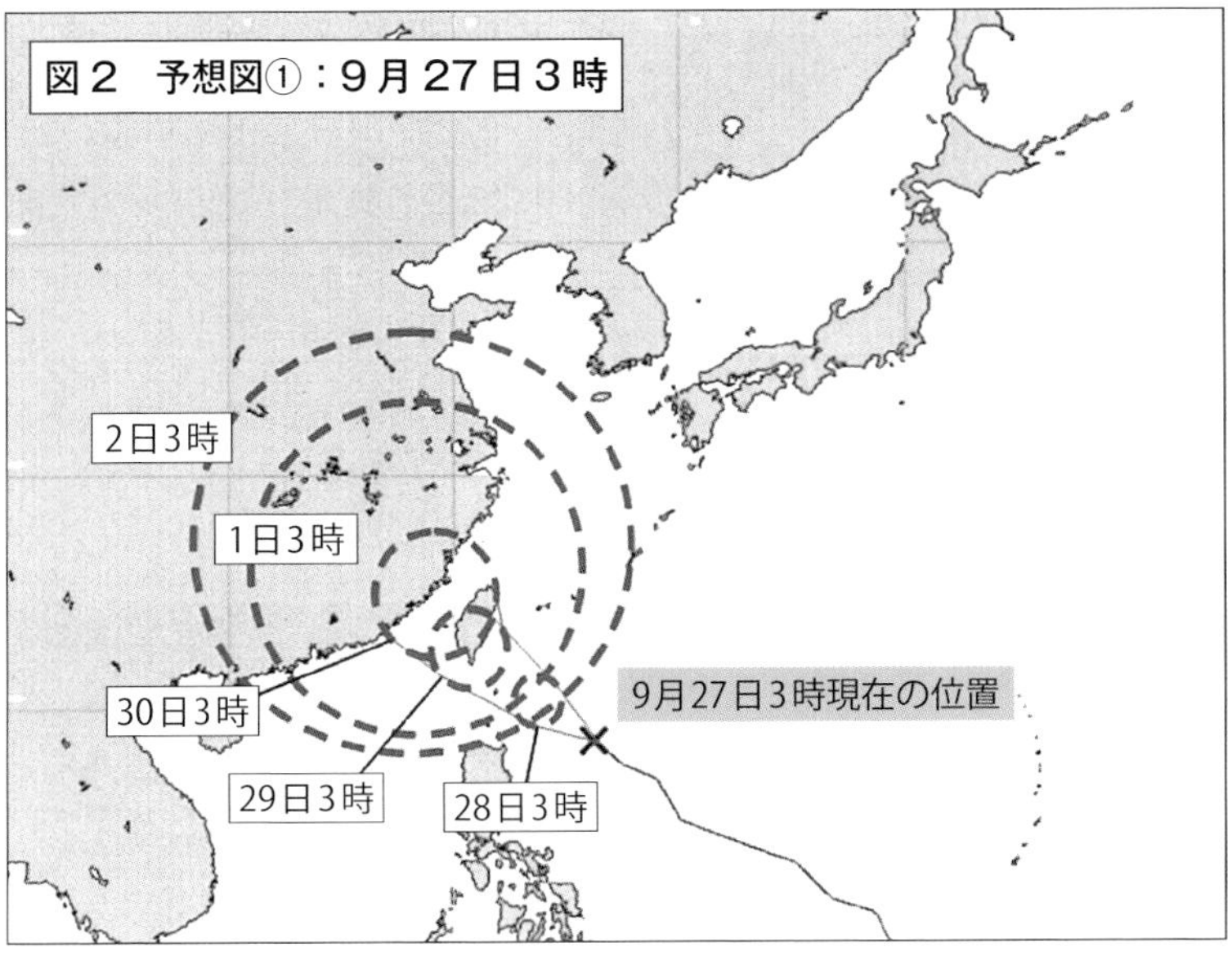

予報円が不自然に大きいが、五つの予報円の並ぶ方向から台風はそのまま北西に進み、中国大陸に上陸する可能性が高いように見える。進路が大きく変わっても九州に台風が接近する可能性は低く、もし接近するとしても十月二日朝以降であり、五日間以上の猶予があると判断できそうだ。しかし、翌日二十八日の予報で状況は一変する（図3）。

わずか一日でまったく異なる進路予報に変わったうえに、台風は急に速度を増し、十月一日の朝には九州に接近し、二日朝には関東地方に迫る可能性が出てきた。台風が進路を西よりから東よりに大きく変えることを「転向」というが、この例のように転向の直前・直後では予報の大きな変更があり得る。わずか一日の間にいったい何が起きたのだろうか。

予報円が急に大きくなったときは要注意！

四日先や五日先は予想される経路が大きくばらつき、可能性の高い経路を一つに決定できない場合が多い。三日後の九月三十日三時まではおおむね北西に進むが、その後の予想は大きく二つに分かれる（図4中のAとB）。

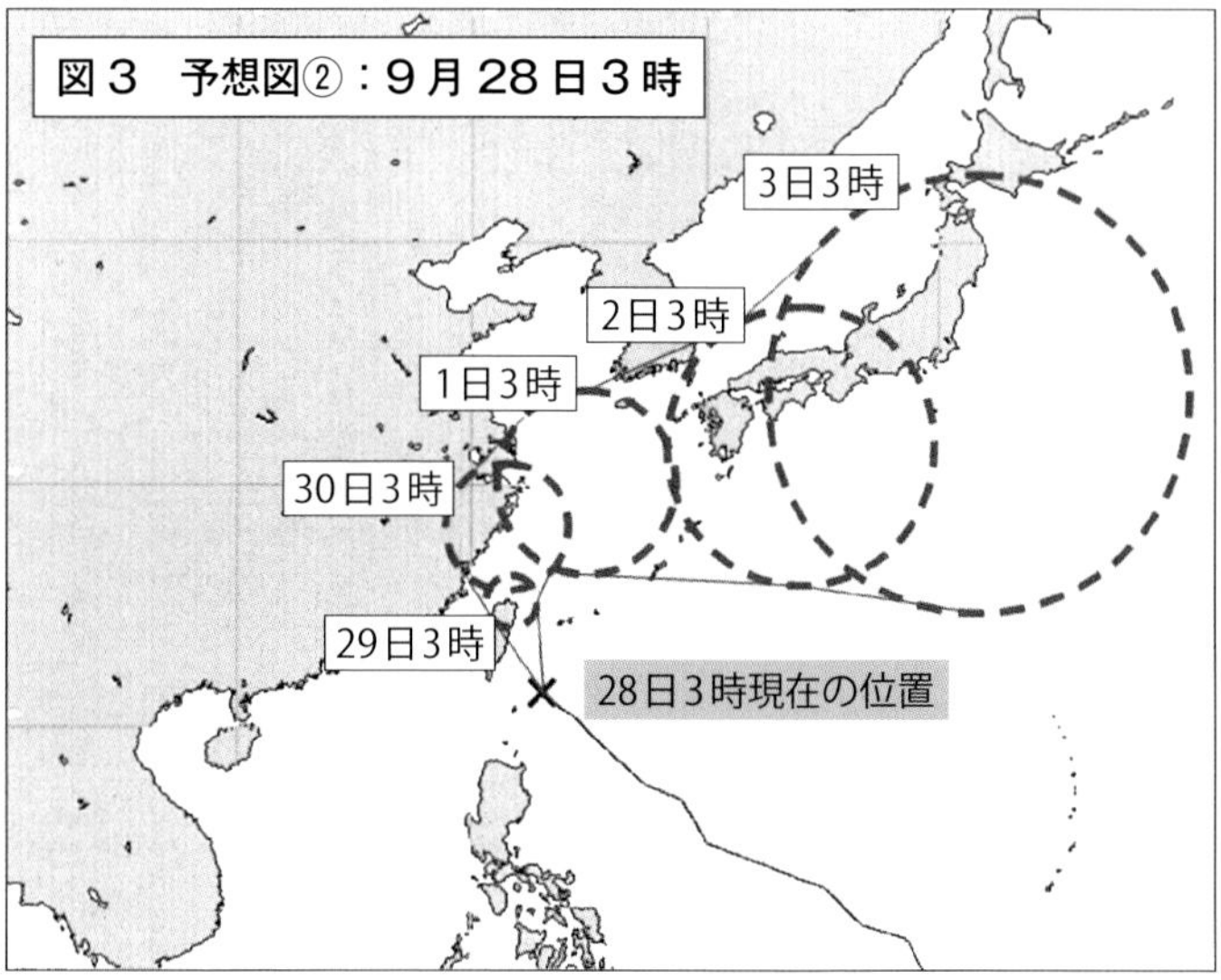

図３　予想図②：９月28日３時

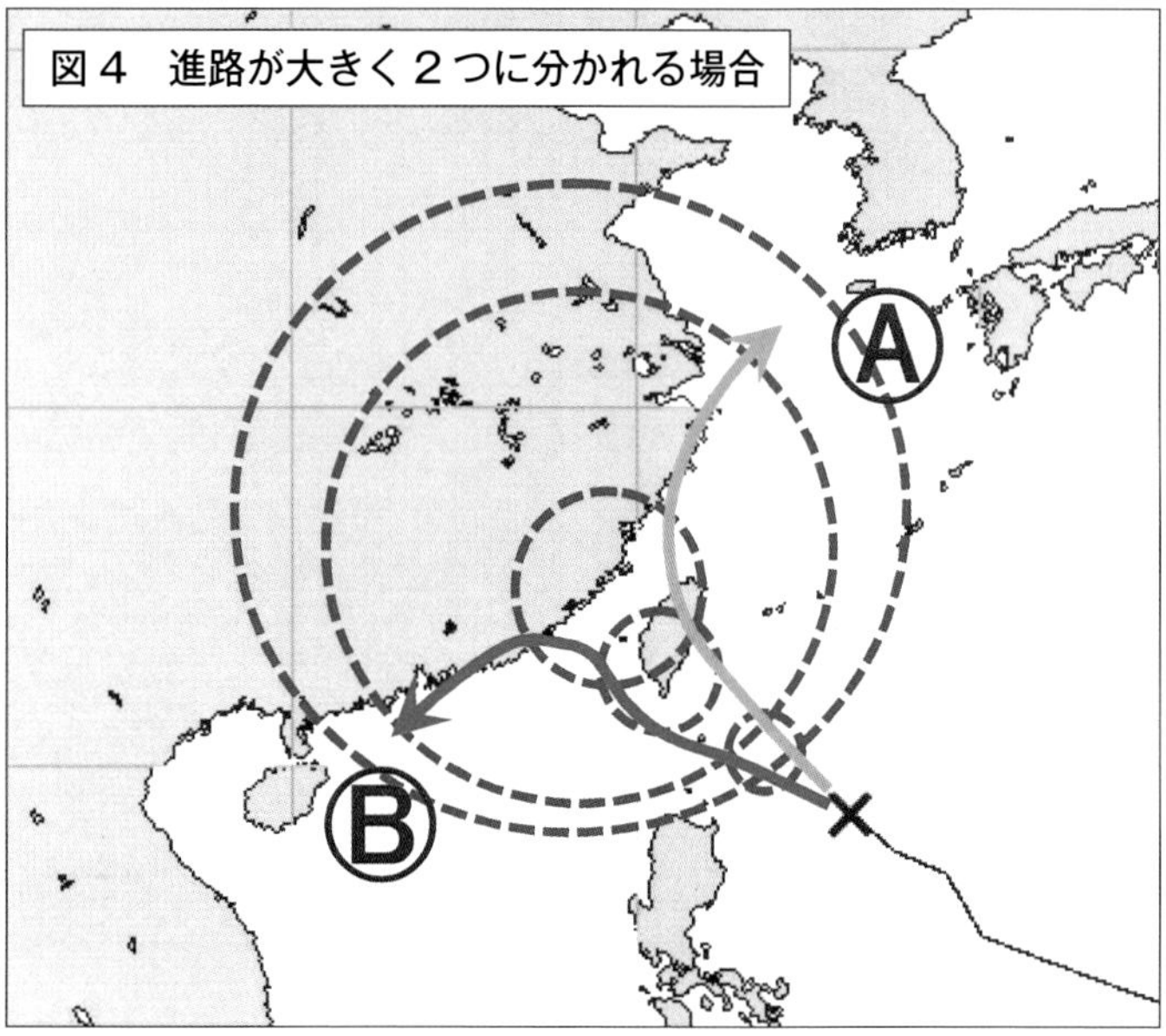

図４　進路が大きく２つに分かれる場合

台風情報の詳細については気象庁ホームページを参照：
http://www.jma.go.jp/jma/kishou/know/typhoon/7-1.html

A、Bはともに同程度の可能性があるため、描かれる予報円は両方をカバーする大きな円になるうえ、円の中心は二つの予想経路の中間に取らざるを得ない。そうなると、円の中心位置を結ぶ線が台風の通過する可能性の高い経路ではなくなってしまうのだ。

この台風は、台湾付近まで来てさんざん迷ったあげく、右に大きくUターンするコースAを選んだ。九月以降、秋が深まるにつれて、日本付近の上空では強い西風（偏西風）が吹くことが多くなる。この台風は転向して日本に接近したため、偏西風に捕まって一気に速度を増す予想となった。

実際の五日進路予報は一日に四回（三時、九時、一五時、二一時）発表されるため、このような極端な予報の変化はないだろう。ただ、日本の近海にある台風の予報円が急に大きくなったときは台風情報から決して目を離してはならない。

（『現代農業』二〇一〇年九月号）

自分の地域に合わせて早霜予想

秋が深まるにつれて夜の時間がいちだんと長くなり、空気が乾燥しているため放射冷却も強く、朝の冷え込みがしだいに厳しくなる。

二〇〇八年十一月二十日の津山市（岡山県北部、私の住む勝央町に隣接）は最低気温がマイナス三・一度を記録し、十一月としては過去三〇年でもっとも寒い朝となった。不思議なことに、これほどの低温を翌日に控えても霜や低温に関する注意報は発表されなかった。これは、注意報の発表基準（表1）が沿岸部に近い岡山の気象条件を根拠にしているためだ。津山では内陸部の気象特性から明け方の冷え込みがとくに強く、注意報が発表されていないときでも霜害が発生する場合がある。ブドウをつくるわが家も、自力予報で乗り切るしかないのが実情だ。

週間予報と岡山との気温差をもとに予想してみると

この日の六日前、十一月十四日に気象庁から発表された週間天気予報（表2）を見てみよう。岡山の最低気温は期間後半から急激に下がり、二十日の朝には二±二度（つまり〇〜四度）となる予想だった。誤差幅が±二度と、期間後半にもかかわらず他の日に比べて小さいうえに、期間を通じて信頼度情報が「A」であることから、当日の予想精度の高さがうかがえる。一方、肝心の津山の気温予想だが、気象庁が発表しないため岡山の気温から推測することになる。

岡山と津山との気温差は、その時々の気象条件によって大きく変わるが、月単位で平均すれば表3のようになる。これは、気象庁のデータベースから調べることができる。十一月は津山のほうが三・五度低いことから、津山の最低気温をマイナス一・五±二度

（マイナス三・五〜〇・五度）と予想するのが妥当だろう。誤差幅を岡山と同じにすることに少々抵抗があるが他に妙案が浮かばない。

民間気象会社も精度情報を公開してほしい

対策には手間と費用（コスト）がかかるので、予想がはずれたときは投入したコストがすべてむだになる。とはいえ、大きな被害（ロス）が出る可能性があるのに対策をまったくしないのも問題だ。コストとロスを勘案して意思決定するのだが、そのためには被害

表 1　岡山県津山市の注意報発表基準

注意報名	発表基準
低温注意報	最低気温　−3℃以下（ただし、気温は岡山地方気象台の値）
霜注意報	4月以降の晩霜害　　最低気温2℃以下

早霜は対象としていない

気象庁HPより（URL：http://www.jma.go.jp/jma/kishou/know/kijun/okayama.html）

表 2　11 月 14 日発表の週間天気予報（気象庁）

	予報対象日	11月16日	11月17日	11月18日	11月19日	11月20日	11月21日
南部（岡山）	予想天気	くもり一時雨	くもり時々晴れ	くもり時々晴れ	くもり時々晴れ	くもり時々晴れ	晴れ時々くもり
	最低気温	12 (2)	11 (3)	9 (3)	4 (4)	2 (2)	3 (3)
	降水確率	60%	30%	30%	30%	20%	20%
	信頼度情報	−	A	A	A	A	A
北部（津山）	予想天気	くもり一時雨	くもり	くもり	くもり一時雨か雪	くもり	くもり
	最低気温	−	−	−	−	−	−
	降水確率	60%	30%	30%	30%	20%	20%
	信頼度情報	−	B	C	C	B	C

注 1）2 (2) は誤差幅が2度、つまり2±2℃（0〜4℃）という意味
　2）ただし、2010年5月から誤差幅の表記方法が変更された（例）2 (2) → 2 (0〜4)

岡山の最低気温予想は2℃だから低温注意報は出ない
また、降霜は晩霜のみが対象なので霜注意報も出ないことになる

表 3　岡山と津山の最低気温とその気温差（月ごとの平年値）

	1月	2月	3月	4月	5月	6月	7月	8月	9月	10月	11月	12月
岡山	1.0	1.0	3.8	9.3	14.1	19.1	23.5	24.2	20.0	13.4	7.8	2.8
津山	−2.0	−1.7	0.7	5.6	10.7	16.4	21.0	21.5	17.1	10.1	4.3	−0.3
気温差	−3.0	−2.7	−3.1	−3.7	−3.4	−2.7	−2.5	−2.7	−2.9	−3.3	−3.5	−3.1

11月、津山は岡山より3.5℃低い。11月は4月に次いで気温差が大きいことがわかる

気象庁HPより（URL：http://www.data.jma.go.jp/obd/stats/etrn/index.php）

が発生する確率が重要な情報になる。

気象庁の予報に示される気温誤差幅は、捕捉率（実際の気温がその範囲に収まる確率）が八〇%程度になるよう設定されている。仮に零度以下で被害が発生するなら、予想される誤差幅のマイナス三・五〜〇・五度の中の大部分が被害発生の気温となることから、対策を実施すべきと判断するのが妥当だろう。あまのじゃくが「残りの〇〜〇・五度のわずかな可能性に賭けて、手間のかかる対策はしない！」というのは自殺行為といえる。

一度限りの出来事であれば運不運もあろうが、農家はこのような判断を年間を通して幾度となく行なう。確率情報を取り入れることで、その差がしだいに明瞭となるはずだ。

ところで、独自の予報が許可されている民間の気象会社のサイトでは、津山も含めて市町村単位で週間気温予想を見ることができる。しかし、残念ながら気象庁のような誤差幅や信頼度情報が記載されていないため、どの程度信じてよいかわからない。一〇〇%当たる完全予報はありえないのだから、精度情報を堂々と公開してほしい。また、気象庁については、ここ岡山県なら、せめて内陸部を代表する津山の予報だけでも発表してほしいものだ。

（注）その後、気象台（気象庁）から入った情報によると、今年度（二〇一〇年度）より十一月一日〜翌年三月三十一日の期間について、津山など一部地点の気温予想が始まるとのこと。ただし、四月と五月の晩霜の季節は対象外。

（『現代農業』二〇一〇年十一月号）

どこの予報が一番当たる?

各天気予報の元は同じデータ

いよいよ収穫の秋だ。春から続けてきた農作業の総決算である。収穫のタイミングは天候に大きく左右されるため、週間天気予報と毎日にらめっこすることになる。知り合いから「どこのテレビ局の予報が一番当たるの？」と相談されたことがあるが、実際のところどうなのだろうか。

テレビなどのマスコミ以外にも、インターネット上ではプロバイダ（Ｙａｈｏｏ！など）や農機具メーカーなどが天気予報を掲載している。それらのほとんどは、ある特定の気象会社（予報業務許可事業者）と契約し天気予報資料の提供を受けている。さらに、それらの気象会社は、気象庁のスパコンが計算した大気状態の予測データを元に予報資料を作成している（図）。つまり、どの予報も元をたどれば同じ予測データから作られているため、大きく異なる予報が発表される可能性は低いといえる。

次頁の図を細かくみると、テレビ局Bが番組で放送する予報②と気象会社2がインターネット上で公開してい

週間天気予報（ポイント予報）が発表されるまでのデータの流れ

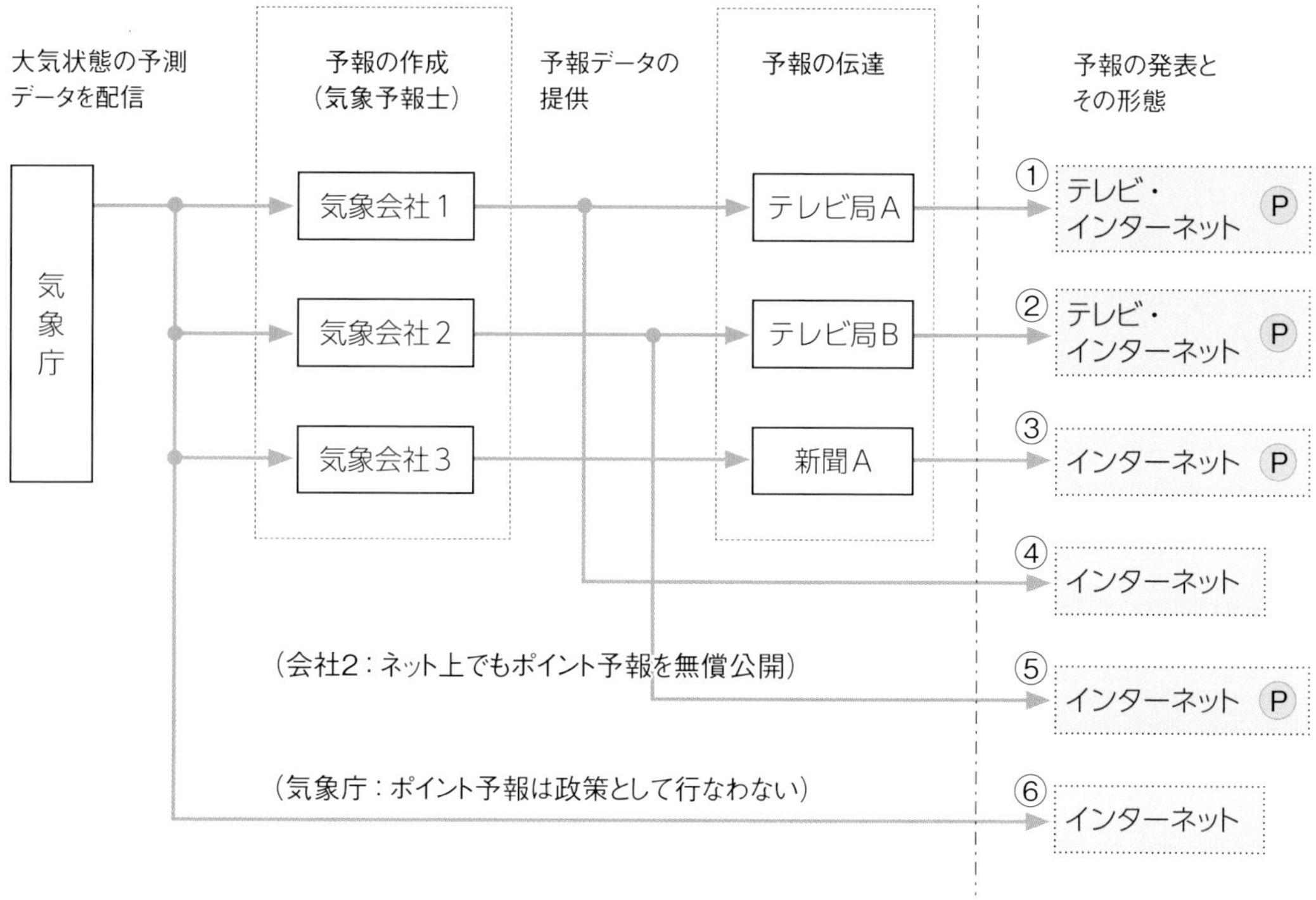

この図から②＝⑤であることがわかる
④ではポイント予報を公開していないため①＝④とならない場合が多い

P：ポイント予報あり

（参考）
予報業務の許可事業者一覧（気象庁）
＝http://www.jma.go.jp/jma/kishou/minkan/minkan.html

る予報⑤は、ポイント予報も含めてまったく同じであることがわかる。比較すべきは①〜⑥のどれでもよいのではなく、①、②（＝⑤）、③の三社ということになる。ちなみにインターネットの天気予報サイトの場合は、提供元の気象会社を示すロゴや著作権（Copyright）が記載されている場合が多い。

気象会社三社の予報を比べてみよう

実際の例として、今年の七月二十日に発表された津山（岡山県北部）の週間天気予報（ポイント予報）を気象会社各社で比較してみた（次頁）。天気に大きな差はないが、気温や降水確率はそれなりに差があり、会社の個性が出ていると言える。この例には雨予想はないが、降水確率が五〇％以上になると雨マークがつき、降水の有無予想が会社によって異なることもある。

二十四日の予想を見ると、天気と降水確率は三社ともまったく同じだが、気象協会（JWA）だけ気温がかなり高い。じつは気象協会の予報は、予報対象地点が津山にもかかわらず、四〇㎞も南の岡山市の天気予報をそのまま

津山の週間天気予報（ポイント予報）の比較例

（7月20日朝発表）

		22日	23日	24日	25日	26日
ウェザーサービス㈱（津山）	天気	晴れ時々くもり	晴れ時々くもり	晴れ時々くもり	くもり	くもり
	最高・最低℃	33/23	33/24	33/24	31/24	31/23
	降水確率%	20	20	30	40	40
㈱ウェザーニューズ（津山）	天気	晴れ時々くもり	晴れ時々くもり	晴れ時々くもり	くもり時々晴れ	くもり時々晴れ
	最高・最低℃	33/23	32/23	31/23	31/23	30/23
	降水確率%	10	10	30	30	30
㈶日本気象協会（じつは岡山）	天気	晴れ時々くもり	晴れ時々くもり	晴れ時々くもり	くもり	くもり
	最高・最低℃	34/25	34/26	34/26	32/26	32/25
	降水確率%	20	20	30	40	40

気象協会（JWA）は、県内各地の予報を岡山市の予報で代用（暖候期）

注1）この3社は天気予報を無料公開している
2）ウェザーサービス㈱の情報提供先：毎日JP（毎日新聞のホームページ）など

掲載しているのである（四～十月）。天気が同じでも気温に関しては、標高や地形の違いで津山の最低気温は岡山より三度程度低いことが多い。かなりの数のサイトがこのようにやや乱暴な代用を行なっているので、ポイント予報として気温を参照する際には注意が必要だ。残念ながら、週間のポイント予報を他の地点で代用することなく、かつ無料公開している会社はごくわずかだ。

さて、どの会社が一番当たるかだが、各社しのぎを削る天気予報の世界だから差はわずかだろうし、予報ポイント、季節、気象要素によって優劣が変わる。少なくとも一年程度のデータで統計を取ってみる必要があるが、検証はたいへん難しいと思われる。一社に限定するのではなく、この三社の予報を参考にして決めるというのが現実的だろう。

（注）現在は、気象協会の一〇日間予報で、一年間を通して津山の気温を予報している。

（『現代農業』二〇一〇年十月号）

各社の降水予報、**適中率は？**

一三九頁で、どこの予報が一番当たるかという話題を提供した。そこでは、どの会社も元データは気象庁のものを利用しているため「適中率は僅差だろうし、優劣の評価は難しい」とだけ述べたが、その後、私自身も気になっていて集計をとってみることにした。

インターネット上をくまなく調べてみたが、天気予報の精度を比較した報告はほとんどなく、あったとしても曖昧な表現が目立ち正確さに欠けるものであった。自ら予報精度を公表しているのは気象庁本体のみで、民間気象会社からの一般向け報告はまったく見当たらなかった。公平な立場の第三者が調査したものとしては、本報告がもっとも信頼できる最初のものになるかもしれない。

適中率とは

結果を述べる前に、「適中率」とは何かを押さえておく必要がある。これは確率の話なので退屈されると思うが、少しだけお付き合いいただきたい。

天気予報といってもいろいろあるので、ここではもっとも気になる週間天気予報七日間のうち三日目の「降水の有無」について調査した。気象庁でいう「降水あり」とは、予報対象地点で日降水量（〇～二四時）が一㎜以上の場合をいう。降水あり・なしの各々の予報に対し実況（実際）の降水あり・なしがあるから、予報の当たりはずれには合計四つの種類がある。

今回、岡山県内の津山と岡山の二カ所に対し、十一～一月の約三カ月間で合計一三二回の予報をチェックした。そのすべての予報をこの四種類に分け、表1のような分割表の四つの枠①～④にそれぞれの予報数を記入する。このうち、予報・実況ともに降水あり（①枠）と、予報・実況ともに降水なし（④枠）が適中した予報数であり、この二つの合計を全体の予報数⑤で割ったものが適中率となる。

やはり気象庁はよく当たる？

表1は気象庁の結果だが、一三二回の予報の中で適中は一〇三回（①＋④）であり、適中率は七八％となる。これは気象庁から公式発表されている平年値の七六％にほぼ合致する。

民間会社はどうだろう。ほとんどの気象会社が気象庁と同じ予報を出すなかで、ただ一社（A社と呼ぶ）だけが詳細な独自予報をウェブ上で無償公開している。A社の降水ありの判断基準を、気象庁と同じ一㎜以上とした場合と、〇・五㎜未満のごく弱い雨だが降水を検出した場合（しきい値：〇㎜）とで、二通りの分割表を作成してみた（表2、3）。

結果は両方とも気象庁より一〇％近く低い適中率であった。だが、細かく見ると基準を〇・五㎜未満とした場合の津山の適中率は七六％で（表4）、気象庁予報の六七％より高い。日本海側の気候の影響を受ける中山間地の津山では、この季節に弱い雨が降ることが多く、少しの雨でも支障のある者にとってはA社の予報のほうが信頼できるともいえる。予報の優劣は、適中率

表１　気象庁の適中率（岡山＋津山）

しきい値：1mm

		予報		
		あり	なし	計
実況	あり	① 12	③ 6	18
	なし	② 23	④ 91	114
	計	35	97	⑤ 132

①と④が適中

①「降水あり」と予想→実際も降水あり
②「降水あり」と予想→実際は降水なし
③「降水なし」と予想→実際は降水あり
④「降水なし」と予想→実際も降水なし
⑤ 予報を発表した総回数

適中数 ＝ ① ＋ ④ ＝12＋91＝103

$$適中率 = \frac{①+④}{⑤} \times 100 = \mathbf{78.0}\ (\%)$$

注1）週間天気予報の3日目予報（明後日予報の次の日）について集計
2）「しきい値」とは境目となる値のこと

気象庁の予報適中率についての詳細な報告は下記URLを参照
http://www.data.jma.go.jp/fcd/yoho/kensho/reinen.html

表２　A 社の適中率（岡山＋津山）

しきい値：1mm

		予報		
		あり	なし	計
実況	あり	14	4	18
	なし	38	76	114
	計	52	80	132

適中数 ＝14＋76＝90
適中率 ＝ **68.2**（%）

表３　A 社の適中率（岡山＋津山）

しきい値：0mm

		予報		
		あり	なし	計
実況	あり	45	35	80
	なし	7	45	52
	計	52	80	132

適中数 ＝45＋45＝90
適中率 ＝ **68.2**（%）

表４　各社、地点別の適中率（%）

	岡山	津山	平均
気象庁	89.4	66.7	78.1
A社（1mm）	83.3	53.0	68.2
A社（0mm）	60.6	**75.8**	68.2

注）カッコ内はしきい値

だけではなくサービスの形態や利用者によっても変わる。

ところで、お気づきの方もいらっしゃるだろうが、県内のこの二地点で一mm以上の雨は一八回だけしか観測されていないので（表1）、毎回「降水なし」と予報していれば八六%適中していたことになる。ただし、それではいつ雨が降るかはまったくわからない。

（『現代農業』二〇一一年五月号）

夏の最高気温、ポイント予報の精度は？

最近は、地デジ対応テレビのリモコンの「dボタン」（データ放送）を押すことで、わが村の詳細なポイント予報をいつでも自由に見ることができるようになった。ポイント予報となれば非常に精度が高そうな印象を受けるが、じつはたいへんな落とし穴がある。

気象庁と民間A社、岡山市の予報を比べると…

気象庁は、暖候期（四～十月）については天気の大きな地域差がないとして、気象台のある場所（岡山県の場合は岡山市）の天気で県内全域を代表させている。一方、地デジのデータ放送では、小さな町や村単位の詳細な週間天気予報を見ることができる。このデータは、民間気象会社から各テレビ局に提供されている（一四〇頁参照）。

手始めに両者が共通の予報対象とする岡山市の予報精度を比較してみよう。ポイント予報は、民間気象会社を代表して、独自予報を各局に提供しているA社の予報データを利用する。

図1は、縦軸Yが最高気温の予報値、横軸Xが実況値で、ある日の予報と実況をグラフ上の一つの点で表わしている。今年（二〇一一年）の三～五月にかけて六七日間の予報をチェックした中で、岡山が晴れ日となった四五日間のデータがグラフ上の点で示してある。これらの点が赤い破線（Y＝Xの直線）の上にあれば予報が実況に一致していることになり、直線から離れるほど誤差が大きいことになる。

気象庁とA社を比較すると、気象庁のほうがY＝Xの直線に沿ってまとまりがよく、精度がやや高いことがうかがえる。一四二頁で話題にした「降水の有無」予報の精度と同様に、ここでも気象庁の精度のほうが高いという結果になった。最高気温は天気の影響を大きく受けることから当然の結果ともいえる。

ポイント予報よりアナログ方式

次に津山のポイント予報を比較したいが、気象庁は津山の予報を発表していない。そこで、アナログ時代と同様に、岡山の気温予想から〇・五度（津山と岡山の最高気温差の平年値）を引いたものを用いた。

六七日間のうち津山が晴れ日となった三三日間についてグラフ上に点を打ってみると、驚いたことにA社のポイント予報の精度は、岡山の予報を流用した津山の予報よりも大幅に劣ることがわかった。津山は極端な例なのかもしれないが、ポイント予報のほうが必ずしも精度が高いわけではないことがわかる。

もう一つ重要なことがある。気温予測は過去の膨大な気温データを参照して予測式を作っておき、さらに運用の中で予報と実況の誤差を日々学習しながら精度を向上・維持するしくみになっている。観測点は平均約一七kmおきに設置されているから、観測データがない地域が大半といっても過言ではない。データがなければ正確な予測式が作れないうえに、誤差の学習ができないため精度の根拠はないに等しい。ポイント予報はとても危ないのだ。

圃場の最高気温を予測するには、日頃から晴れ日の最高気温を自分で測定し、最寄りの地点の信頼できる気象庁予報をもとに、そことの気温差を加減して予想する方法がお勧めのようだ。昔ながらのアナログ時代の方法もまだまだ捨てたものではない。

（『現代農業』二〇一一年八月号）

図１　岡山の最高気温の予報精度

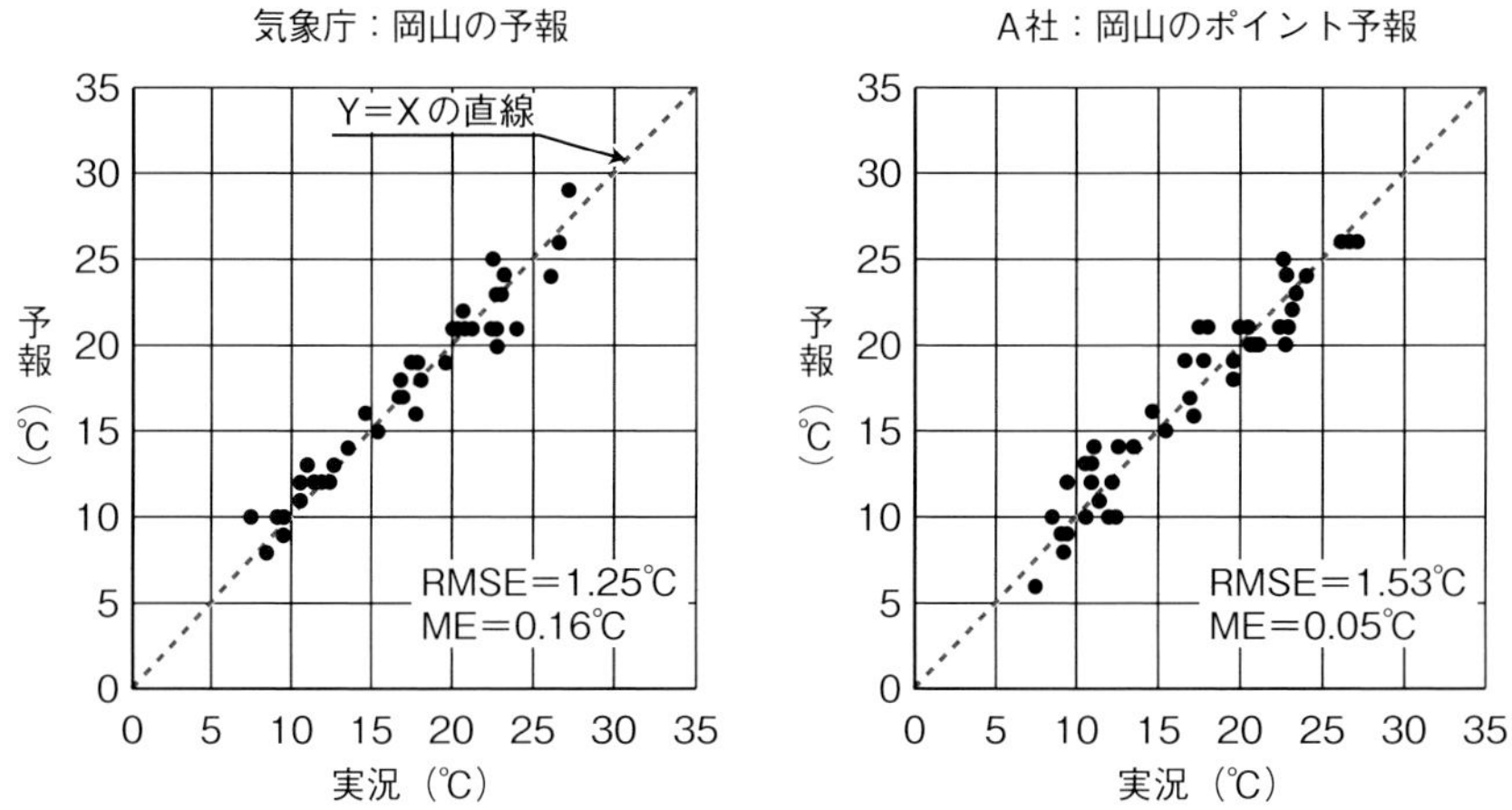

（RMSEは誤差の平均的な大きさを示し、MEは平均的な偏りを示す指標）

図２　津山の最高気温の予報精度

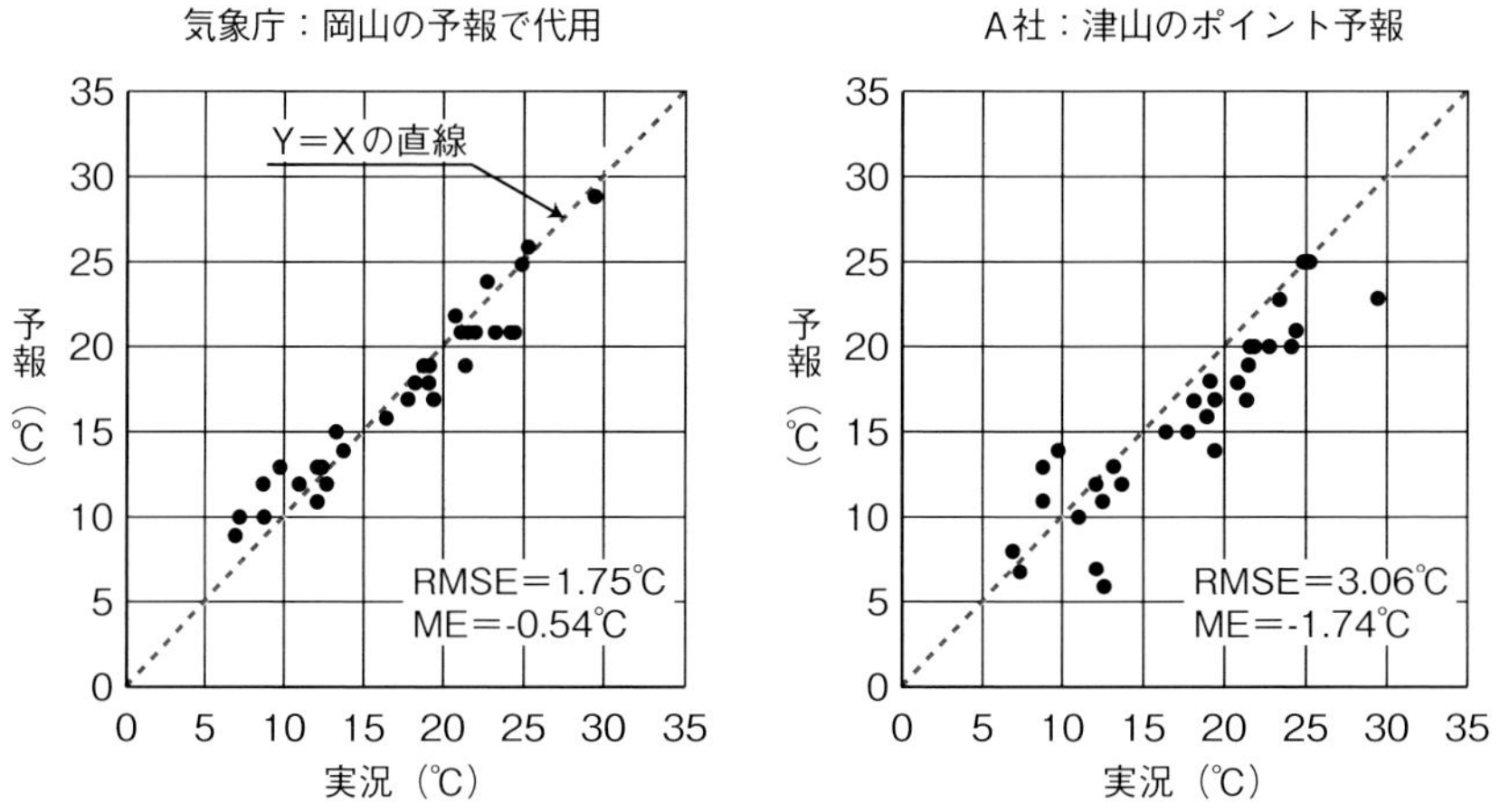

「異常天候早期警戒情報」で高温・低温対策

気象庁が発表する農家のための気温予想

気象庁が発表する気象情報の中に、農家向けに開発されたと言われる「異常天候早期警戒情報」と言うものがある。作物に被害が発生するような異常な天候が予想される場合に、十分な対策準備期間が確保できるよう、週間天気予報よりさらに一週間先までの期間を対象として発表される。

ここで言う「天候」とは七日間の平均気温のことで、平年の状態からどの程度隔たっているかを、平均気温の低い順に「かなり低い」「低い」「平年並」「高い」「かなり高い」という五つの階級に分ける（図1）。異常な天候とは、「かなり低い」または「かなり高い」階級に含まれるもので、発生確率はそれぞれ一〇年に一度とされる。

今年の晩霜害は予想できたか

実際に発表された事例として、今年（二〇一〇年）四月二十五日朝に岡山県北部で発生した晩霜害を取り上げる。図1は、発生の九日前の四月十六日に発表された早期警戒情報（解説と確率予測資料）である。この図と解説からは、「二十四日からの一週間の平均気温が五一％の確率で平年のマイナス一・八度以下という低温になる」ことはわかるが、降霜があるかどうかの言及はないし最低気温も不明だ。しかし、四月下旬に一〇年に一度の著しく低い気温が予想されるとなれば、当然、晩霜害が心配される。

二日後の十八日に発表された週間天気予報（図2の上段）では、二十五日までの具体的な天気と朝の最低気温がわかる。二十五日朝の岡山の予想最低気温は七度（誤差±四度）、天気は前日の二十四日から晴れで信頼度情報（一三〇頁参照）はAである。私の住む津山市付近は盆地ということもあり、朝の最低気温は岡山市より通常三～四度も低い。農家の常識であるが、気温が三度程度でも地面付近は氷点下になり降霜する可能性がある。

その後、岡山の予想最低気温は日を追うごとに下方修正され、二十一日発表時点では四度（誤差±二度）まで低下した（図2下段）。実際の気温は津山でマイナス〇・五度、私の自宅付近ではマイナス二度であった。

四月十六日の時点で対策の準備を始めるか、または二十一日まで様子を見るかは各農家の事情によって異なるだろう。私の場合は無加温ハウスのブドウが発芽期を迎えていたため、二十一日にレンタル会社に温風ヒーターの予約を入れた。

夏の異常高温、イネ障害型冷害対策にも役立つ

われわれ農家にとって、数日前から準備を進める必要があるのは晩霜対策に限らない。たとえば、

○低温による水稲の活着不良を回避するために田植え時期をずらす。

○春播き野菜の播種時期の検討や寒じめ野菜の脱順化（糖度と耐凍性の低

図1　中国地方の異常天候早期警戒情報（2010年4月16日発表）

異常天候早期警戒情報（確率予測資料）：中国地方

地域 中国地方　地点　都道府県から選ぶ　初期値 2010年4月15日

7日平均気温平年偏差が各階級に入る確率（2010年04月24日からの1週間）：中国地方

低い		平年並	高い	
かなり低い				かなり高い
-1.8℃以下*	-1.7℃以上-0.8℃以下*	-0.7℃以上+0.5℃以下*	+0.6℃以上+1.9℃以下*	+2.0℃以上*
51%	27%	18%	4%	0%

*この数値は各地点における平年からの偏差を地域平均したものです。

（http://ds.data.jma.go.jp/gmd/cpd/soukei/guidance/index.php?n=26）

低温に関する異常天候早期警戒情報（中国地方）

平成22年4月16日14時30分
広島地方気象台　発表

要早期警戒
警戒期間　4月23日頃からの約1週間
対象地域　中国地方
警戒事項　かなりの低温（7日平均地域平年差 －1.8℃以下）
確　率　30%以上

今回の検討対象期間（4月21日から4月30日まで）において、中国地方では、4月23日頃からの1週間は、気温が平年よりかなり低くなる確率が30%以上となっています。

農作物の管理等に注意して下さい。また、今後の気象情報に注意して下さい。

なお、中国地方では、気温の変動が大きくなっています。今後1週目の中頃にかけて気温は平年並みまで上がりますが、その後は再び低くなり、2週目にかけてはかなり低くなるおそれがあります。

図2　4月18日と21日に発表された岡山の週間天気予報（気象庁HPより）

予報対象日		4月20日	4月21日	4月22日	4月23日	4月24日	4月25日	4月26日
18日発表	予想天気	くもり時々雨	くもり一時雨	くもり時々雨	くもり	くもり時々晴れ	晴れ時々くもり	
	最低気温	12 (2)	15 (4)	13 (4)	9 (4)	7 (3)	7 (4)	
	降水確率	70%	60%	70%	40%	30%	20%	
	信頼度情報	−	B	B	B	A	A	
21日発表	予想天気				くもり	くもり時々晴れ	晴れ時々くもり	くもり
	最低気温				9 (4)	6 (2)	4 (2)	10 (2)
	降水確率				40%	30%	20%	40%
	信頼度情報				−	A	A	C

注）最低気温の（　）内の値は予報誤差で、例えば7 (4) であれば、概ね7±4℃の範囲に入ることを表す

下）前出荷。
○夏季の異常高温による病虫害多発回避のための防除や管理の徹底。
○水稲の障害型冷害回避のための深水管理。

いずれも、対策資材の調達や設置などに意外に時間がかかるものであり、農家の知恵と判断力が問われる場面である。

誌面の都合でここでは触れないが、気象庁ホームページには農家の判断材料となるさらに詳しい気温予想データが確率情報で提供されている。確率にアレルギーのない方はぜひ参考にしていただきたい。また、過去の実況と予想が掲載されていて、この情報の精度を確認することができる。

現在、異常天候早期警戒情報は一六○頁の図4の二週間気温予報に代わっている。

（『現代農業』二〇一〇年八月号）

観天望気とケータイの合わせワザ

観天望気は天気予報にかなわない？

昔、天気予報がなかった時代、人々は自然現象や虫などの様子から将来の天気を予想していた。数時間先から翌日にかけての天気を予想するものが多く、「夕焼けは晴れ」などは世界中のどこでも通用する代表的なものである。このような雲を利用した観天望気は、翌日予想に限れば七〇％程度の高い適中率のものもあるようだ。しかし、現在の天気予報は八〇％以上の適中率であるため、近年は観天望気があまり伝承されなくなってきたように感じる。

一方、農家の関心が強い、数日から数カ月先の長期の天気を予想することわざもある。「カメムシの多い年は大雪」などはその代表例だが、多くの調査研究にもかかわらず有意な関係は見出せていないようだ。

観天望気は、短期的にも長期的にも天気予報より優れているとは言い難いようだが、では観天望気は不要かというとけっしてそんなことはない。

夏の雷雨予想は天気予報には頼れない

私の住む岡山県北東部は中国山地の南麓にあたるため、夏季には頻繁に雷雲が通過する。この時期の天気予報では「晴れ時々くもり、所により一時雨で雷をともなう。降水確率五〇％」という、この上なく曖昧な予報が乱発される。

現代の天気予報でも、二〇～三〇㎞規模以下の雷雲の発生や盛衰を正確に予想することは原理的に不可能とされる。民間気象会社からポイント予報なるものが発表されているが、よく見ると周辺数十㎞は予報がほとんど同じである場合が多い。また、天気予報は最短でも一時間おきにしか更新されず、

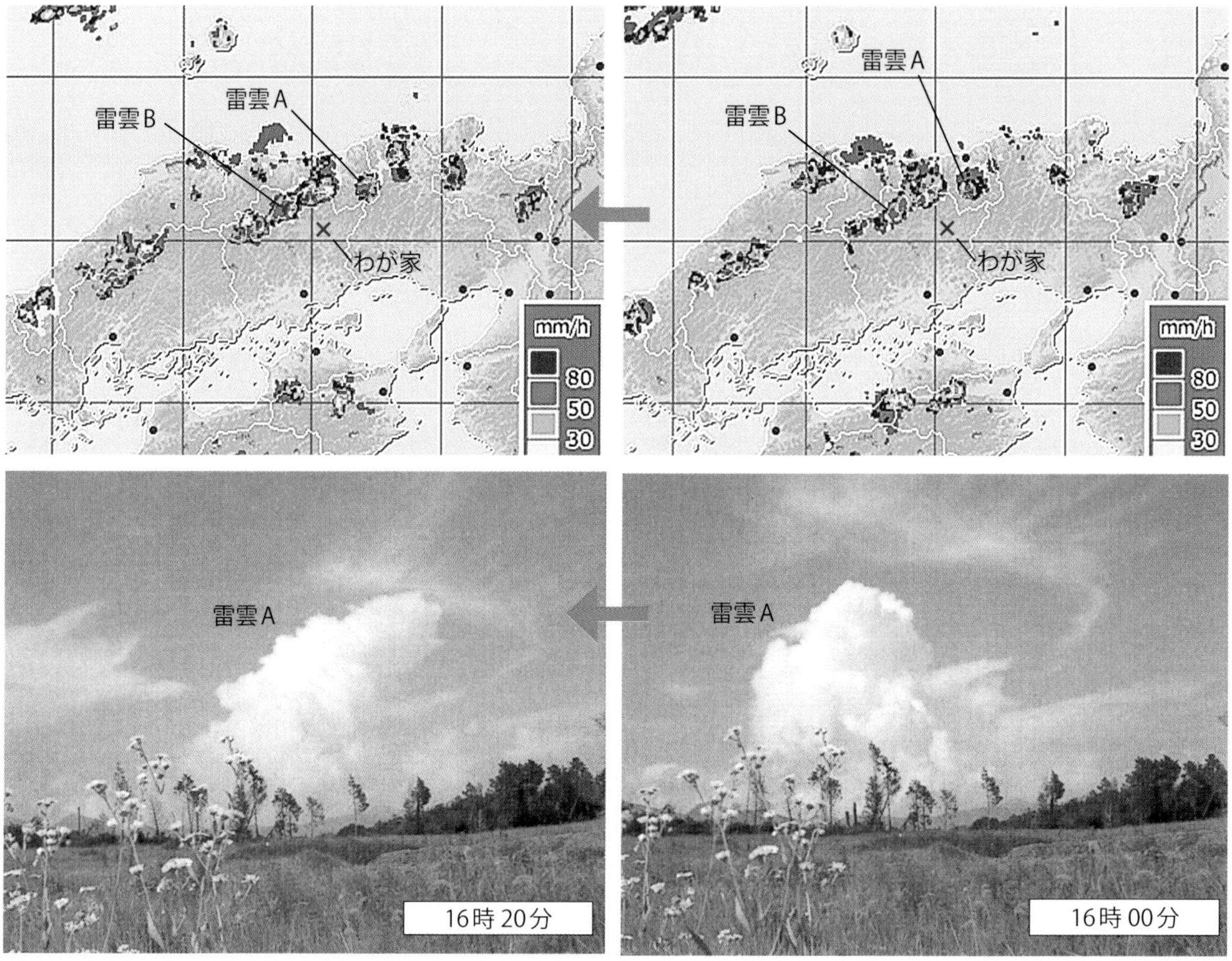

ほぼ同時刻のレーダー画像（ケータイで取得）と雲の様子。雷雲Aはわが家から見て北東方向にあり、上空の西風に流されて東に移動している様子がわかる。雷雲Bはまだ西に遠く離れているが、雷雲Aと同様にゆっくりと東に移動している

新たに発生した雷雲については、自身の観天望気だけが頼りということになる。

（注）一時間おきの天気予報は、気象庁の三時間おきの予測データをもとに、気象会社が実況などから修正して発表している。

観天望気＋ケータイで雷雨予想

私のブドウ栽培を手伝ってくれるご近所の「愛ちゃん」の話が興味深い。いっしょに農作業をしていると、「さっきから急に蒸し暑くなってきた。今日は夕立が来るかも」と言いながら空を見上げる。私などはそう言われて初めて気がつく程度の変化だ。愛ちゃんの皮膚は温度や湿度の高感度なセンサーのようだ。

そして「西に見えるあの山の向こうに黒い雲が見えたら、しばらくするとここも雷雨になることが多い。東に見えるときは滅多に降らない」と教えてくれた。その後、先ほどまでとは逆向きのやや強く冷たい風が吹き始めると、「夕立風が吹き始めた。そろそろ降るよ」と言う。説明は省略するが、これらはすべて気象学的にも理にかなっている。

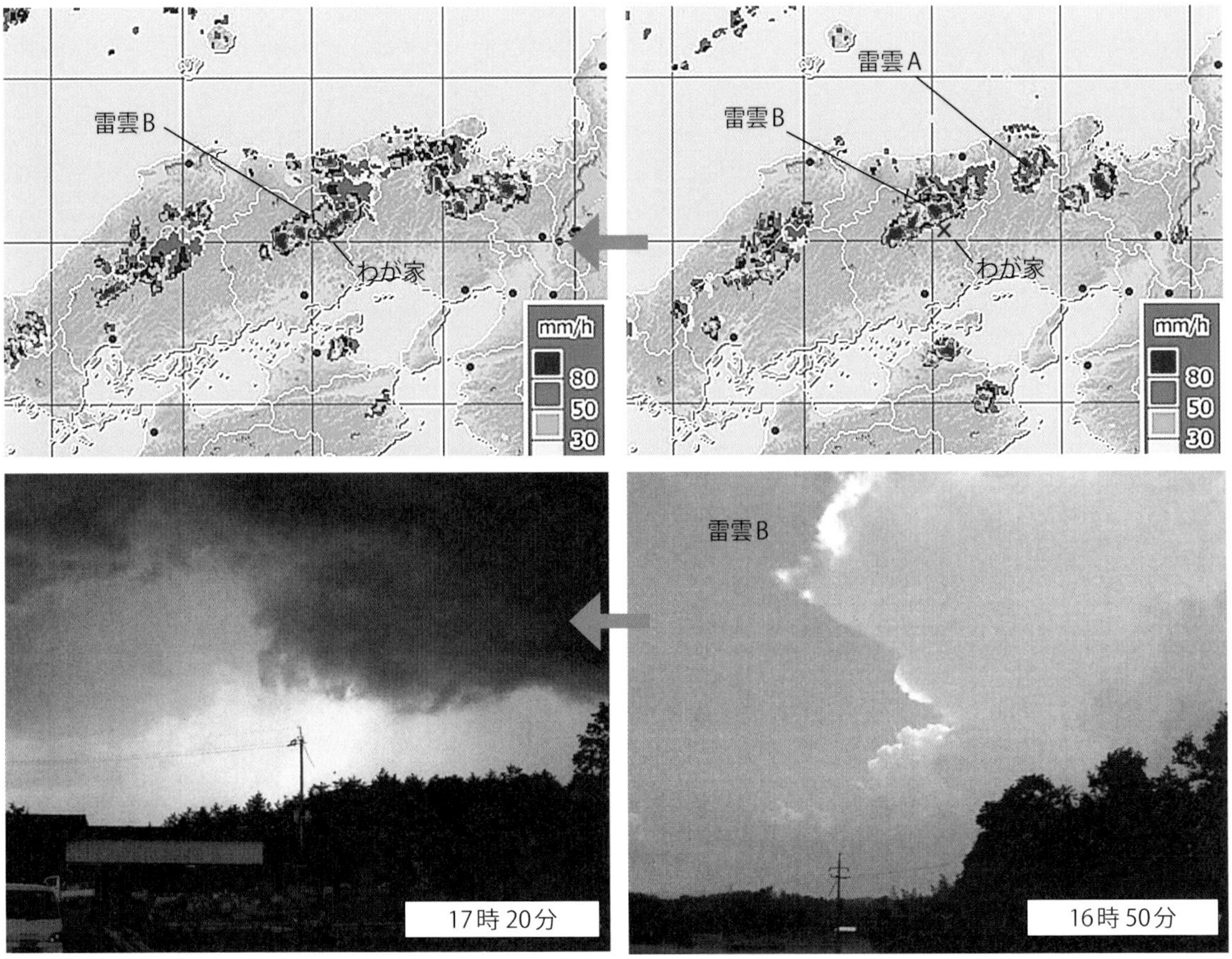

雷雲Aはすでに東に遠ざかった。雷雲Bは規模がしだいに大きくなりながら東に移動。17時20分頃からわが家の周辺は激しい雷雨となった

最近、そんな愛ちゃんが新兵器を手に入れた。携帯電話である。畑で少しでも異変を感じると携帯を取り出し雨雲レーダーの動画をチェックする。すると、畑から見える雲の様子に加えて、どの程度の規模の雷雲がどこで発生して、どの方向に移動しているかを知ることができる。これらの情報をすべて動員すれば、頭上に雷雲がやって来るかどうかがある程度判断できるのである。

観天望気と文明の利器との合わせワザで、愛ちゃんの天気予想も一段と正確さを増すことだろう。

（『現代農業』二〇一〇年十二月号）

雨雲レーダーの動画が取得できるお薦めケータイサイト

1. ウェザーニュース（有料）
   http://www.wni.co.jp
2. 国交省（無料）
   http://www.mlit.go.jp/saigai/bosaijoho/i-index.html
3. 高解像度降水ナウキャスト
   http://www.jma.go.jp/jp/highresorad/

うまくアクセスできない方は、各携帯電話会社へ携帯を持ち込んでセットしてもらうというのが手っ取り早いです（愛ちゃんのやり方）。

夕方の気温から翌朝の降霜を予想

凍霜害が心配な季節に、夕方の気象条件から翌朝の最低気温を予想する方法について考えてみたい。

気象台の予想最低気温は少し高め!?

冷え込んだ朝の地表面は気温より三度前後低温になる。そのため気象台が出す霜注意報の発表基準は、最低気温二度または三度となっている。作物の種類や生育ステージにもよるが、用心深い農家では五度程度を目安にしている方も多いのではないだろうか。

凍霜害は晴天微風夜の翌朝に発生することが多いが、このような日の天気予報がどの程度の精度なのか調べてみた（下表）。対象地点はいつものように岡山県津山市で、二〇一〇年十一月のデータの中から、夕方以降に八度以上の気温低下があった日を選んだ。

表の十一月四日の例を見ると、天気予報の最低気温は、朝の気温を二・六度も高めに予想している。他の日も同様で、強い放射冷却に対して天気予報はやや高温に予想する癖があるようだ。予想最低気温五度を対策の目安とするのは妥当なのかもしれない。

また、十一月五日の例を見ると、夕方の気温が一二度以上あっても降霜する可能性があることがわかる。農家向けの技術指導資料で、「一八時（午後六時）に一〇度以下で一時間に一度以上の気温の低下が見られるときは降霜の危険がある」などの記述を見かけるが、一〇度より高くても完全に安心とは言えないようだ。

夕方六時の気温から翌朝の最低気温を予想

じつは、夜間の気温低下量（冷却量）の最大値を予測する簡便な方法がある。

晴天微風夜における翌朝の最低気温——気象庁予報と簡易予想法の比較

	前日18時の実況		朝の実況	気象庁予報		簡易予想法	
予想対象日	気温 ℃	湿度 %	気温 ℃	気温 ℃	誤差 ℃	気温 ℃	誤差 ℃
11月4日	11.8	66	3.4	6	2.6	1.9	−1.5
11月5日	12.7	60	3.1	4	0.9	2.6	−0.5
11月11日	8.5	56	−0.3	2	2.3	−2.4	−2.1
11月20日	11.1	67	2.6	4	1.4	1.1	−1.5
11月30日	8.6	52	−1.6	0	1.6	−2.5	−0.9

11月4日の場合：前日18時は11.8℃で湿度66%。気象庁予報の6℃に対し、翌朝の最低気温は3.4℃で、予想より2.6℃も低温となった

気象庁予報は実際よりもすべて高めに予想

夕方 18 時の気温から翌朝の最低気温を予想

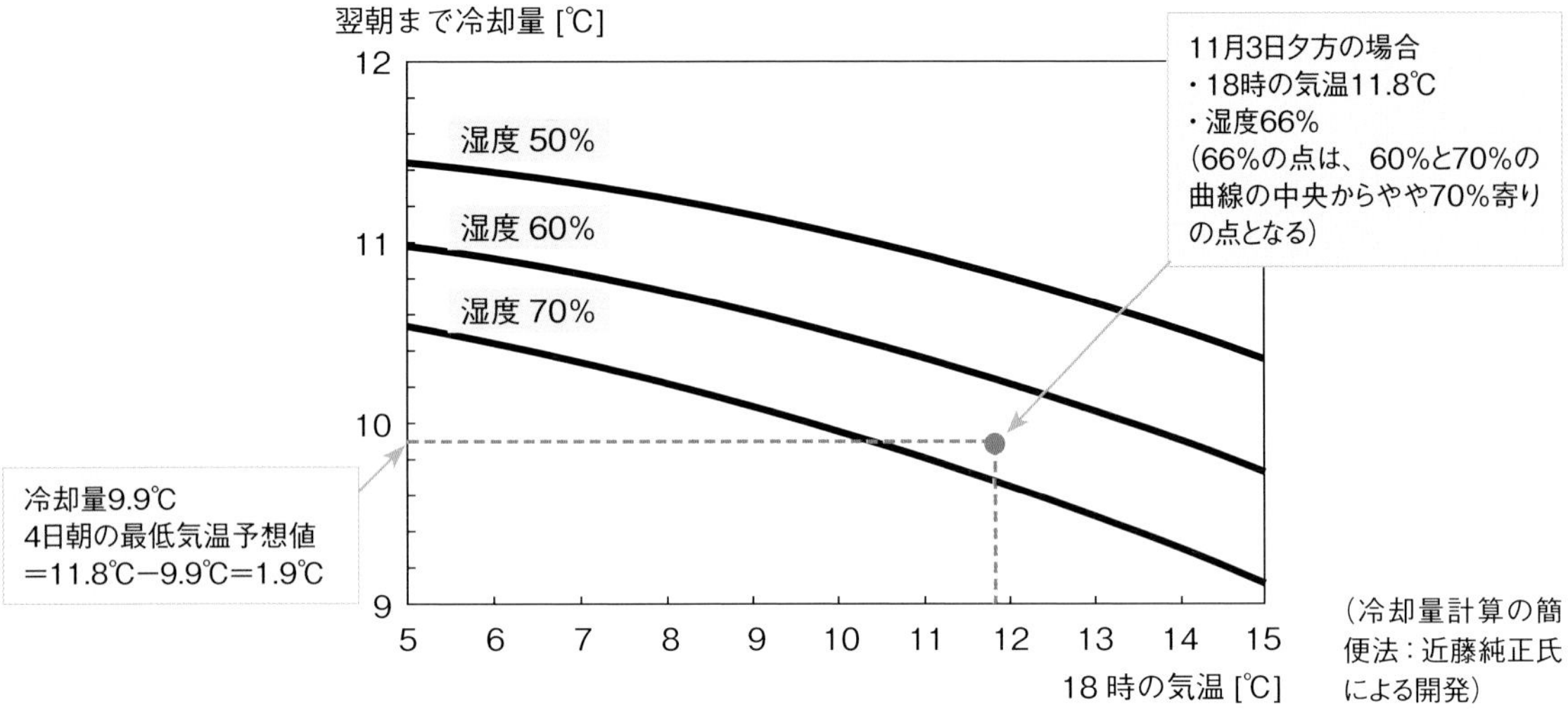

（冷却量計算の簡便法：近藤純正氏による開発）

上の図は、一八時の気温（横軸）から冷却量（縦軸＝［一八時の気温］－［翌朝の最低気温］）を予想するグラフだ。曲線が三本あるのは湿度によって冷却量が異なるためで、一八時の湿度に対応して使う曲線を選ぶ。十一月三～四日の例を図中に示してあるが、縦軸（冷却量）の読値は九・九度となり、朝の最低気温は一・九度と計算される。これは実況よりも一・五度低い。

他の日も同様にして求めた結果を、前頁の表の右二列にまとめて示した。最大の冷却量を予想しているのだから、どの日の予想最低気温も実況より低めに出るはずだ。

この図を使ううえでの注意点をまとめてみた。

・晴天微風夜に限定。夕方の時点でほとんど風がなく、天気予報で「今夜の天気」が「晴れ」または「晴れ時々くもり」の予報の際にのみ利用できる。他の日に利用すると精度が悪い。ただし、風や雲の影響を加味したものも製作は可能だ。

・この図は津山市で秋季に利用する目的で製作したものであり、他の場所や季節で利用すると誤差が大きくなる場合がある。自分の圃場用のグラフを季節ごとに製作すればよい。

「天気予報の最低気温予想が大きく外れることが多い」という方は、その圃場の地理的条件が要因である場合が多い。晴天微風夜の数日分の気温と湿度のデータがあれば製作可能なので挑戦してみてはいかがだろうか。資料をお送りする。

（『現代農業』二〇一一年四月号）

春の麦畑

防除日和を選ぶ

梅雨期は、病害が頻発するうえに不順な天候も手伝って、防除作業の計画には本当に悩まされる。ここで梅雨期の防除に特化して、いくつかの気象情報の利用方法についてまとめてみた。

散布後、雨が降らないことを確認

最近はテレビで雨雲の予想動画が紹介されるが、これは気象庁の「**降水短時間予報**」（図1）というものを、ほぼそのままアニメ化したものだ。六時間先までの降水の広がりや強度が予想され（三〇分ごとに更新）、精度が非常に高いのが特徴だ。薬剤の散布後の数時間、雨が降らないことを確認するのに役立つ。とはいえ、夏季の午後などは数時間で予想が大きく変わることもあるので、観天望気に加えて、作業の直前に再度チェックするのがコツだ。

数日先までの予想については、**週間天気予報の信頼度情報**を活用する（一三〇頁参照）。信頼度CはBに変わるまで様子を見る、Aの予報は信じる、というのが大原則だ。

週間天気予報についても、気象庁の予報精度がもっとも高いことは事実なのだが、府県など広域の天気を代表する地点（主に気象台のある場所）で予想しているため、数十km以上離れた圃場の天気や気温とは差がある場合が多い。そこで民間気象会社のポイント予報を利用することになるが、市町村ごとの予報にしっかりと差があることを確認して利用したい。

図1　降水短時間予報

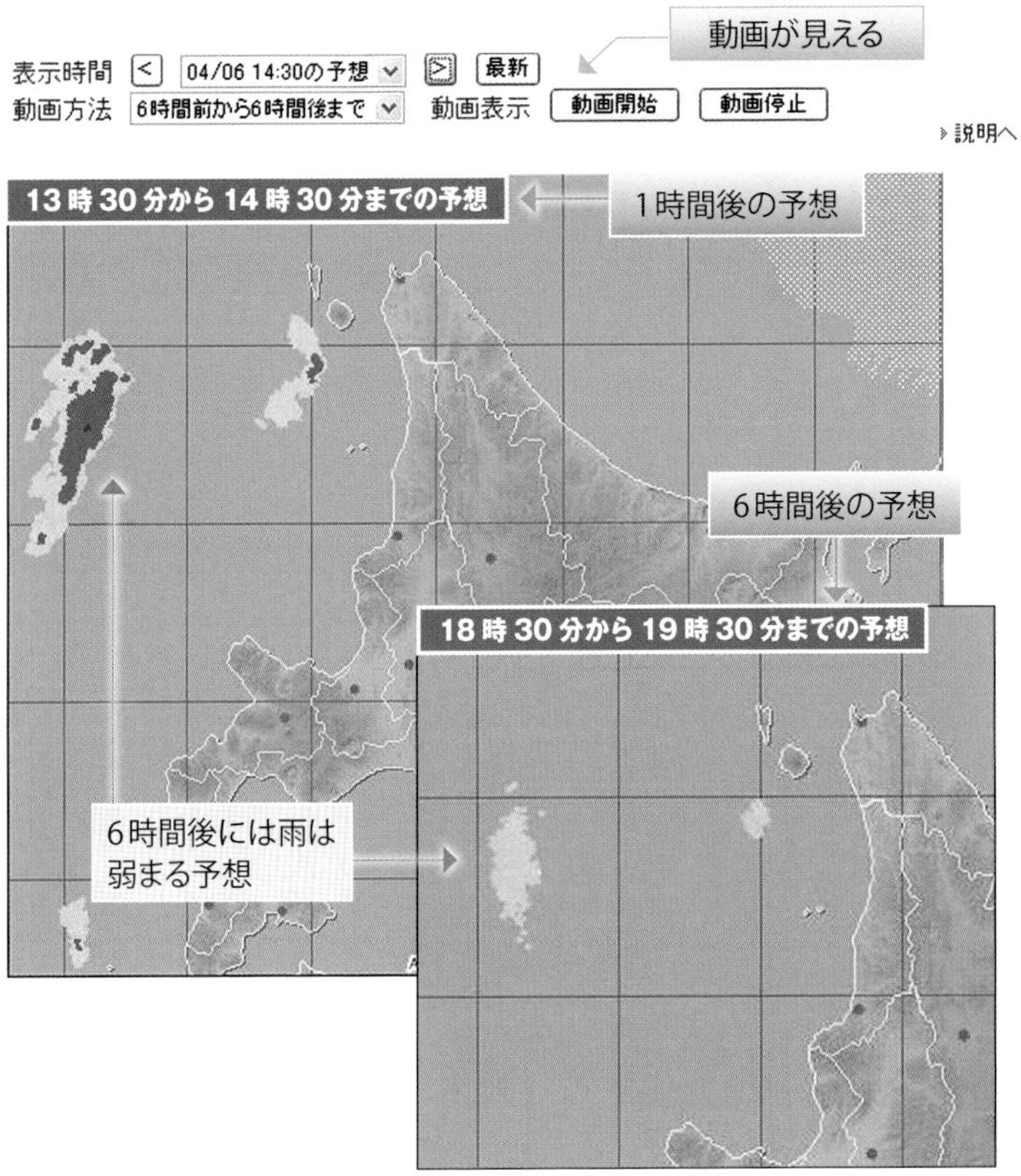

気象庁HPより：
http://www.jma.go.jp/jp/kaikotan/

風が弱い日や時間帯を選ぶ

効果的な散布とドリフト軽減には風が重要。風の強弱は季節や天気によっても異なるが、低気圧や前線の影響が少ないときは、朝夕の風は弱く、日中は強いことが多いのはご存知の通りだ。気象庁の「**時系列予報**」（図2参照）に風や気温の一日の変化が予報されているが、数日先までの風の予想は有料の気象情報を入手するか、天気図から判断する方法しかない（一二〇、一二五頁参照）。

（注）一五九頁の図2のように、日本気象協会の風の予想を無料で手に入れることができる。

日射が強く、気温が高い日は避ける

薬害防止には、強い日射と高温に気をつける。数日先までの天気と最高気温の予想は**週間天気予報**を参照する。最近の気象庁予報は気温の誤差範囲も明記されているので心強い（一三七頁参照）。民間のポイント予報には前述（一三九頁）の問題がある。また、誤差幅が示されていないので、気象庁の誤差幅を参考に少し幅を持たせて利用する。

病害虫の予察に「早期警戒情報」を利用

病害虫の予察情報は気象庁の一カ月予報を根拠としているためか、あまり信用しないという方も多いようだ。一方、「**異常天候早期警戒情報**」（図2）は、一カ月予報と異なり直近二週間の平均的な気温変化を予報するもので（一四六頁参照）、三日または四日ごとに更新され、季節予報の中ではもっともきめ細かく精度が高い情報が提供されている。予察情報には病害発生と天候との関係についても解説されているので、両者を組み合わせて利用することで高い効果が期待できるように思う。

現在、異常天候早期警戒情報は一六〇頁の図4の二週間気温予報に代わっている。

（『現代農業』二〇一一年六月号）

図２　異常天候早期警戒情報

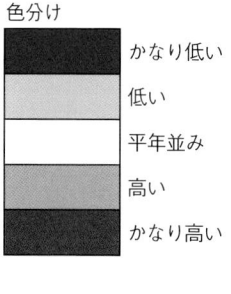

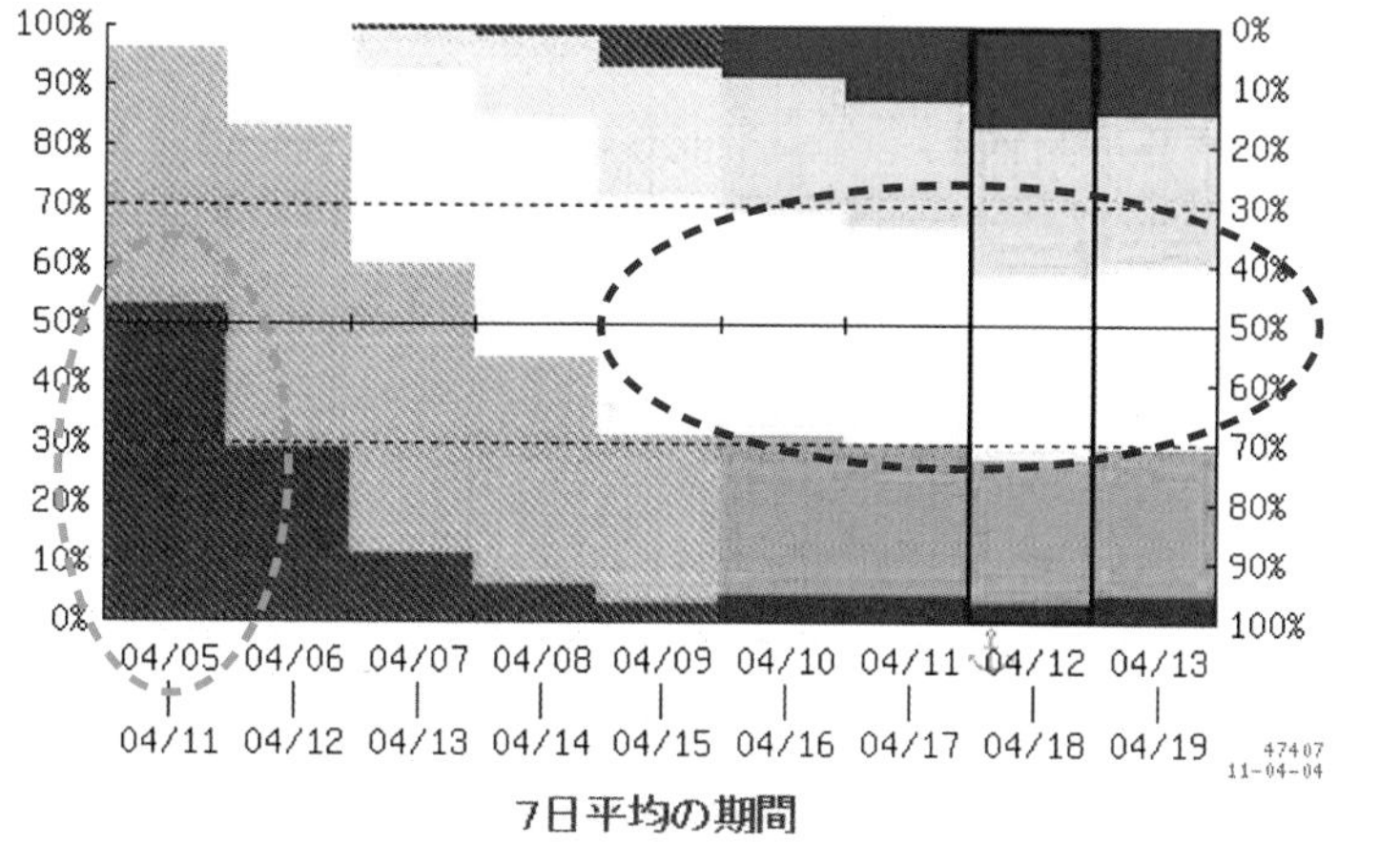

最初の1週間（緑破線）はかなりの高温になるが、次第に気温は下がり、後半（紫破線）は平年並みで推移する予想

気象庁HPより：「早期警戒情報」で検索、または http://www.ds.data.jma.go.jp/gmd/cpd/soukei/guidance/index.php
「時系列予報」：http://www.jma.go.jp/jp/jikei/

「広戸風」が吹き荒れた

ごく狭い地域で六〇〇〇万円の被害

今年（二〇一一年）五月に発生した台風二号は、日本に接近すると急速に衰え、二十九日一五時に四国沖で温帯低気圧に変わった。その四時間後の一九時の風分布を図1に示した（気象庁観測点アメダス他）。風向を矢印で、平均風速（メートル［m／s］）を色つきの数値で示してある。

ほとんどの地点で水色か青色の比較的弱い風だが、岡山県北東部、筆者の自宅に近い奈義アメダスの赤字「25」が際立っている。観測機器の故障ではないかと疑いたくなるような数字だが、実際二〇～二五m／sの暴風が数時間にわたって吹き荒れ、最大瞬間風速は四〇・一m／sを記録した。

これが、日本三大局地風（おろし風）として恐れられている「広戸《ひろど》風」だ。このごく狭い地域だけで農作物被害は六〇〇〇万円に上った（岡山県農政企画課）。

広戸風が吹く条件

岡山地方気象台のホームページによると、広戸風は台風や発達した低気圧が図2の陰影部の領域を通過する際に発生するという。低気圧の風は反時計回りだから、中国地方東部では北寄りの風となる（一二五頁参照）。この北風が、東西に連なる山岳（那岐《なぎ》山一二四〇m、図2の▲マーク）を越えるとき、おろし風となって一気に吹き降りてくる。

台風進路予報では五日先の予想位置まで発表されるので、十分な余裕をもって強風対策を始めることができる（一三五頁参照）。しかし重要なのは、いつ、何メートル（m／s）の突風が吹くか、だ。それによって対策が変わってくる。

那岐山を中心とした中国山地に、中腹まで垂れ下がる雲（風枕）がかかると、「広戸風」が吹く前兆と言われてきた

広戸風発生の条件は、「那岐山上空（下層）の風向が北寄りで、それより上層では反対に南寄りの風であること（下層から上層まで北風だと吹かない）」だそうだ（岡山大学）。そこで、鳥取に設置されているウィンドプロファイラという上空の風を観測する装置のデータを図3の上部に三時間ごとに並べ（矢印の長さが風の強さに相当）、図3下の奈義アメダスでの地上風速のグラフと比較してみた。

突風を精度良く予測できれば…

那岐山上空（下層）では昼前から二〇m／s以上の強い北東風が吹き始めていたが、地上では昼前に一時的にやや強い風が吹いたものの、一三時頃までは上空の風に比べると半分以下とかなり弱い。しかし、上空の風向が北寄りになる一四時過ぎ頃から地上でも強風が吹き始め、地上風がもっとも強い時間帯では、地上の風速が上空の風速とほぼ等しくなっている。このことから、上空の風がそのまま地上に吹き降ろしていることがうかがえる。その後、上層（図中の四〇〇〇m以上）も北風に変わってくると地上風はしだいに弱まり終息に向かった。

通常、風速とは一〇分間の平均風速

図1　アメダス観測点の風向・風速

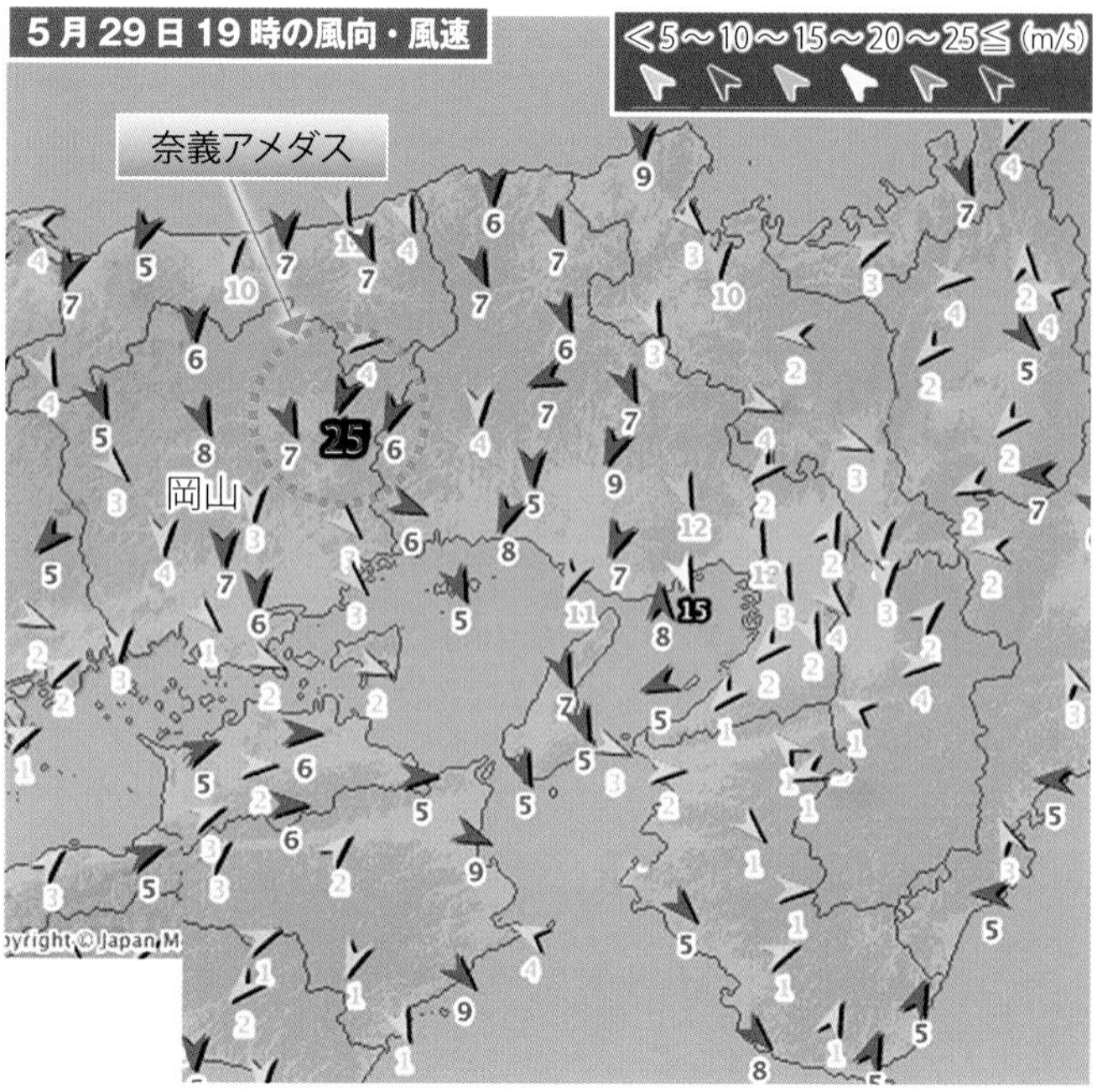

岡山県北東部の筆者の自宅近くの観測点（奈義）の風速の大きさが際立っている

図2　台風進路予報と広戸風発生領域

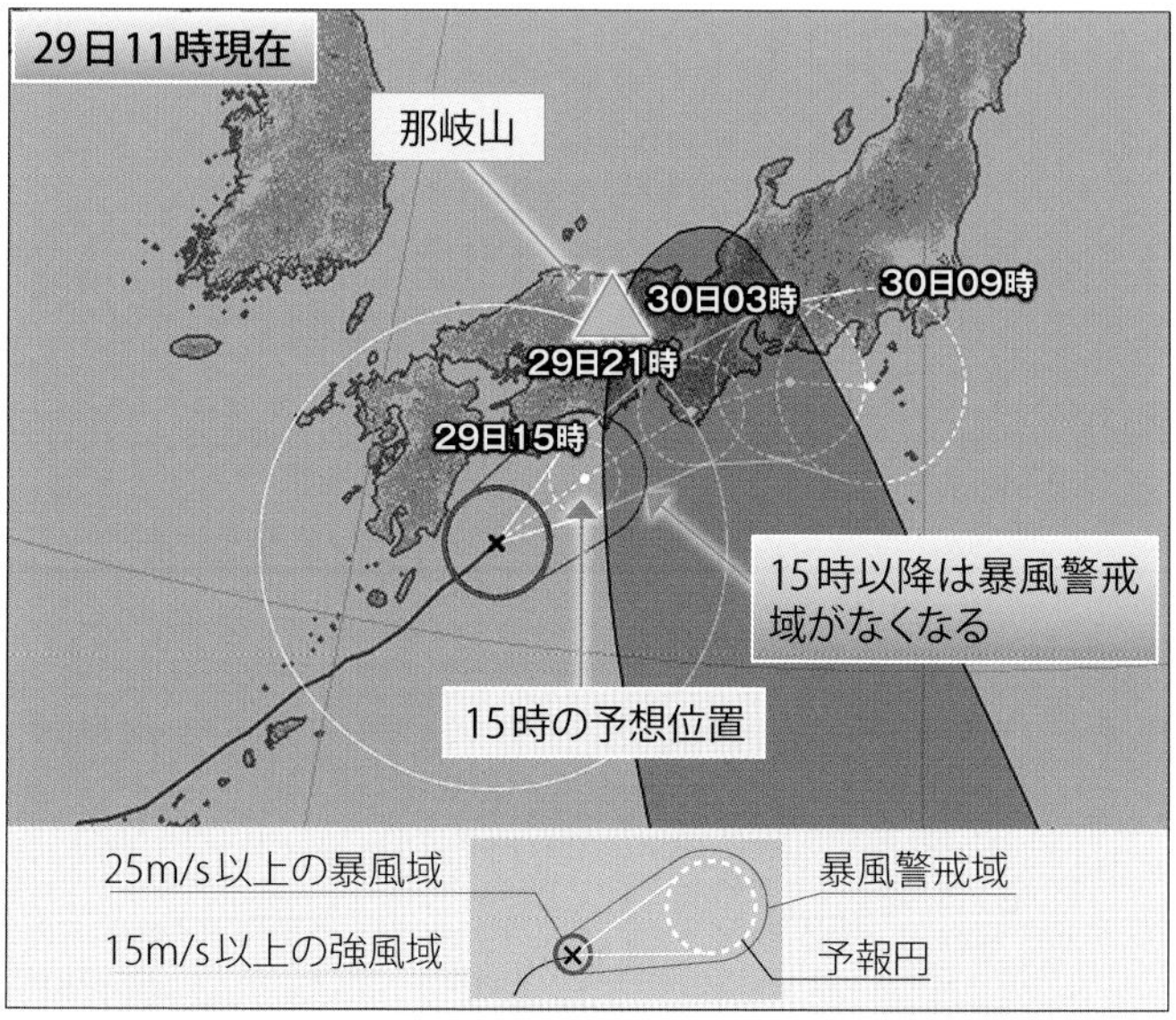

気象庁HPの台風情報に加筆　URL：http://www.jma.go.jp/jp/typh/

図３　広戸風と上空の風の関係

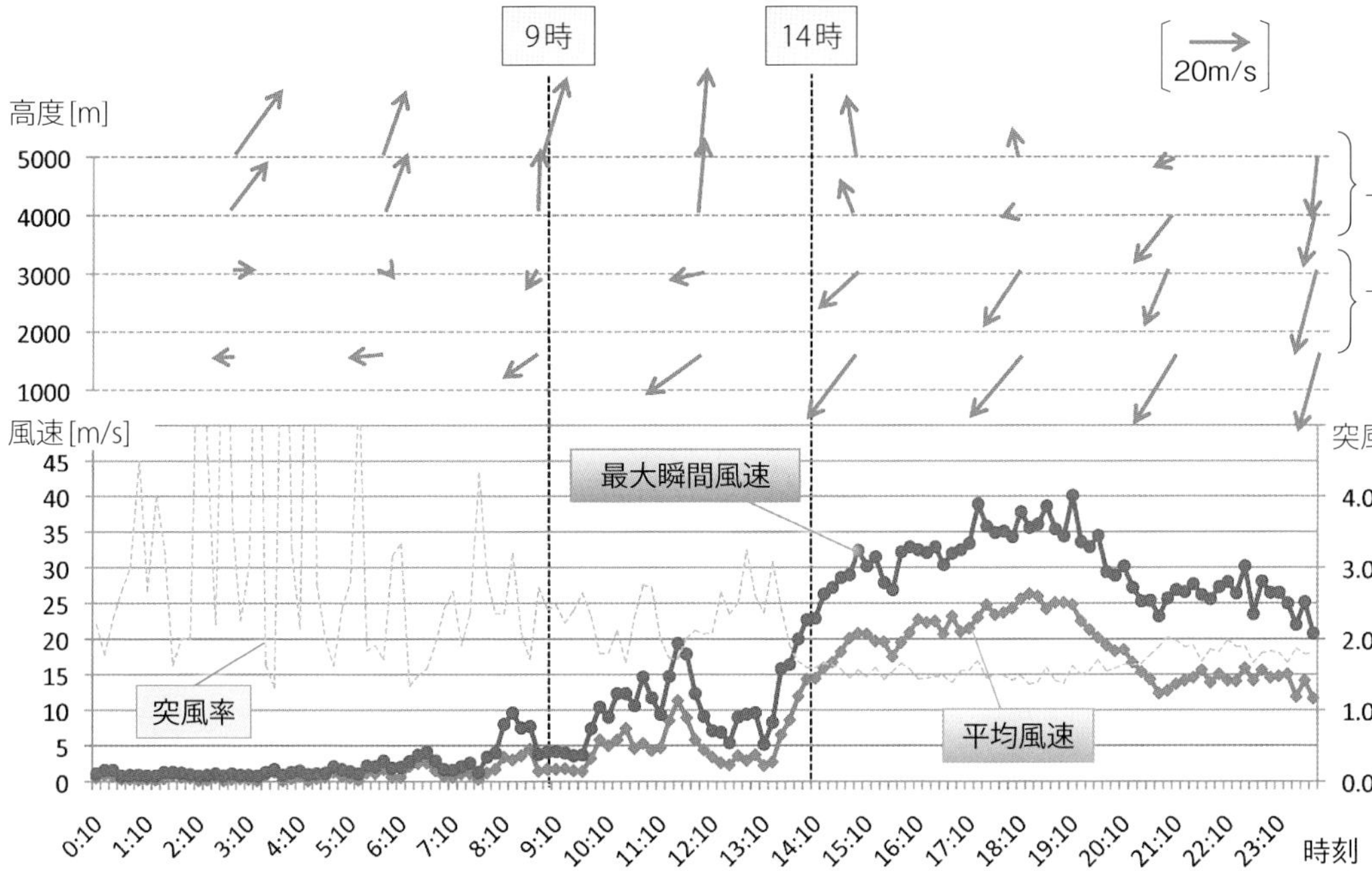

上空の風（実況）：気象庁HP　http://www.jma.go.jp/jp/windpro/
過去の気象データ：気象庁HP　http://www.jma.go.jp/jma/menu/report.html

のことで、同じ時間内の最大瞬間風速との比を突風率という。図3の突風率のグラフ（緑色破線）から、広戸風発生中の突風率は一・五前後であることがわかる。上空の風速が二五m／sならば瞬間的には四〇m／s以上の突風を覚悟しなければならない。

今回の広戸風では、私のブドウハウスもかなり被害を受けた。この地域には広戸風を予想するための言い伝えが数多く残るが、風の強さを精度良く予想してくれるものはない。現在でも、気象台から暴風警報が出るのはすでに強風が吹き始めてからが多いし、風速の予測精度もけっして高いとは言えない。この点は、地元気象台に改善を強く要望したい。

（『現代農業』二〇一一年九月号）

最新の気象予報サイトとその利用方法

1．スマホで何でも見える時代

予報計算用のスーパーコンピュータは数年に一度更新され、二〇一八年六月に第一〇世代目となった。前節までを執筆した頃に比べ一〇〇倍以上の性能となったと思われ、ゲリラ的な豪雨・台風の進路や強度などの予測精度の向上が期待される。

それでも気象災害で多くの人命が奪われる事態が後を絶たない。切迫した状況になりつつあること、つまり避難（命を守る行動）の必要性をいかに伝えるかの工夫が精力的に続けられており、気象庁の防災関連サイトの充実ぶりは目を見張るものがある。それらのほとんどがスマートフォンで見られる時代になった。

雨雲レーダーは年々解像度が増し、現在では二五〇mメッシュで解析され、一時間先までの雨雲の動きを予測動画で見ることができ、同時に竜巻発生の可能性や落雷場所も重ねて表示できる（図1右下）。洪水警報では小さな河川の一つひとつについて、その流域に降る雨の量を予測し氾濫危険度をリアルタイムで表示している（図1上）。土砂災害の危険度は、降った雨が土壌中に水分量としてどれだけ溜まっているかを計算することで、一kmメッシュごとに五段階の警戒レベルを表示している（図1左下）。

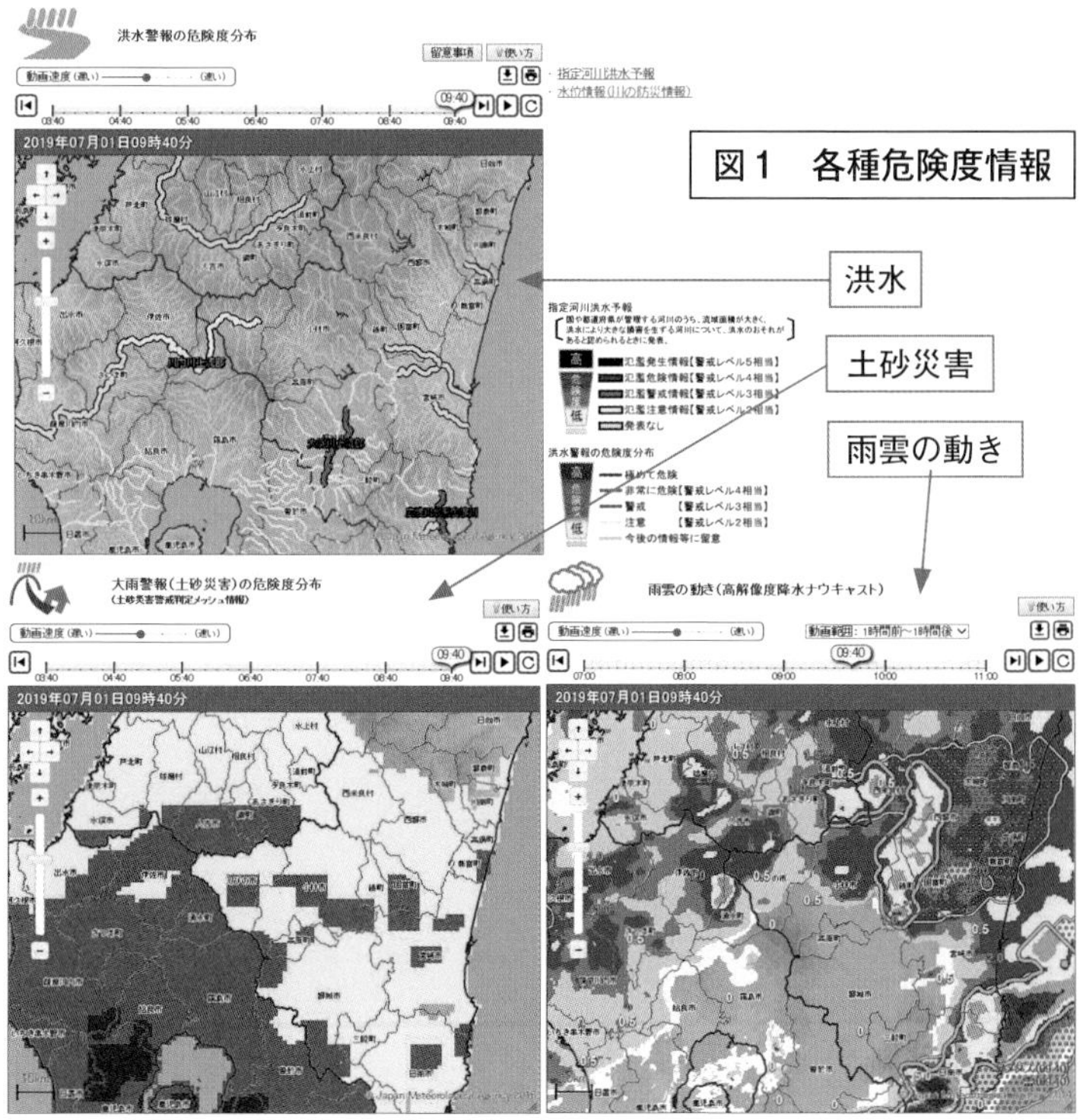

図1　各種危険度情報

・洪水警報の危険度分布（図1の上）
https://www.jma.go.jp/jp/suigaimesh/flood.html
・土砂災害警戒判定メッシュ情報（図1の左下）
https://www.jma.go.jp/jp/doshamesh/
・雨雲の動き（高解像度降水ナウキャスト）
（図1の右下）
https://www.jma.go.jp/jp/highresorad/index.html

2．一〇日先までの天気

農家にとっても差し迫った危険を回避することはもちろんだが、そうなる以前に命の次に大事な農作物を守る作業がある。数日前に状況を予想して可能な限りの対策をしておきたい。最近は一〇日先までの天気予報もさらに充実し、雨量や風の強さまで無償で公開されている（図2上）。

数日先は当たらないイメージがあるが、予報精度は時代とともに着実に良くなっているのに、我われがそれに気づかず、要求をエスカレートさせているのだろう。発表される予報は、あくまでも一つの「候補」であり、予測の変化傾向や不確定の幅をつかんでおくことで、効果的な対応が可能となる。

そのヒントを図2の予報（六月二十七日夕方発表）を例に示したい。

二〇一九年六月二十七日に発表された岡山県北部の津山の予報では（図2下の青線グラフ）、雨の時間帯が六月二十九日〜七月一日までと長く、実況（灰色棒グラフ）とは大きくかけ離れている。しかし翌二十八日発表の予報（図2下の橙色線グラフ）では、雨の時間帯が短くなり実況に近づいている。この違いはどこから来るのだろうか。

図2　日本気象協会の10日間天気予報

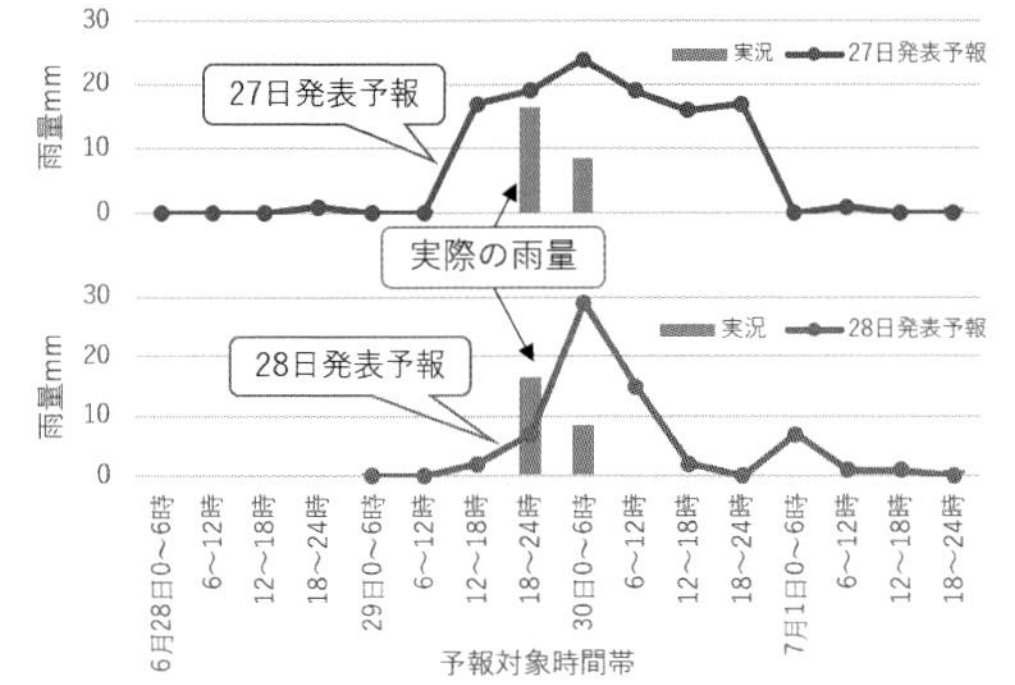

日本気象協会の10日間天気予報…https://tenki.jp/week/

スパコンが実際に予測した天気がどう変化するかが大変見やすいサイトがある。何と一〇日先までの雨雲の動きを無償で見られる。ここ数年で多くの人がチェックするようになった。もちろんスマホでも利用できる。

この動画を見ると（図3）、日本海にある東西に長い強い雨の領域が東に移動し、その一部が岡山県北部にもかかる時間帯がありそうだということがわかる。梅雨前線に伴う雨であり予報は非常に難しい（一三三頁「梅雨時期の週間予報の読み方」参照）。予報が更新されるたび（通常は6時間おき）に、雨域の形や位置が微妙に変わる。梅雨前線が少しでも南下すれば雨域が県北に長時間かかり続け大雨となりそうだ。天気予報はガラッと変わったが、大雨リスクはまだ解消したわけではなかったことがよくわかる。

図3　GPV気象予報
2019年6月28日夕方発表の雨雲の動きと雲の量

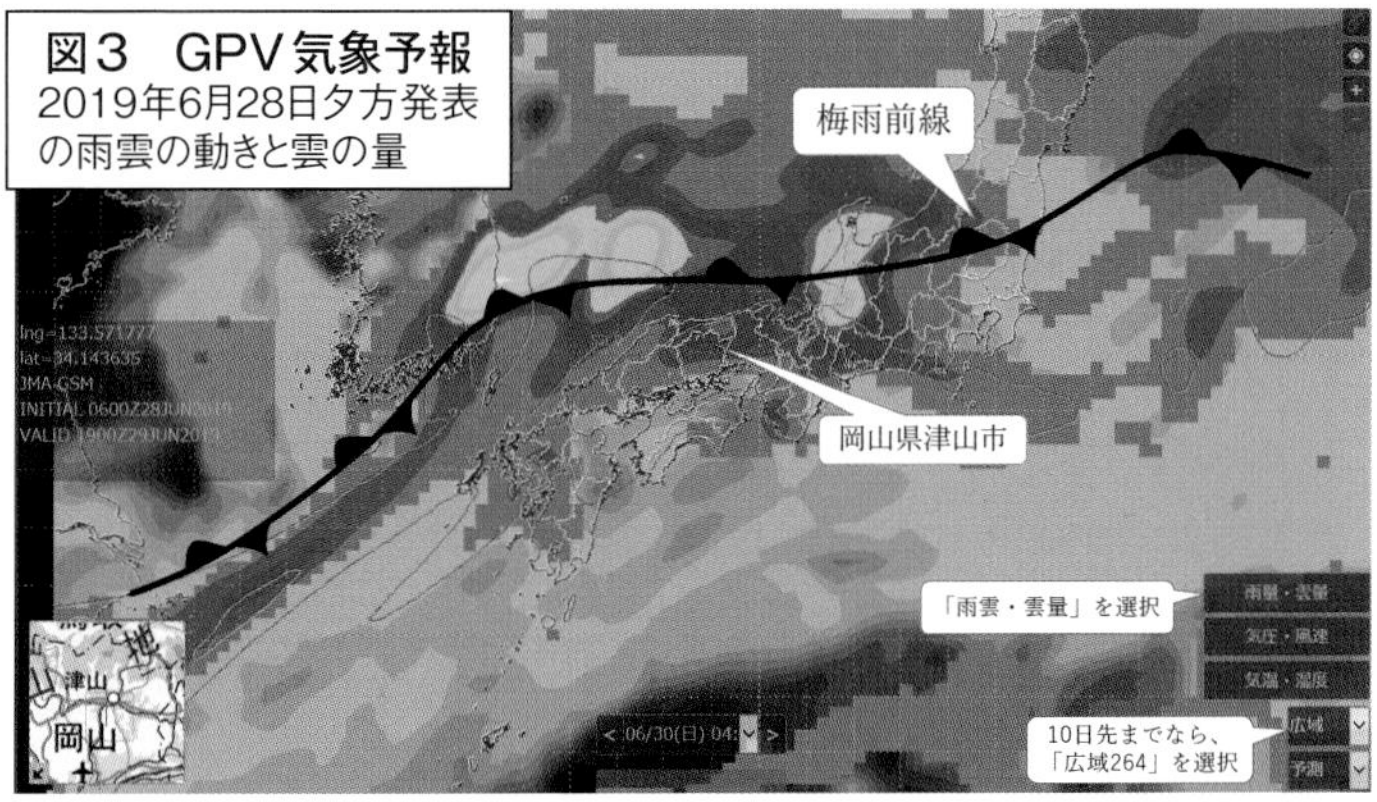

・パソコン…https://supercweather.com/
・スマホ…「GPV気象予報」または「SCW天気予報」で検索

数日先の予報となると大きな誤差はつきもので、その誤差の大きさは時々の大気の状況による。農家は一つの天気予報を決定論的に捉えるのではなく、その不確定性を理解し予測の誤差幅を見込んだうえで栽培計画に生かす、そんな時代になってきている。

3. 気温情報

雨は数時間先の予想も難しい場合があるが、気温については比較的長期にわたって精度の高い予想ができる。農家向けなどに新しく二週間気温予報、早期天候情報が用意された。

図4の例では、最高気温が一週目は

平年よりも一度程度低く推移するが、二週目は平年並みに戻るようだ。当然ながら誤差幅もピンク色の縦棒で示してある。この幅に予測が収まる可能性は八〇％だ。この情報は県南部の岡山市を対象にしたもので、県北部の津山市の近くにある自分の圃場の気温とは大きく異なる可能性がある。一四六頁の「晩霜予想」や一四四頁の「夏の最高気温、ポイント予報の精度は？」で書いたように、基準とする最寄りの観測所と圃場の気温差を知っておくと便利だ。

　そのために活用できそうなのが推計気象分布で（図５）、危険度分布と同様に一kmメッシュの解像度で毎時更新されるから、リアルタイムで圃場付近の気温が大まかに推定できる。

　この推計気象分布図は、数km以上の範囲で平坦か傾斜がゆるやかな大規模田園地帯では精度が高いだろう。しかし、日本の国土のほとんどは山間部で、地形の影響でアメダスなどの観測点と圃場の気温差は決して小さくはない。晩霜対策ではもちろん、積算気温による生育予測など高度な情報を必要とする方は特に注意して欲しい。場所によってどれほど違うものなのか、実例として、わが圃場周辺で晴れた夜間の気温変化を調査した結果を示す（図

図４　２週間気温予報

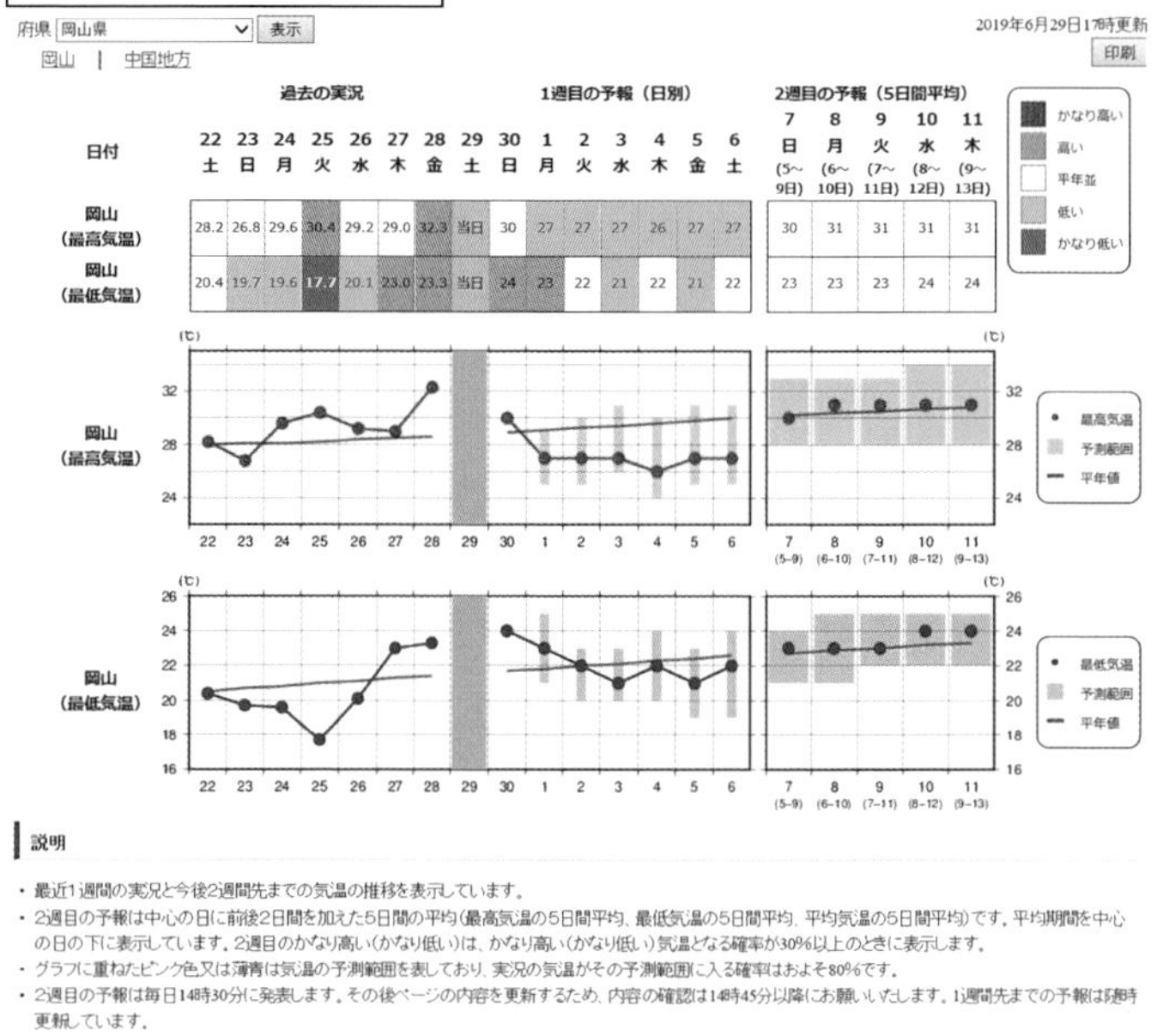

日付	22 土	23 日	24 月	25 火	26 水	27 木	28 金	29 土	30 日	1 月	2 火	3 水	4 木	5 金	6 土	7 日 (5～9日)	8 月 (6～10日)	9 火 (7～11日)	10 水 (8～12日)	11 木 (9～13日)
岡山（最高気温）	28.2	26.8	29.6	30.4	29.2	29.0	32.3	当日	30	27	27	27	26	27	27	30	31	31	31	31
岡山（最低気温）	20.4	19.7	19.6	17.7	20.1	23.0	23.3	当日	24	23	22	21	22	21	22	23	23	23	24	24

・最近1週間の実況と今後2週間先までの気温の推移を表示しています。
・2週目の予報は中心の日に前後2日間を加えた5日間の平均（最高気温の5日間平均、最低気温の5日間平均、平均気温の5日間平均）です。平均期間を中心の日の下に表示しています。2週目のかなり高い（かなり低い）は、かなり高い（かなり低い）気温となる確率が30%以上のときに表示します。
・グラフに重ねたピンク色又は薄青は気温の予測範囲を表しており、実況の気温がその予測範囲に入る確率はおよそ80%です。
・2週目の予報は毎日14時30分に発表します。その後ページの内容を更新するため、内容の確認は14時45分以降にお願いいたします。1週間先までの予報は随時更新しています。

2週間気温予報…https://www.data.jma.go.jp/gmd/cpd/twoweek/

図５　推計気象分布

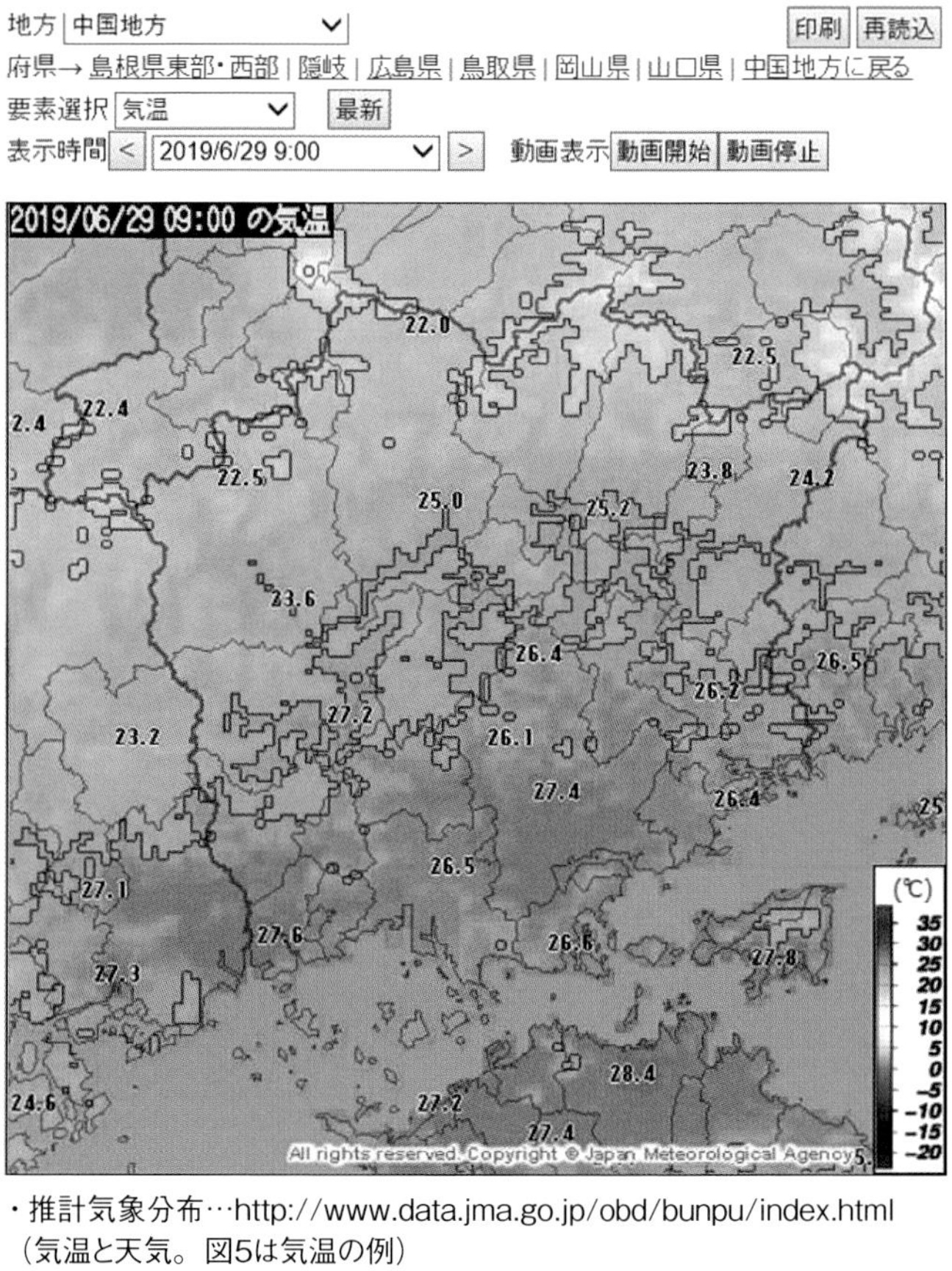

・推計気象分布…http://www.data.jma.go.jp/obd/bunpu/index.html
（気温と天気。図5は気温の例）

図6　地形による気温差　アメダス奈義、及び圃場周辺の気温比較

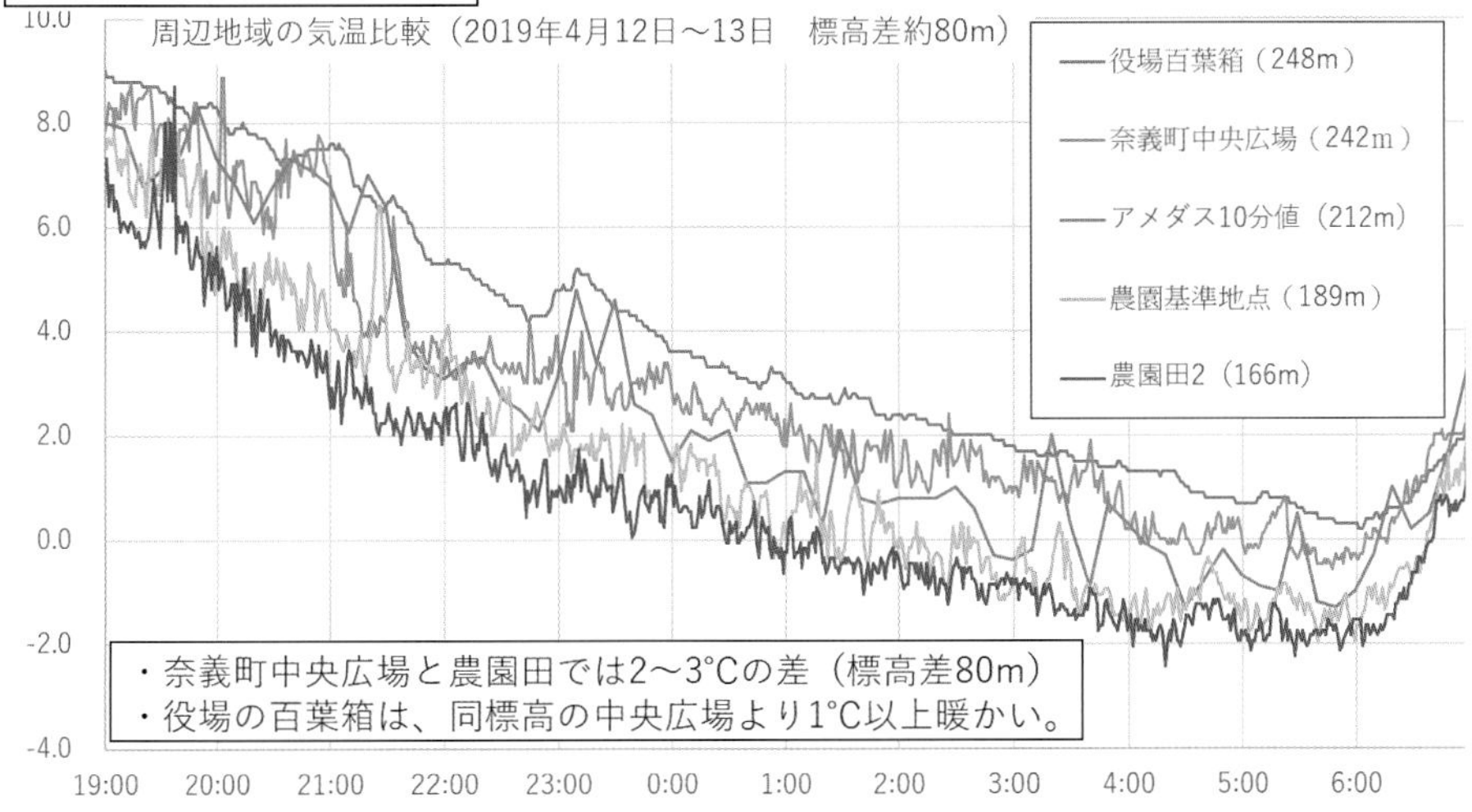

6）。気温推計分布ではほとんど差がなくても、場所によって差が最大四℃にもなることがわかる。

もし圃場の気温を自力観測されるなら、観測方法や測器の設置環境などで大きな誤差が発生するので専門機関に相談することをお勧めする。

4．広戸風（局地風）

一五五頁で広戸風について書いた。当時は予測精度が悪く、吹き始めてから警報が出るということも珍しくなく、ビニールハウスなどの施設への対策をする間もなく、被害が大きくなることもあったようだ。最新の予測技術をもってしても、ごく局地的な現象（数km以下）の直接の予想はできない場合が多い。だが、我われはまさにそれが知りたい。広戸風はそのような現象の代表格とも言える。当時から気象台に改善を強く求めていたが実現していなかった。二〇一七年の台風二一号では、直前まで暴風の注意喚起がなされないまま、最大瞬間風速四六mという暴風が吹き、大きな被害が出た。この反省を踏まえて、また第一〇世代のスパコンで稼働開始した局地予報用のシステムを利用して、岡山地方気象台で精度改善の努力がなされ、二〇一九年からは大幅な精度の改善が期待されている。

5．今後の天気予報の世界

産業界の多方面で、人工知能（AI）を使った革新的な技術が登場しつつある。天気予報の分野でも水面下で開発競争が進んでいる。現時点では怪しげなサイトしかないが、もう間もなくきちっとした成果を出してくるに違いない。予報の世界まで戦々恐々となる反面、精度が大きく向上するのであれば歓迎すべきなのだろう。

人間の役割は、その予想を正しく評価し、どう使うかだ。気象は複雑系（カオス）の世界であり、一〇〇％当たることは決してない。また、自分の圃場のある一kmメッシュ以下の領域で何が起きているのか、その部分の気象データはないに等しい。データがなければAIも関与できない。AI天気予報をどう使いこなしてやろうか、楽しみである。

（本号の発行に当たり新たに追記しました）

本書は『別冊 現代農業』2020年１月号を単行本化したものです。

著者所属は、原則として執筆いただいた当時のままといたしました。

農家が教える

天気を読む　知恵とワザ

雲と風を見る・指標植物・寒だめしと暦・気象データ活用

2020年6月30日　第1刷発行

農文協　編

発行所　一般社団法人　農山漁村文化協会
郵便番号 107-8668 東京都港区赤坂7丁目6-1
電 話 03(3585)1142(営業)　03(3585)1147(編集)
FAX 03(3585)3668　振替 00120-3-144478
URL http://www.ruralnet.or.jp/

ISBN978-4-540-20124-0　DTP製作／農文協プロダクション
〈検印廃止〉　印刷・製本／凸版印刷㈱

Printed in Japan　定価はカバーに表示
乱丁・落丁本はお取りかえいたします。